U0183568

陶瓷材料微观组织形成理论

陈国清　祖宇飞　著

科学出版社
北京

内 容 简 介

先进陶瓷是新型无机非金属材料，也称精细陶瓷、高性能陶瓷或高技术陶瓷，在航空航天、机械、冶金、化工等工业领域均具有广泛应用。本书主要包括陶瓷烧结理论和共晶陶瓷凝固组织形成理论两个部分，共6章。第一部分主要从固相烧结、液相烧结及特种烧结三个方面讲述烧结过程中的理论模型及微观组织形成规律；第二部分则以微观组织、凝固行为、生长模型等为切入点，讲述凝固过程中的微观组织演变及其形成机制。

本书可供国防工业、飞行器热防护、电子信息、生物医疗等领域从事先进陶瓷研究、开发和生产的技术人员参考，也可作为高等院校和科研院所中无机非金属材料、材料加工工程、航空航天、机械工程等工科专业的高年级本科生及研究生的专业参考书。

图书在版编目(CIP)数据

陶瓷材料微观组织形成理论 / 陈国清，祖宇飞著. 一北京：科学出版社，2022.6

ISBN 978-7-03-072110-5

Ⅰ. ①陶…　Ⅱ. ①陈…　②祖…　Ⅲ. ①陶瓷复合材料－无机非金属材料－固相烧结－研究　Ⅳ. ①TQ174.75

中国版本图书馆 CIP 数据核字（2022）第 064706 号

责任编辑：张　庆　韩海童　张　震 / 责任校对：崔向琳

责任印制：赵　博 / 封面设计：无极书装

科学出版社 出版

北京东黄城根北街 16 号

邮政编码：100717

http://www.sciencep.com

北京厚诚则铭印刷科技有限公司印刷

科学出版社发行　　各地新华书店经销

*

2022 年 6 月第　一　版　　开本：720×1000　1/16

2025 年 2 月第四次印刷　　印张：13 3/4

字数：265 000

定价：118.00 元

序

陶瓷作为材料的一个重要分支，已经成为高新技术领域的关键材料。材料的微观组织决定其宏观性能，掌握材料的微观组织形成规律是对其性能调控的基础。然而，正如作者所言“相对于描述金属材料微观结构形成的完备理论体系，陶瓷材料则相形见绌。”针对这一不足，该书的作者结合自己的研究实践，对陶瓷材料烧结过程和液固转变过程中微观组织形成所涉及的基本概念、数理模型和特征规律进行了归纳和总结，这构成了该书独特的视角。

当前，随着人工智能在材料科学中的应用，以大数据为前提，运用机器学习、数据挖掘等技术，更快、更准、更省地建立起成分-工艺-结构-性能间的关系已成为可能。因此，对于材料中定量计算的理论需求也尤为迫切，该书的出版恰逢其时。书稿聚焦于陶瓷材料微观组织形成的数理模型及物理机制，可以帮助读者了解和学习组织形成过程中定量分析和理论计算所涉及的大量数学公式和物理模型。全书分为两个部分，共 6 章。作者系统梳理了相关公式的提出背景、物理模型、演化过程以及应用范围，这既是一项有意义的工作，又是需要拾遗补阙、反复推演的静心修炼过程。

该书丰富了陶瓷材料领域的基础理论，必将为研究者和使用者提供有力参考。

周玉

2022 年 3 月

前　言

先进陶瓷（或精细陶瓷）是在传统陶瓷基础上发展起来的新型材料，具有耐高温、耐磨损、耐腐蚀及高强度等优良特性，已在航空航天、机械、冶金、化工等领域广泛应用。目前，发达国家和地区都投入了大量的人力、物力及财力进行先进陶瓷的研究，如欧洲的尤里卡计划、美国的星球大战计划及日本的21世纪新材料发展战略等。我国关于先进陶瓷材料的研究起步较晚，与发达国家相比仍有差距，但近年来发展很快，不少高校及科研机构都对陶瓷材料开展了深入研究，并取得了丰硕成果。

我自2001年攻读博士接触陶瓷材料以来，至今已逾20年。在教学和研究工作中，时常感到相对于金属材料完备的微观结构理论体系，陶瓷材料则相形见绌。而材料的微结构形成又是一个涉及从原子到宏观物体的跨尺度、多层次的宏大命题，因此，本书尝试从显微组织这个最容易入手的角度出发，梳理在这个层面陶瓷材料微观组织形成的有关理论。这里的微观组织主要指用光学显微镜、扫描电子显微镜或透射电子显微镜这些最常见的分析手段来研究的组织结构，这也是大部分陶瓷材料的研究者和使用者最关注的尺度范围，在这一层次上可以很好地掌握显微结构与材料成分、物相及性能之间的关系。

本书针对制备陶瓷材料两类较重要的工艺过程——烧结和凝固，系统地阐述其微观组织形成过程中所涉及的基本概念、数理模型和特征规律，说明组织形成过程的物理本质、伴随发生的现象和影响因素，旨在帮助读者了解陶瓷材料微观组织形成所涉及的理论知识。

全书分为两个部分，共计6章，其中，第1部分陶瓷烧结理论（第1～3章）分别从固相烧结（第1章）、液相烧结（第2章）和特种烧结（第3章）三方面入手，讲述陶瓷材料在烧结过程中的理论模型及微观组织演变。该部分总结了烧结理论的发展历程，并结合陶瓷烧结的最新研究进展，论述了不同烧结方法下材料的致密化过程和微观组织演变。固相烧结章节包括：烧结热力学、烧结模型、致密化动力学、晶粒长大。液相烧结章节包括：液相烧结致密化过程、液相烧结发生条件及影响因素、液相烧结机理。特种烧结章节包括：电场辅助烧结、磁场辅助烧结、放电等离子烧结和微波烧结。第2部分共晶陶瓷凝固组织形成理论（第4～6章）介绍了共晶陶瓷在凝固过程中的微观组织演变及控制，具体包括共晶陶瓷微观组织特征（第4章）、共晶凝固行为及生长模型（第5章）、液固界面稳定性及枝晶生长（第6章）。该部分内容以定量模型为主线，从固液界面的溶质原子迁移、界面结构到界面稳定性和溶质再分配，从胞状和树枝状生长到共晶生长以及快速凝固的组织形成，较为系统地描述了共晶凝固组织形成的一般规律，把凝固理论整合于一个连贯的体系中，以具体的实验结果结合丰富的图解给读者以直观展示。

本书只讨论陶瓷材料微观组织形成过程的基础理论，很少涉及制备工艺和组织性能关系等的发展与技术细节。本书引自参考文献的理论、图片、观点、假设、方法、数据都按照国际通用引文规范注明作者及出处。重要的进展尽可能选择最先提出成果的有关著作，读者可以从参考文献查到做出贡献的作者和提出的年代。在此，对所引用文献的作者致以特别的谢意！

衷心感谢国家自然科学基金（项目编号：52075073，51805069，51675078，51175059，50875032，50505005）的持续资助，这既是无形的鞭策，也让我们的研究工作多了一份自信和从容。

感谢尊敬的周玉院士为本书作序并推荐，周院士的认可让我们更有信心和底气！

作者在撰写本书过程中得到了很多研究生的大力协助，他们是：付连生、陈泽、罗懋钟、胡婷婷、阮祥钢、席芳星月等，在此表达感谢！

限于作者水平和经验，书中难免有不足之处，敬请读者批评指正！

陈国清

2022 年 3 月

目　　录

序
前言

第1部分　陶瓷烧结理论

第1章　固相烧结……3
1.1　概述……3
1.2　烧结热力学……3
1.3　烧结模型……5
1.3.1　烧结初期……6
1.3.2　烧结中期……8
1.3.3　烧结后期……10
1.3.4　其他烧结模型……11
1.4　致密化动力学及晶粒长大……17
1.4.1　致密化动力学……17
1.4.2　晶粒长大……22
第2章　液相烧结……32
2.1　液相烧结技术的发展……32
2.1.1　液相烧结技术分类……32
2.1.2　液相烧结的优点与不足……33
2.2　液相烧结致密化过程……34
2.2.1　颗粒重排阶段……34
2.2.2　溶解-再沉淀阶段……35
2.2.3　固态烧结阶段……35
2.3　液相烧结发生条件及影响因素……36
2.3.1　驱动力-毛细管力……36
2.3.2　晶界液相……37
2.3.3　液相烧结条件……38
2.3.4　液相烧结致密化的影响因素……45

2.4　液相烧结机理 …… 49
2.4.1　颗粒重排 …… 50
2.4.2　溶解-再沉淀 …… 54
2.4.3　固态烧结 …… 65
第 3 章　特种烧结 …… 67
3.1　特种烧结技术的发展 …… 67
3.1.1　特种烧结技术分类 …… 67
3.1.2　致密化途径及其机理 …… 68
3.2　电场辅助烧结 …… 69
3.2.1　电场活化烧结 …… 70
3.2.2　闪烧 …… 72
3.3　磁场辅助烧结 …… 76
3.3.1　旋转扩散模型 …… 76
3.3.2　旋转扩散模型的优化 …… 79
3.3.3　强磁场诱导技术 …… 82
3.4　放电等离子体烧结 …… 82
3.4.1　放电等离子烧结优点 …… 82
3.4.2　放电等离子烧结等效电路 …… 83
3.4.3　放电等离子烧结机理 …… 84
3.4.4　放电等离子烧结的发展与应用 …… 88
3.5　微波烧结 …… 89
3.5.1　微波烧结机理 …… 89
3.5.2　微波烧结工业应用 …… 92
第 2 部分　共晶陶瓷凝固组织形成理论
第 4 章　共晶陶瓷微观组织特征 …… 95
4.1　固-液界面微观结构基础 …… 96
4.1.1　粗糙界面与光滑界面 …… 96
4.1.2　界面结构类型本质与判据 …… 97
4.1.3　界面结构的影响因素 …… 98
4.1.4　晶体生长方式 …… 100
4.2　共晶组织的分类及特点 …… 102
4.2.1　规则共晶 …… 102

4.2.2 非规则共晶 …… 106
4.3 共晶共生区——共晶耦合生长 …… 111
4.3.1 对称型共晶共生区 …… 112
4.3.2 非对称型共晶共生区 …… 114
第 5 章 共晶凝固行为及生长模型 …… 116
5.1 共晶凝固行为 …… 116
5.1.1 层片状共晶组织形核过程 …… 116
5.1.2 层片状共晶组织扩散耦合生长 …… 117
5.1.3 层片状共晶组织生长界面过冷度 …… 122
5.1.4 共晶片层间距的最小过冷度准则 …… 125
5.2 共晶生长模型 …… 129
5.2.1 J-H 模型 …… 129
5.2.2 TMK 模型 …… 133
5.2.3 KT 模型 …… 146
5.2.4 LZ 模型 …… 156
第 6 章 液固界面稳定性及枝晶生长 …… 163
6.1 定向凝固共晶生长 …… 163
6.1.1 共晶陶瓷制备技术 …… 163
6.1.2 定向凝固共晶原理 …… 171
6.2 液固界面稳定性理论 …… 171
6.2.1 成分过冷理论 …… 171
6.2.2 界面稳定性动力学理论 …… 179
6.2.3 过冷熔体中平界面绝对稳定性理论 …… 180
6.2.4 非平衡凝固界面稳定性理论 …… 181
6.3 过冷熔体中枝晶生长 …… 181
6.3.1 枝晶生长稳态理论 …… 181
6.3.2 枝晶生长理论模型 …… 183
参考文献 …… 188
附录 主要符号及其含义 …… 200

第 1 部分　陶瓷烧结理论

第1章 固相烧结

1.1 概述

陶瓷材料的制备主要包括三个阶段：坯料制备、成型和烧结。大量研究表明，相同化学成分的陶瓷坯体，采用不同的烧结工艺所得到的成品在微观结构及性能上差异很大。因此，对烧结过程的精细控制成为陶瓷制备中的重点。烧结是指陶瓷坯体在高温下经过一系列物理化学反应，最终获得具有一定形状和力学性能的产品的过程。烧结过程所得到的产品通常具有晶粒细小、微观组织均匀等特征。当采用无压烧结时，易于得到形状复杂的产品，且通常无须额外的成形工艺和表面加工[1]。由于无压烧结技术在陶瓷部件制造中具有较大的技术和经济优势，因此，其广泛应用于陶瓷工业生产，并且已经形成了标准化流程。

烧结理论起步于20世纪初期，在依次经历了表观现象观察、模拟实验和数学解析三个阶段之后，逐步发展完善并形成了一套独立的科学理论。陶瓷的烧结过程十分复杂，包括相变、致密化、晶粒长大等多个过程。烧结致密化实质上是一个复杂的热激活过程，扩散是该过程中物质传输的重要途径。为了定量地进行烧结理论分析，在对烧结坯体复杂结构特征进行分析的基础上，经简化处理建立了各种简便而有效的烧结理论模型。

固相烧结是指松散的粉末或具有一定形状的粉末压坯，被置于不超过其熔点的温度和一定气氛下，保温一定时间的操作过程。相比液相烧结和特种烧结，固相烧结理论发展最早，应用最多、最广，其理论也最为系统、全面。本章主要介绍固相烧结热力学和动力学，热力学主要介绍在烧结过程中自由能的变化，动力学主要包括经典烧结模型，以及烧结过程中的致密化及晶粒长大过程。

1.2 烧结热力学

烧结是一个复杂的热激活过程，在烧结过程中相互接触的颗粒经历结颈、长大、孔变形、孔收缩和晶粒生长等。该过程虽然已被广泛研究，但其烧结机理仍未被完全理解。当前更多的是通过现象学的概述以及热力学和几何因素来探讨这个问题，这些影响因素在烧结模型的致密化过程中发挥重要作用。首先，假设烧结颗粒系统由规则和不规则的晶体球体堆积组成，这些晶体球体在每个接触点处形成晶界。其次，假设各晶粒球体存在各向同性表面能和晶界能。虽然这种假设与普通粉末压块相比是理想化的，但可以用来分析它们的潜在烧结行为，因此可以将其看作一个边界条件。此外，这种方法在逻辑上是可行的，因为其更容易理解，并为理解更复杂的真实粉末系统提供了基础。

任何烧结过程中的物质传输都存在热力学驱动力，且呈负自由能变化。在单相粒子的烧结中，热力学驱动力为整个系统表面能的降低，可以用下式表示[2]：

$$\delta\left(G_{\mathrm{syst}}\right)=\delta\int\gamma_{\mathrm{sv}}\mathrm{d}A_{\mathrm{sv}}+\delta\int\gamma_{\mathrm{GB}}\mathrm{d}A_{\mathrm{GB}} \tag{1-1}$$

式中，$\delta\left(G_{\mathrm{syst}}\right)$为系统自由能的变化；$\gamma_{\mathrm{sv}}$为单位表面自由能；$\gamma_{\mathrm{GB}}$为单位界面能；$A_{\mathrm{sv}}$为表面积；$A_{\mathrm{GB}}$为晶界面积。当$\delta\left(G_{\mathrm{syst}}\right)$为负时，烧结过程持续进行。而在实际烧结过程中，由于各向异性或晶体取向不同，γ_{sv}和γ_{GB}有不同值。另外在烧结过程中存在着烧结势垒，如图 1-1 所示，往往需要通过高温以越过烧结势垒，从而促使烧结过程发生。

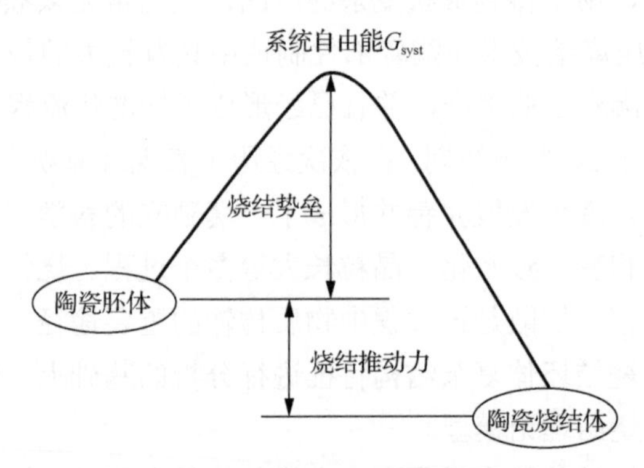

图 1-1　烧结势垒示意图

Kuczynski 的双球模型是从微观角度建立的烧结初期简单通用模型，从最先的理论计算到如今的计算机数值模拟，双球模型都作为基础模型被使用。双球模型下烧结颈结构示意图如图 1-2 所示，其中r为晶粒半径，ϕ为在两球中间所形成的二面角。假设两球体具有各向同性界面能，在分子间作用力下，球体相互靠近接触，形成晶界。物质运输最合理路径是沿着晶界到烧结颈，再从烧结颈到球体的自由表面，这相当于将物质的传输分为两个阶段。当自由能变化梯度$\mathrm{d}G<0$时，即从烧结颈到球体自由表面的物质传输速率较大时，自由表面将始终保持球形，并且二面角随着收缩过程的进行而增大；当$\mathrm{d}G=0$时，达到平衡二面角；当晶界能增加量大于表面自由能减少量时，即$\mathrm{d}G>0$，停止收缩。自由能的变化可表示如下：

$$\mathrm{d}G=\gamma_{\mathrm{sv}}\mathrm{d}A_{\mathrm{sv}}+\gamma_{\mathrm{GB}}\mathrm{d}A_{\mathrm{GB}} \tag{1-2}$$

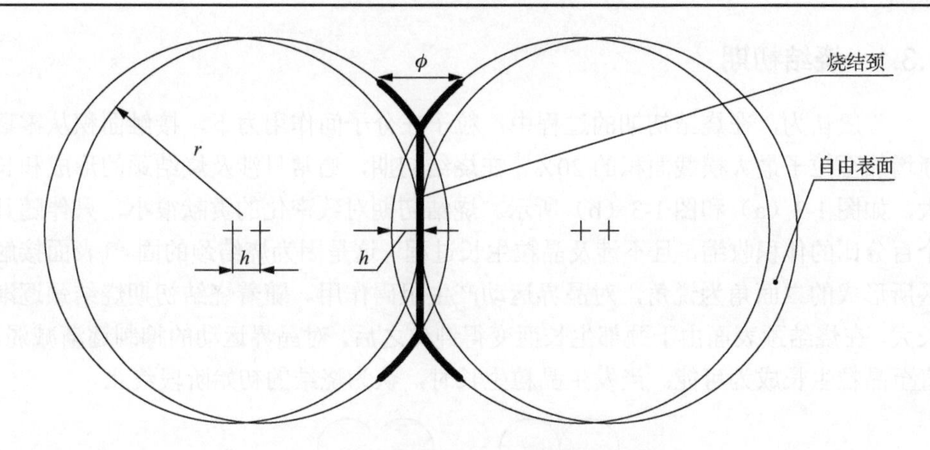

图 1-2 双球模型下烧结颈结构示意图

而此时该结构构成具有平衡二面角的系统处于亚稳态平衡，从颈部到自由表面仍有物质传输。还应该注意到，在这种结构中，晶界不能移动，因为任何移动都会引起晶界面积的增加，这在热力学上是不可能的。当第一阶段更快时，会在颈部形成平衡二面角。然而，颈部表面在穿过球体中心的平面中呈现反向曲率，当前平衡状态被打破，促使二面角形成新的平衡，从而导致收缩。当这个过程继续时，反向曲率将持续减小，直至顶部构型达到新的平衡为止。

1.3 烧 结 模 型

烧结理论的研究从萌芽阶段到现在趋于成熟，已经有近 100 年的历史。期间有大量有关烧结模型的文章发表，但研究的对象大多是关于金属粉体的烧结过程，因此有关烧结模型有很大差异性和局限性，不能对所有烧结过程中发生的现象给予解释。一般认为，1945 年，Frenkel[3]的烧结论文的发表，标志着烧结理论的研究从表观现象的研究进入到模拟试验和数学解析阶段。

在此期间，对烧结过程物质迁移机制的模型研究主要集中在单组元体系的烧结过程。研究者用最简单的球-球或者球-板模型，研究在不同温度和时间下，烧结颈的生长速率和球中心迁移速率。在随后的几十年里，不断有人研究这一方面的烧结问题。近年来，随着烧结理论的成熟和计算机技术的迅速发展，压坯烧结过程的计算机模拟在国内外已经成为烧结理论研究的热点之一。

Coble[4]根据烧结体的结构特征，常将烧结体过程划分为 3 个阶段，烧结初期、烧结中期、烧结后期。在烧结过程中，烧结动力学涉及烧结颈的形成、致密化和晶粒长大过程，在烧结初期，以烧结颈的形成为标志；在烧结中后期，主要以坯体的致密化和晶粒长大为主。但是由于烧结过程十分复杂，经典固相烧结模型只能针对烧结中单个阶段，单个经典烧结模型不能对应整个烧结过程。

1.3.1 烧结初期

一般认为，在烧结初期的过程中，粒子在分子间作用力下，接触面积从零逐渐增加至粒子最大横截面积的20%。在烧结初期，通常只涉及烧结颈的形成和长大，如图1-3（a）和图1-3（b）所示。烧结初期对致密化的贡献很小，只伴随几个百分比的体积收缩，且不涉及晶粒生长过程，这是因为烧结颈的固-气表面接触区所形成的二面角为锐角，对晶界运动产生阻碍作用。随着烧结初期烧结颈逐渐长大，在烧结颈表面由于颈部生长而变得钝化之后，对晶界运动的抑制逐渐减弱，直至晶粒生长成为可能。当发生晶粒生长时，认为烧结的初始阶段终止。

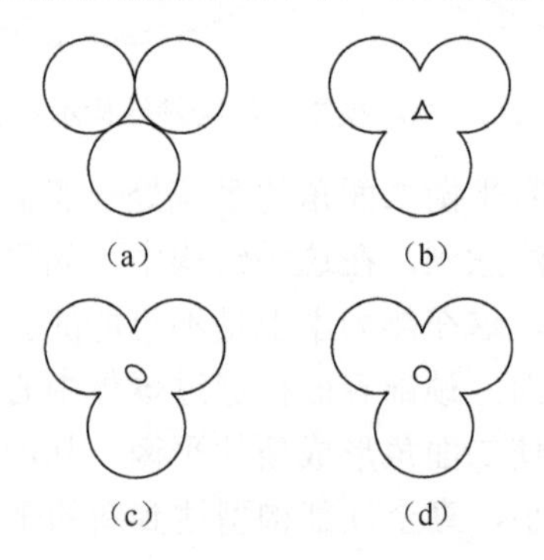

图1-3 Coble烧结阶段几何模型

在烧结初期，物质传输驱动力与界面曲率的减小密切相关。随着界面曲率变化，毛细压力、空位浓度及蒸气压的偏差都在变化。随着以上条件的变化，一些物质传递的方式或者说是物质传递的机制在某些时刻同时或者独立起作用。因此，烧结初期的物质传递是多个机制共同贡献的。

为了研究烧结过程中的物质传递机制，通常将烧结系统简化为球-球或球-板模型。以球-球模型为例，如图1-4所示，Kuczynski[5]假设孔隙扩散机制是自扩散中的主要机制，空位浓度差ΔC利用Kelvin公式计算得

$$\Delta C=\frac{2\sigma\delta^3}{kT}\left(\frac{1}{r}-\frac{1}{x}\right)C \tag{1-3}$$

式中，σ是表面张力；δ是原子间距；k是玻尔兹曼常数；T是绝对温度；r是烧结颈的表面曲率半径；x是烧结颈半径；C是空位平衡浓度，即

$$C=\mathrm{e}^{-\frac{E}{RT}} \tag{1-4}$$

其中，E是在晶格中空位的形成能；R为气体常数。

当$x \gg r$（图1-4中ρ）时，有

$$\Delta C=\frac{2\sigma\delta^3}{krT}\mathrm{e}^{-\frac{E}{RT}} \tag{1-5}$$

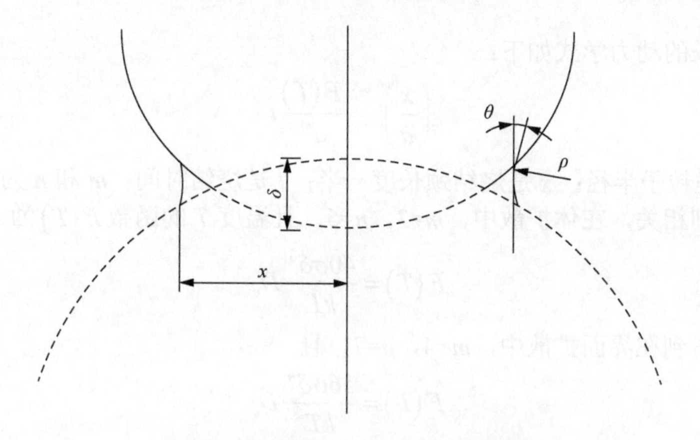

图 1-4 球-球模型示意图及其关键参数

假设烧结初期，粒子半径 a 变化很小，粒子仍为球形，颈部半径 x 很小。则颈部表面曲率半径 r、体积 V、表面积 A 与 a、x 的关系如下：

$$r=\frac{x^2}{4a} \tag{1-6}$$

$$A=\frac{\pi^2 x^3}{2a} \tag{1-7}$$

$$V=\frac{\pi x^4}{2a} \tag{1-8}$$

烧结引起宏观尺寸收缩，致密度增加，故可用收缩率来度量烧结程度。随着颈部长大，双球间距离逐渐缩短。设烧结后中心距从 L_0 收缩了 ΔL，则有

$$\frac{\Delta L}{L_0}=\frac{\left[a-(a+r)\cos\theta\right]^2}{a} \tag{1-9}$$

在烧结初期 θ 很小，$\cos\theta\approx 1$，故有

$$\frac{\Delta L}{L_0}=-\frac{r}{a}=-\frac{x^2}{4a^2} \tag{1-10}$$

因此，烧结时物质的迁移速度等于颈部体积的增长，故可由此推导出各种传质机理的动力学式。需要指出，由于只有在烧结初期时，两个颗粒仍然可以简化为球形，以上的烧结模型仅仅对烧结初期适用。由于浓度梯度近似等于 $\Delta C/r$，根据菲克定律可得

$$A\frac{\Delta C}{r}D'=\frac{\mathrm{d}V}{\mathrm{d}t} \tag{1-11}$$

式中，D' 是空位扩散系数，满足于下式：

$$D'\mathrm{e}^{-\frac{E}{RT}}=D_{\mathrm{v}} \tag{1-12}$$

其中，D_{v} 是体扩散系数。将式（1-12）代入式（1-11）并进行积分，我们得到稳

定颈部生长的动力学式如下：

$$\left(\frac{x}{a}\right)^n = \frac{F(T)}{a^m}t \tag{1-13}$$

其中，a是粒子半径；x是烧结颈长度一半；t是烧结时间；m和n为特征指数，与扩散机制相关，在体扩散中，m=3，n=5，且温度T的函数$F(T)$为

$$F(T) = \frac{40\sigma\delta^3}{kT}D_v \tag{1-14}$$

同样可以得到在界面扩散中，m=4，n=7，且

$$F(T) = \frac{56\sigma\delta^4}{kT}D_s \tag{1-15}$$

式中，D_s是界面扩散系数。

现如今随着计算机的飞速发展，双球模型依然作为有限元的基础模型被研究，国内多名学者[6,7]利用有限元法，基于经典的双球模型，模拟了烧结中颗粒边界的运动以及烧结颈的长大。在 Surface Evelver 软件模拟陶瓷在烧结初期的颗粒边界运动和烧结颈长大发现，当假设在烧结初期的颗粒粒径近似不变时，可以看到如图 1-5 所示的结果，表明模拟结果符合先前的理论[8]。

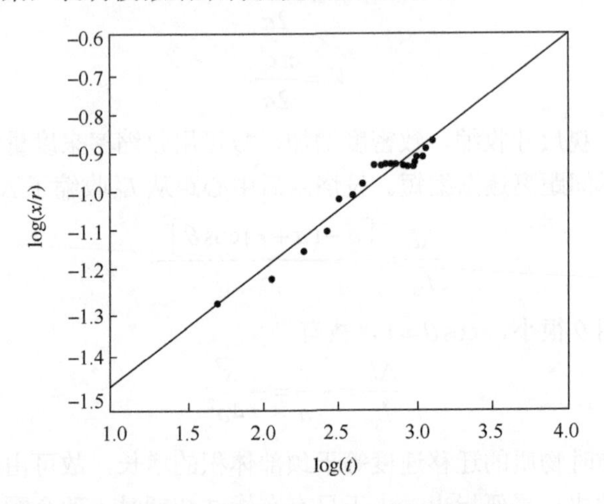

图 1-5 烧结过程中颈部长大模拟结果[8]

1.3.2 烧结中期

烧结中期开始于晶粒正常生长之后，物质沿着颗粒之间的结合面继续迁移使烧结颈扩大，并伴随颗粒间晶界的广泛形成，最终所形成的孔隙相互连通，呈网络状结构，并且孔隙与晶界相交，其微观结构特征如图 1-3（c）所示。在烧结中期阶段，为了简化定量分析，首先将孔隙的复杂形状简化为连续圆柱，且假设圆柱形孔隙仅进行简单的体积收缩，遵循孔隙的位置和体积变化。采用如图 1-6 所

示的 Kelvin 十四面体结构表示单个晶粒，该多面体是通过在正八面体的六个顶点处截断正四面体所形成的[4]，含 36 条等长的棱边，24 个顶角，假设棱长为 L_P，则多面体体积 V_K 为

$$V_\mathrm{K} = 8\sqrt{2}L_\mathrm{P}^3 \tag{1-16}$$

孔隙用圆柱体近似，沿图中多面体边缘粗线所示连续分布，并以其为中心，假设其半径为 r，得到孔总体积 V_I 为

$$V_\mathrm{I} = 12\pi L_\mathrm{P} r^2 \tag{1-17}$$

则该几何体孔隙度 P_V 为

$$P_\mathrm{V} = 1.06\frac{r^2}{L_\mathrm{P}^2} \tag{1-18}$$

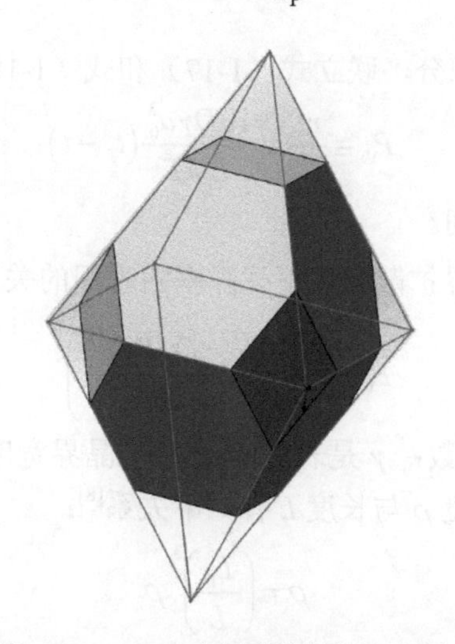

图 1-6　Kelvin 十四面体结构示意图

在体扩散中，假设空位扩散为径向扩散，并且忽略角落处的形状效应，采用表面冷却的电加热圆柱形导体温度分布通量式进行近似，则圆柱每单位长度的流量为

$$J / L = 4\pi D_\mathrm{v} a_0^3 \Delta C \tag{1-19}$$

式中，D_v 是空位扩散系数；a_0^3 是空位体积；ΔC 是空位浓度差；L 是圆柱长度，等于 L_P。

假定扩散通量向边界的合流点（convergence）不会定性地改变通量式对孔半径的依赖关系。扩散通量场的宽度近似孔直径。进一步假设空位扩散通量发散（diverge）的自由度最初提供了额外的可用面积，这将使通量增加额外的两倍，则

$$J / 2r = 8\pi D_\mathrm{v} a_0^3 \Delta C \tag{1-20}$$

多面体每个面由两个晶粒所共有，每个多面体有 14 个面，则每个多面体每单位时间的体积通量为

$$\frac{\mathrm{d}V}{\mathrm{d}t}=112\pi D_{\mathrm{v}}a_0^3\Delta Cr \tag{1-21}$$

式中，空位浓度差由 Thmson 式可得

$$\Delta C=\frac{C_0\gamma a_0^3}{kTr} \tag{1-22}$$

其中，γ 是表面能；C_0 是无应力作用时的空位平衡浓度；$\gamma a_0^3/r$ 是一个空位的生成能；k 是玻尔兹曼常数；T 是绝对温度。

联立式（1-21）和式（1-22）可以得到

$$\mathrm{d}V=\frac{112\pi D\gamma a_0^3}{kT}\mathrm{d}t \tag{1-23}$$

式中，$D=D_{\mathrm{v}}C_0a_0^3$。

对式（1-23）进行积分，联立式（1-17）和式（1-18）得

$$P_{\mathrm{V}}\cong\frac{r^2}{L_{\mathrm{P}}^2}\cong\frac{10D\gamma a_0^3}{L_{\mathrm{P}}kT}\left(t_{\mathrm{f}}-t\right) \tag{1-24}$$

式中，t_{f} 是孔消失的时间。

同样可以得到在晶界扩散条件下孔隙率随时间的关系：

$$P_{\mathrm{V}}=\frac{r^2}{L_{\mathrm{P}}^2}=\left(2t\frac{D_{\mathrm{b}}W\gamma a_0^3}{L_{\mathrm{P}}^4kT}\right)^{\frac{2}{3}} \tag{1-25}$$

式中，D_{b} 是晶界扩散系数；γ 是表面能；W 是晶界宽度。

任意时间的相对密度 ρ 与长度 L 有如下关系[8]：

$$\rho=\left(\frac{L_{\mathrm{F}}}{L}\right)^3\rho_{\mathrm{F}} \tag{1-26}$$

式中，ρ_{F} 是烧结后样品的相对密度；L_{F} 是烧结后样品长度。相对密度 ρ 与孔隙率 P 有如下关系：

$$\rho+P=1 \tag{1-27}$$

最终可以得到相对密度和时间的关系。

1.3.3　烧结后期

随着烧结的进行，联通网络状的气孔逐渐闭合，转变为孤立的气孔，随后气孔稳定地收缩直至消失，这一过程被认为是烧结后期。孤立的气孔常位于多个晶粒的结合点处，气孔结构趋于球形，在 Coble 烧结模型中，如图 1-3（d）所示，气孔占据四个晶粒角，这个结构中的孔可以稳定地连续收缩直至消失。当四个角落上的所有孔都被消除后，烧结过程完成。如果气体被困在封闭的孔隙中，其压力会随着孔隙半径的减小而增大。

同样基于 Kelvin 十四面体结构，其顶点位置为球形气孔，假设球半径为 r，

则每个多面体中在四晶粒角处球形孔所占体积为

$$V_{\mathrm{F}} = 8\pi r^3 \tag{1-28}$$

联立式（1-16）得到孔隙率为

$$P_{\mathrm{a}} = \frac{\sqrt{2}\pi r^3}{2L_{\mathrm{P}}^3} \tag{1-29}$$

假设为体扩散，其扩散通量式近似为

$$J_{\mathrm{a}} = 4\pi D_{\mathrm{v}} \Delta C r_{\mathrm{a}} \tag{1-30}$$

采用同烧结中期相似处理，可得到孔隙率与时间关系式：

$$P_{\mathrm{a}} = \frac{3\sqrt{2}\pi D\gamma a_0^3}{L_{\mathrm{P}}^3 kT}\left(t_{\mathrm{f}} - t\right) \tag{1-31}$$

而式（1-27）在烧结后期同样适用，最终可以得到相对密度随时间的关系式。

Coble 烧结模型由于提出时间较早，成为其他模型推导的基础，关于致密化速率的确定并没有在他的原始研究中给出，经过后来的推导[9,10]，得到烧结中期和烧结后期的致密化速率：

$$\frac{\mathrm{d}\rho}{\mathrm{d}t} = kf(\rho)\frac{\exp\left(-Q / R_{\mathrm{g}}T\right)}{TG^n} \tag{1-32}$$

式中，k 是玻尔兹曼常数；R_{g} 是气体常数；T 是绝对温度；Q 是致密化的活化能；n 是晶粒尺寸 G 的指数；$f(\rho)$ 是关于密度 ρ 的函数。在 Kang 等[11]的研究中，表明 $f(\rho)$ 与密度无关，为常数值。在 Kim 等[12,13]的氧化锆等温烧结研究中，在烧结中期进行了试验评估，并与理论预测进行对比，虽然结果表明在一定密度范围内，理论模型和实际数据具有部分一致性，但是在中间阶段的整个密度范围内的一致性差，其原因是在烧结过程中，实际整个系统的孔隙结构十分复杂，而 Coble 烧结模型相对简单。

1.3.4 其他烧结模型

由于 Coble 烧结模型的局限性，单个模型不能用于整个烧结过程，进而在经典 Coble 烧结模型的基础上，发展了其他的烧结模型，比如组合烧结模型，以弥补经典的烧结模型不能描述整个烧结过程的局限性。在组合烧结模型的基础上，Su 等[14]提出了主烧结曲线模型，可以较好地综合和预报整个烧结过程的致密化行为。

1. 组合阶段烧结模型

Hansen 等[15]利用烧结三个阶段之间的相似性，提出组合阶段烧结模型，研究整个烧结的致密化过程，并讨论烧结期间微观结构的复杂变化，其条件如下。

（1）导致致密化的物质传递动力学可以数学表示。

（2）微观结构可以量化以体现以下两者。①微观结构产生有助于致密化的物质传输趋势；②这种物质传输转化为收缩率。

为了满足条件（1），首先假设仅毛细管作用引起的扩散物质传输有助于致密化，且毛细管力下微观结构烧结的基本二维截面如图 1-7 表示。

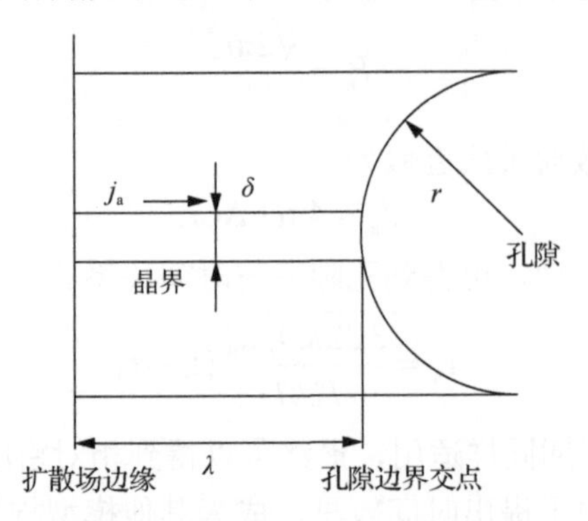

图 1-7　烧结微观结构二维截面图

控制纯化合物烧结过程中原子扩散通量 Herring 式[16]如下所示：

$$j_a = -\frac{D}{V_a kT}\nabla\left(\mu_a - \mu_v\right) \tag{1-33}$$

式中，μ_a 和 μ_v 是原子化学势和空位化学势；$\nabla\left(\mu_a - \mu_v\right)$ 是化学势梯度，作为物质传输的驱动力；k 是玻尔兹曼常数；D 是扩散系数；T 是绝对温度；V_a 是原子体积。

通过假定晶界和孔表面是理想的空位源和空位阱，使晶界（物质传输区域）附近的空位浓度处于平衡状态，可以简化式（1-33），得到原子进入孔隙的瞬时扩散通量是

$$j_{as} = -\frac{D}{V_a kT}\nabla\mu_{as} \tag{1-34}$$

式中，孔隙表面的化学势梯度 $\nabla\mu_{as}$ 与曲率 K 成正比，与材料传输到孔隙的距离 λ 成反比。与晶粒直径 d 相关的尺寸因子（scaling parameters）C_k 和 C_λ 由以下关系式定义：

$$C_k = -d \cdot K \tag{1-35}$$

$$C_\lambda = \lambda / d \tag{1-36}$$

其中，孔隙的曲率被视为负值。

则孔隙表面的化学势梯度为

$$\nabla\mu_{as} = -\frac{\alpha\gamma V_a C_k}{C_\lambda d^2} \tag{1-37}$$

式中，α 为比例常数；γ 是表面能。联立式（1-34）和式（1-37）可得

$$j_{as} = \frac{D}{k}\left(\frac{\alpha\gamma C_k}{C_\lambda d^2}\right) \tag{1-38}$$

将孔表面上的局部通量求和计算任意体积元素的扩散总通量 J，即

$$J = \int_S j_{as} dA \tag{1-39}$$

假设物体的扩散距离和曲率是均匀的，或者可以用平均值表示，则这个总和等于将用于晶界和体扩散的平均局部通量乘以可用于扩散的面积。选择单个晶粒作为体积元素，晶界和体积扩散面积分别为 $\frac{1}{2}\delta L_B$ 和 A_V，其中，δ 是晶界厚度（由于只有一半的晶界厚度存在于所选的体积元素中，因此乘以系数 $\frac{1}{2}$）；L_B 是晶粒中晶界和孔相交的总长度；A_V 是元素中凹曲率的区域面积。因此，任何元素的总原子通量是

$$J = \frac{1}{2} j_{asb} \delta L_B + j_{asv} A_V \tag{1-40}$$

式中，j_{asb} 为晶界扩散通量；j_{asv} 为体扩散通量。通常，L_B 和 A_V 未知，但对于任何微观结构，可以将它们分别与 d 和 d^2 一起量化。可用扩散区域的尺寸因子定义：

$$L_B = 2C_b d \tag{1-41}$$

$$A_V = C_v d^2 \tag{1-42}$$

原子通量与收缩率的转换需要更加精确的微观几何结构。Dehoff[17]提出了通过将微观结构分成空间填充多面体的方法来计算收缩率，其中每个多面体包含一个晶粒及其相关的孔隙。为了明确定义每个单元格，假定这些面是平面的并且延伸到孔隙相。图 1-8 显示了 Dehoff 结构（蜂窝拓扑结构）的初始阶段、中间阶段和最终阶段。

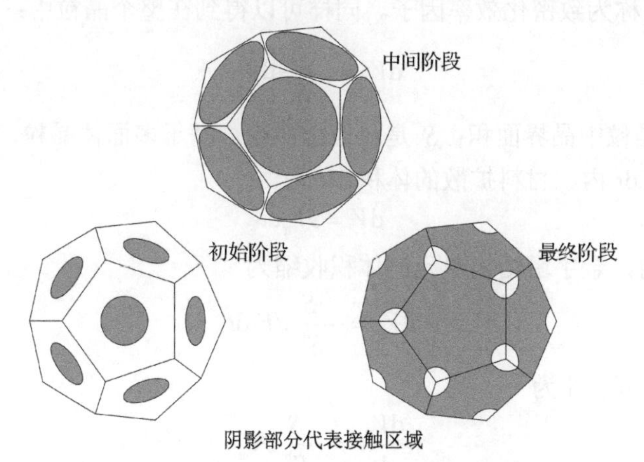

图 1-8 Dehoff 结构（蜂窝拓扑结构）示意图

每个晶粒可以看作是由若干金字塔结构单元在空间上密堆而成，其中代表性结构单元如图 1-9 所示。假设 h_{P} 是底面到顶点的距离，S_{P} 是总底面面积，则金字塔的体积为

$$V_{\mathrm{P}} = \frac{1}{3} h_{\mathrm{P}} S_{\mathrm{P}} \tag{1-43}$$

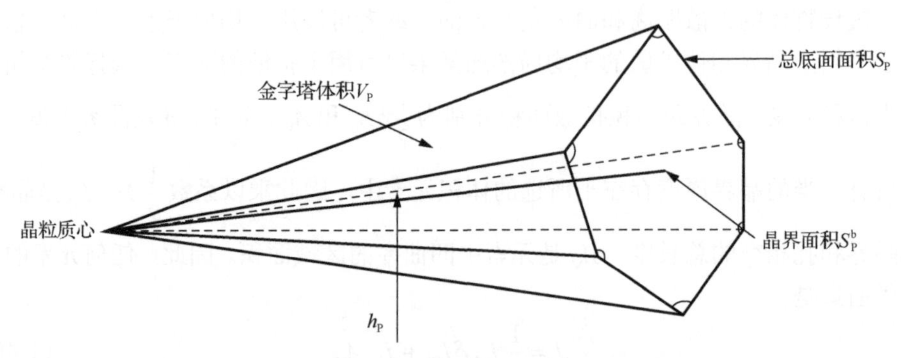

图 1-9　晶粒金字塔结构

假设在时间 $\mathrm{d}t$ 内从晶界转移到相邻孔隙中的材料体积 $\mathrm{d}V$，有

$$\mathrm{d}V = JV_{\mathrm{a}}\mathrm{d}t \tag{1-44}$$

这将导致 h_{P} 缩短 $\mathrm{d}h_{\mathrm{P}}$，金字塔的晶界面积 $S_{\mathrm{P}}^{\mathrm{b}}$ 增加 $\mathrm{d}S_{\mathrm{P}}^{\mathrm{b}}$，则有

$$\mathrm{d}V_{\mathrm{P}} = -\mathrm{d}h_{\mathrm{P}} S_{\mathrm{P}}^{\mathrm{b}} \left(1 + \frac{\mathrm{d}S_{\mathrm{P}}^{\mathrm{b}}}{2S_{\mathrm{P}}^{\mathrm{b}}}\right) \approx -\mathrm{d}h_{\mathrm{P}} S_{\mathrm{P}}^{\mathrm{b}} \tag{1-45}$$

同样，可得整个金字塔的体积变化 $\mathrm{d}V_{\mathrm{P}}$：

$$\mathrm{d}V_{\mathrm{P}} = \mathrm{d}h_{\mathrm{P}} S_{\mathrm{P}} = -\frac{\mathrm{d}VS_{\mathrm{P}}}{S_{\mathrm{P}}^{\mathrm{b}}} \tag{1-46}$$

式中，$S_{\mathrm{P}} / S_{\mathrm{P}}^{\mathrm{b}}$ 称为致密化效率因子。同样可以得到在整个晶粒中：

$$\mathrm{d}V_{\mathrm{P}} = -\frac{S}{S^{\mathrm{b}}}\mathrm{d}V \tag{1-47}$$

其中，S^{b} 是晶粒中晶界面积；S 是晶粒总面积。基于多面体晶粒，由式（1-29）可得，在时间 $\mathrm{d}t$ 内，材料扩散的体积 $\mathrm{d}V$ 为

$$\mathrm{d}V = JV_{\mathrm{a}}\mathrm{d}t \tag{1-48}$$

则在时间 $\mathrm{d}t$ 内，金字塔结构单元的体积收缩为

$$\mathrm{d}V_{\mathrm{P}} = -\frac{S}{S^{\mathrm{b}}} JV_{\mathrm{a}}\mathrm{d}t \tag{1-49}$$

则致密化速率可表述为

$$\frac{\mathrm{d}V_{\mathrm{P}}}{\mathrm{d}t} = -\frac{S}{S^{\mathrm{b}}} JV_{\mathrm{a}} \tag{1-50}$$

晶粒的总体积还可表示为所有金字塔结构单元体积的总和：

$$V=\sum V_{\mathrm{P}}=\frac{1}{3}\sum h_{\mathrm{P}}S_{\mathrm{P}}=\frac{1}{3}hS \tag{1-51}$$

则致密化的速率为

$$\frac{\mathrm{d}V}{V\mathrm{d}t}=-\frac{3}{hS^{\mathrm{b}}}JV_{\mathrm{a}} \tag{1-52}$$

假设材料为各向同性收缩，则体积致密化速率可以转化为线收缩率，可表示为

$$\frac{\mathrm{d}V}{\mathrm{d}t}=3\frac{\mathrm{d}L}{L\mathrm{d}t} \tag{1-53}$$

联立式（1-51）～式（1-53）可得

$$\frac{\mathrm{d}L}{L\mathrm{d}t}=-\frac{JV_{\mathrm{a}}}{hS^{\mathrm{b}}} \tag{1-54}$$

通常S^{b}和h不能直接得到，但是可以用晶粒直径d进行如下近似：

$$S^{\mathrm{b}}=C_{\mathrm{a}}d^{2} \tag{1-55}$$

$$h=C_{\mathrm{h}}d \tag{1-56}$$

式中，C_{a}和C_{h}是比例常数，则式（1-54）可以写为

$$\frac{\mathrm{d}L}{L\mathrm{d}t}=-\frac{JV_{\mathrm{a}}}{C_{\mathrm{b}}C_{\mathrm{h}}d^{3}} \tag{1-57}$$

联立式（1-38）、式（1-40）～式（1-42）和式（1-57）可得

$$-\frac{\mathrm{d}L}{L\mathrm{d}t}=\frac{\gamma V_{\mathrm{a}}}{k_{\mathrm{B}}T}\left(\frac{\delta D_{\mathrm{b}}\Gamma_{\mathrm{b}}}{d^{4}}+\frac{D_{\mathrm{v}}\Gamma_{\mathrm{v}}}{d^{3}}\right) \tag{1-58}$$

其中，

$$\Gamma_{\mathrm{b}}=\frac{aC_{\mathrm{k}}C_{\mathrm{b}}}{C_{\lambda}C_{\mathrm{a}}C_{\mathrm{h}}} \tag{1-59}$$

$$\Gamma_{\mathrm{v}}=\frac{aC_{\mathrm{k}}C_{\mathrm{v}}}{C_{\lambda}C_{\mathrm{a}}C_{\mathrm{h}}} \tag{1-60}$$

2. 主烧结曲线

主烧结曲线既不是相对密度与烧结时间的传统曲线，也不是相对密度与烧结温度的关系曲线，而是涉及 3 个变量的特殊 2D 曲线，包括时间、温度和相对密度。一般呈 S 形，仅通过一条曲线即可得到烧结体在不同时间、不同温度的致密度。主烧结曲线是 Su 等[14]在组合烧结模型的基础上发展而来，基于两个基本假设。

（1）烧结过程的物质迁移是由晶界扩散或体扩散主导，表面扩散和蒸发凝聚的影响可以被忽略。

（2）假设材料呈各向同性收缩，从而将线收缩率转变为致密化速率，有

$$-\frac{\mathrm{d}L}{L\mathrm{d}t}=\frac{\mathrm{d}\rho}{3\rho\mathrm{d}t} \tag{1-61}$$

假设在烧结过程中，只限于一种扩散机制处于主导地位，则

$$\frac{\mathrm{d}\rho}{3\rho\mathrm{d}t}=\frac{\gamma\Omega D_0\Gamma(\rho)}{kT\left[G(\rho)\right]^n}\exp\left(-\frac{Q}{R_{\mathrm{g}}T}\right)\mathrm{d}t \tag{1-62}$$

式中，Q是表面激活能；R_{g}是气体常数；$\Gamma(\rho)$，$G(\rho)$为关于密度的函数。

对式（1-62）积分得

$$\int_{\rho_0}^{\rho}\frac{\left[G(\rho)\right]^n}{3\rho\Gamma(\rho)}\mathrm{d}\rho=\int_0^t\frac{\gamma\Omega D_0}{kT}\exp\left(-\frac{Q}{R_{\mathrm{g}}T}\right)\mathrm{d}t \tag{1-63}$$

式中，ρ_0是坯体密度；t是烧结时间。式（1-63）左边代表微观组织演变，右边代表烧结历程，可以看出主导原子扩散机制与坯体致密化无关。对式（1-63）左边进行简单计算，可得

$$\Phi(\rho)=\frac{k}{\gamma\Omega D_0}\int_{\rho_0}^{\rho}\frac{\left[G(\rho)\right]^n}{3\rho\Gamma(\rho)}\mathrm{d}\rho \tag{1-64}$$

对式（1-63）右边进行简单计算可得

$$\Theta\left(t,T(t)\right)=\int_0^t\frac{1}{T}\exp\left(-\frac{Q}{R_{\mathrm{g}}T}\right)\mathrm{d}t \tag{1-65}$$

通常晶粒尺寸较小时晶界扩散趋于主导，反之体扩散趋于主导。

在主烧结曲线模型出现的最初几年，并没有引起人们的广泛关注，但是2001年至今，主烧结曲线应用越来越广泛，并且成功应用于一些传统材料的烧结行为，实用价值得到越来越多的认可，越来越多的国内外学者对其进行了研究[18,19]。基于主烧结曲线理论，可以将烧结历程和微观组织建立联系，但是主烧结曲线的建立需要确定两个量，Θ函数和瞬时密度。通常瞬时密度可以根据试验测定，但是Θ函数的计算需要致密化激活能值。当激活能值未知时，一般先给定激活能值，如果测定得到的曲线与理论计算得到的曲线对比，重合度不高，需要重新给定激活能值，同时也说明利用主烧结曲线理论可以间接计算致密化激活能值，而烧结致密化激活能是陶瓷烧结机理研究的一个重要物理量[20,21]，经常利用 Arrhenius 关系拟合计算该值，胡可等[22]利用主烧结曲线理论得到93W-5.6Ni-1.4Fe 的致密化激活能值，与 Arrhenius 计算得到的致密化激活能值基本一致。现如今一些学者已经开发出相应的模型和软件，对烧结过程进行数值模拟[23,24]。而且针对微米级、纳米级的粉末烧结的研究逐渐增加。Mazaheri 等[25]利用主烧结曲线研究了 12 个等温烧结的试验值和模拟值的误差，如图 1-10 所示，从图中可以看出主烧结曲线预测值和试验值最大误差为±1.9%，可见主烧

结曲线可以很好地预测 3Y-TZP 的烧结过程。

但是，主烧结曲线仍存在局限性，Frueh 等[26]探讨了影响主烧结曲线准确度的因素，认为在实际的烧结过程中，必须考虑各向异性收缩。另外该理论是在一些基本假设的基础上建立的，导致该理论可能不能很好地用于不同种类的粉末烧结时，而且该理论中认为在烧结过程中只限于一种扩散机制（晶界扩散或者体扩散）处于主导，忽略了气相传输和表面扩散的影响。

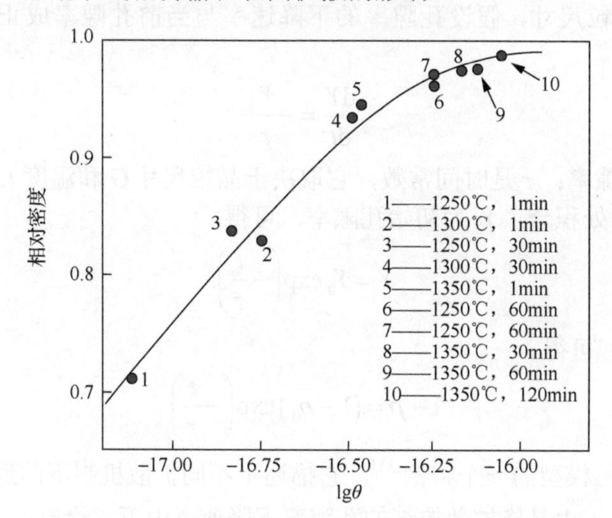

图 1-10 不同等温条件下 3Y-TZP 粉末压坯的试验值与主烧结曲线值的误差[24]

1.4 致密化动力学及晶粒长大

在烧结初期，烧结过程主要以烧结颈的长大为主，而在烧结中后期，则以致密化和晶粒长大为主。由于陶瓷在烧结过程中的致密程度对其性能，尤其是力学性能起着至关重要的作用，因此，致密化研究一直是近年来陶瓷研究领域备受关注的课题。在实际烧结过程影响致密化的因素众多，但烧结的目标是在尽可能低的温度和尽可能少的保温时间下形成具有可控微结构的致密陶瓷材料。

1.4.1 致密化动力学

针对致密化过程的理论研究主要包括两个阶段：一是烧结中期晶粒生长速率较低，晶粒尺寸保持相对恒定的时期，即无晶粒长大的致密化过程；二是有晶粒生长的致密化过程。在常规烧结中，烧结的最后阶段总是伴随着晶粒的快速长大，而两步烧结法（two-step sintering，TSS）可以利用晶界扩散和晶界迁移之间的动力学差异来实现对最终阶段晶粒生长的抑制，从而实现纳米晶陶瓷材料的制备。所谓两步烧结法，就是首先将样品加热至较高温度以快速达到较高致密度，然后迅速降温，在较低温度长时间保温，以达到完全致密[27-29]。

1. 无晶粒长大的致密化过程

在常规烧结中，烧结中期的晶粒生长速率低，可以假设晶粒尺寸保持恒定。对于给定的晶粒尺寸，假设孔隙率的下降速率与当前孔隙率成正比，有以下速率式[30]：

$$\frac{\mathrm{d}Y}{\mathrm{d}t}=-\frac{Y}{\tau} \tag{1-66}$$

式中，Y 是孔隙率；τ 是时间常数，它取决于晶粒尺寸 G 和温度 t。对式（1-66）在 $t=0$，$Y=Y_0$ 处积分，Y_0 为初始孔隙率，可得

$$Y=Y_0\exp\left(-\frac{t}{\tau}\right) \tag{1-67}$$

联立式（1-27）可得

$$1-\rho=(1-\rho_0)\exp\left(-\frac{t}{\tau}\right) \tag{1-68}$$

这是 Coble 烧结模型的一个特例[31]，它描述了不同扩散机制下的致密化动力学。Zhao 等[32]提出，由晶格扩散控制的孔隙率下降速率由下式给出：

$$\frac{\mathrm{d}P}{\mathrm{d}t}=-\frac{2N\pi D_\mathrm{L}\sigma V_\mathrm{a}}{kTV} \tag{1-69}$$

式中，N 是每个晶粒中孔数目；V 是晶粒体积；D_L 是点阵扩散系数；σ 是表面张力；V_a 是原子体积；k 是玻尔兹曼常数；T 是绝对温度。

Lóh 等[33]详细介绍了两步烧结法的发展历程，利用两步烧结法，实现了仅有致密化过程而没有晶粒的生长过程。该烧结数据分析的理论模型，主要以主烧结曲线理论为基础，虽然在实际材料中无法与假设相一致，依然可以得到致密化的归一化速率：

$$\frac{\mathrm{d}\rho}{\rho\mathrm{d}t}=f(\rho)\frac{3\gamma V_\mathrm{a}WD_\mathrm{b}}{kTG^4} \tag{1-70}$$

式中，t 是时间；γ 是表面能；V_a 是原子体积；k 是玻尔兹曼常数；T 是绝对温度；G 是平均晶粒直径；W 是晶界宽度；D_b 是晶界扩散系数；$f(\rho)$ 是关于密度 ρ 的函数。这个公式适用于不同的晶粒尺寸和密度。Lóh 等[34]在两步烧结法的基础上研究了温度和保温时间对两步烧结氧化铝致密化的影响。得到的晶粒尺寸随时间的变化曲线与图 1-11 一致性良好。众多研究学者利用两步烧结法制备细晶陶瓷，证明了两步烧结法的有效性[35-37]。

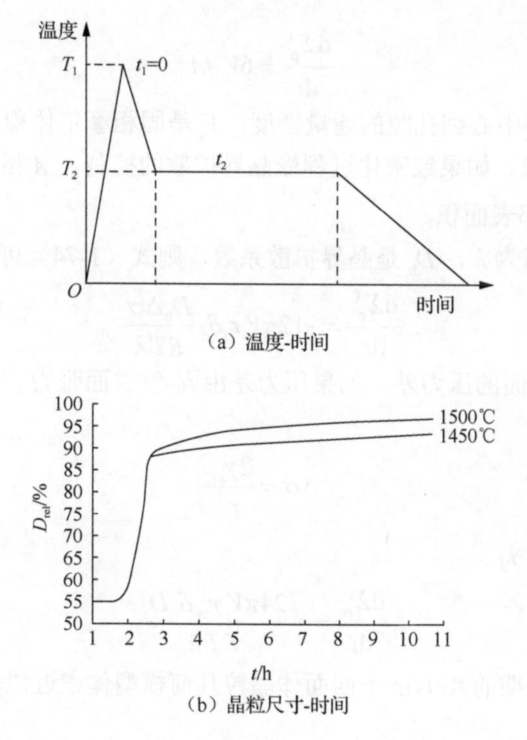

图 1-11　两步烧结法温度和晶粒尺寸随时间变化曲线[34]

2. 有晶粒长大的致密化过程

常规烧结中在烧结后期，致密化过程总是伴随着晶粒长大，基于双球模型，Kuczynski[38]得到烧结存在晶粒长大的致密化速率：

$$\frac{d\rho}{dt}=\frac{(1-\rho_0)\beta}{\tau(1+t/\tau)^{1+\beta}} \tag{1-71}$$

通过积分可得

$$\rho=1-\frac{1-\rho_0}{(1+t/\tau)^{\beta_t}} \tag{1-72}$$

式中，τ是时间常数，不同材料有不同值；ρ_0是初始坯体密度；β_t是致密化过程中时间指数。

基于 Coble 烧结末期模型，Bernard-Granger 等[39]得到存在晶粒长大的致密化速率和孔隙体积的减少速率有如下关系：

$$\frac{d\rho}{dt}=-\frac{1}{\Sigma_g}\cdot\frac{d\Sigma_p^T}{dt} \tag{1-73}$$

式中，ρ是相对密度；Σ_p^T是孔隙总体积；Σ_g是单个晶粒的体积；t是烧结时间，孔隙总体积变化有如下关系：

$$\frac{\mathrm{d}\Sigma_{\mathrm{p}}^{\mathrm{T}}}{\mathrm{d}t}=6V_{\mathrm{s}}JA \tag{1-74}$$

式中，J 是从晶界中心到孔隙的通量密度；V_{s} 是固相摩尔体积；A 是孔隙中进行物质传输总表面积。如果致密化过程受晶界扩散的控制，A 相当于具有半径 r_{p} 和晶界厚度 δ_{b} 的冠部表面积。

假设扩散距离为 λ，D_{b} 是晶界扩散系数，则式（1-74）可写为

$$\frac{\mathrm{d}\Sigma_{\mathrm{p}}^{\mathrm{T}}}{\mathrm{d}t}=-12\pi V_{\mathrm{s}}r_{\mathrm{p}}\delta_{\mathrm{b}}\frac{D_{\mathrm{b}}\Delta\sigma}{RT\lambda} \tag{1-75}$$

式中，$\Delta\sigma$ 是孔表面的压力差。如果压力差由固-气表面张力 γ_{sv} 提供，则 $\Delta\sigma$ 可近似写为

$$\Delta\sigma=\frac{2\gamma_{\mathrm{sv}}}{r_{\mathrm{p}}} \tag{1-76}$$

则式（1-75）可写为

$$\frac{\mathrm{d}\Sigma_{\mathrm{p}}^{\mathrm{T}}}{\mathrm{d}t}=-\frac{24\pi V_{\mathrm{s}}\gamma_{\mathrm{sv}}\delta_{\mathrm{b}}D_{\mathrm{b}}}{RT\lambda} \tag{1-77}$$

假设 Coble 烧结后期的 Kelvin 十四面体晶粒几何模型体积近似等于直径为 G 的球体的体积，则

$$\Sigma_{\mathrm{g}}=\frac{4}{3}\pi\left(\frac{G}{2}\right)^{3}=8\sqrt{2}\lambda^{3} \tag{1-78}$$

得到

$$\lambda=\left(\frac{\pi}{48\sqrt{2}}\right)^{\frac{1}{3}}G \tag{1-79}$$

联立式（1-73）、式（1-75）和式（1-79）得

$$\frac{\mathrm{d}\rho}{\mathrm{d}t}=\frac{400V_{\mathrm{s}}\gamma_{\mathrm{sv}}\delta_{\mathrm{b}}D_{\mathrm{b}}}{RTG^{4}} \tag{1-80}$$

同样可以得到体扩散的致密化速率：

$$\frac{\mathrm{d}\rho}{\mathrm{d}t}=\frac{140V_{\mathrm{s}}\gamma_{\mathrm{sv}}D_{\mathrm{v}}}{RTG^{3}P^{-1/3}} \tag{1-81}$$

综上，可以得到致密化速率的一般式：

$$\frac{\mathrm{d}\rho}{\mathrm{d}t}=\frac{A}{G^{n}} \tag{1-82}$$

Benameur 等[40]基于该理论，研究了细晶粒氧化铝-氧化镁尖晶石粉末在不同无压烧结温度下的致密化和晶粒尺寸随时间的变化，提供了晶粒尺寸与相对密度的关系曲线（烧结路径由致密化和晶粒生长动力学构成）。他们发现所有试验点属于单一轨迹（图 1-12 中的虚线），与烧结温度、保温时间和加热速率无关。

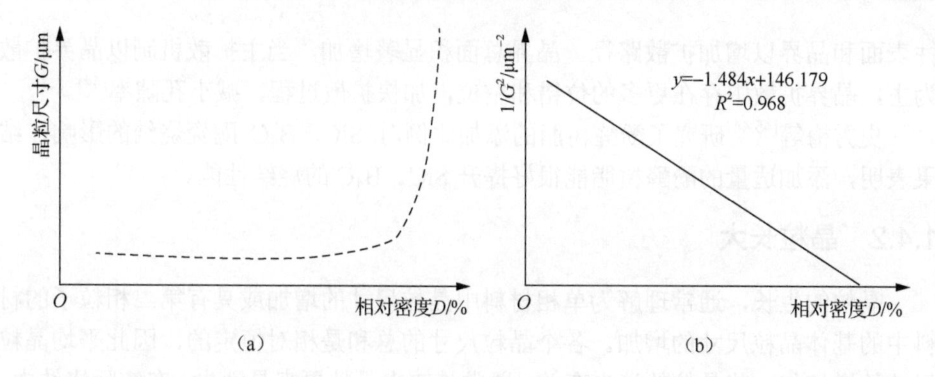

图 1-12 晶粒尺寸和相对密度关系曲线（烧结路径由致密化和晶粒生长动力学构成）[40]

3. 第二相对致密化的影响

烧结过程中材料的力学性能与其微观结构密切相关。在烧结过程中，一般添加剂可用于改善材料的机械性能。对于陶瓷材料来说，添加第二相颗粒对固相烧结过程具有不可忽视的影响，这是决定陶瓷材料微观结构的关键步骤。不同粒径大小或特性的第二相颗粒可增强或阻碍烧结过程，对烧结产品的机械性能有显著影响。第二相对烧结过程的影响主要包括以下几个方面[41]。

1）第二相对孔隙率的影响

孔隙率的增加会降低其机械性能，如弹性模型、压缩强度、剪切强度等，较高的致密度可能具有更优越的机械性能。在 Olmos 等[42]和 Razavitousi 等[43]的研究中，发现与基体材料具有相同尺寸的高熔点第二相能显著降低致密化速率，导致孔隙率增加。

2）第二相对孔形状的影响

孔的形状对机械性能也有直接影响，曲折的窄孔隙会大大降低材料的机械性能。在自由烧结过程中，孔隙由相互连通变成孤立球形，球形的孔隙具有较低的界面能，从而系统所处的稳态能量更低。定义孔的球形度为内切球半径与外切球半径的比值，当第二相粒径较小时，能加速孔隙形状的演变速率。

3）第二相对界面能的影响

体系中界面能的降低是陶瓷材料的烧结驱动力，定义比表面积为单位体积材料的表面积，体系的比表面积越大，体系所具有的比表面能就越高，较高的比表面能通常会出现更复杂和更不均匀的微观结构，比表面积的减小是孔隙的形状演变和致密化的共同作用，当第二相能有效减小比表面积时，会促使微观结构变得更简单，成分更加均匀。

4）第二相对扩散机制的影响

在烧结过程中多种扩散机制共存，当加入较细的第二相粒子时，能有效填充基体粒子之间的空腔并且搭接原来未接触的粒子，第二相的存在能有效增加反应性表面和晶界以增加扩散路径，晶界总面积显著增加，当主扩散机制以晶界扩散为主，晶界扩散中存在更多的位错和空位，加快扩散过程，减小孔隙率[44]。

史秀梅等[45,46]研究了酚醛树脂的添加比例对 SiC、B_4C 陶瓷烧结的影响，结果表明，添加适量的酚醛树脂能很好提升 SiC、B_4C 的烧结性能。

1.4.2　晶粒长大

晶粒的生长，通常理解为单相材料中晶粒尺寸的增加或具有第二相粒子的材料中的基体晶粒尺寸的增加。各个晶粒尺寸的总和是相对恒定的，因此平均晶粒尺寸的增加与一些晶粒的消失有关，通常是较小晶粒更容易消失。在实际烧结中，将晶粒的生长分为“正常”或“连续”晶粒生长和“异常”或“不连续”晶粒生长。在正常的晶粒生长中，各个晶粒的尺寸相对均匀。而在异常晶粒生长中，一些晶粒快速生长，个体尺寸的差异增加。当它们消耗了周围的小尺寸晶粒时，剩余的晶粒可能再次具有相对均匀的尺寸。

1. 晶粒生长条件

假设颗粒接触过程界面结构变化如图 1-13 所示，Lange 等用接触角ϕ描述烧结期间的结构变化[47,48]。当球体刚接触时，$\phi = 0$，颗粒之间将形成晶界来降低其系统自由能，直到接触角与平衡二面角Φ_e相等，即$\phi = \Phi_e$时，此时烧结驱动力为零。利用如图 1-14（a）所示的几何参数并假设晶界将接触角ϕ二等分，假设晶粒尺寸分别为r_1，r_2，初始晶粒半径为r_{i1}，r_{i2}，定义$R_1 = r_1 / r_{i1}$，$R_2 = r_2 / r_{i2}$，则

$$R_1 = \left[1 - 0.25(1-\cos\theta_1)^2(2+\cos\theta_1) + 2\left(\frac{R_a}{R_a - 1}\right)^3 \cos^3\left(\frac{\phi}{2}\right)(1-\cos\varphi)^2(2+\cos\varphi)\right]^{-\frac{1}{3}} \tag{1-83}$$

$$R_2 = \left[1 - 0.25(1-\cos\theta_2)^2(2+\cos\theta_2) - \frac{2}{(R_a - 1)^3} \cos^3\left(\frac{\phi}{2}\right)(1-\cos\varphi)^2(2+\cos\varphi)\right]^{-\frac{1}{3}} \tag{1-84}$$

式中，

$$\theta_1 = \arctan\left(\frac{R_a \sin\phi}{R_a \cos\phi + 1}\right) \tag{1-85}$$

$$\theta_2 = \phi - \theta_1 \tag{1-86}$$

$$\varphi = \theta_1 - \frac{\phi}{2} \tag{1-87}$$

$$R_a = \frac{r_2}{r_1} \tag{1-88}$$

可得到晶界半径 r_b 为

$$r_b = \frac{2r_2}{R_a - 1}\cos\left(\frac{\phi}{2}\right) \tag{1-89}$$

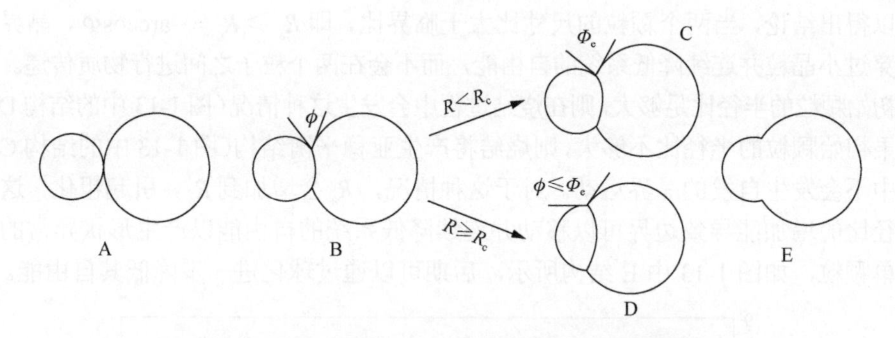

图 1-13　不同大小陶瓷颗粒烧结过程中界面结构变化

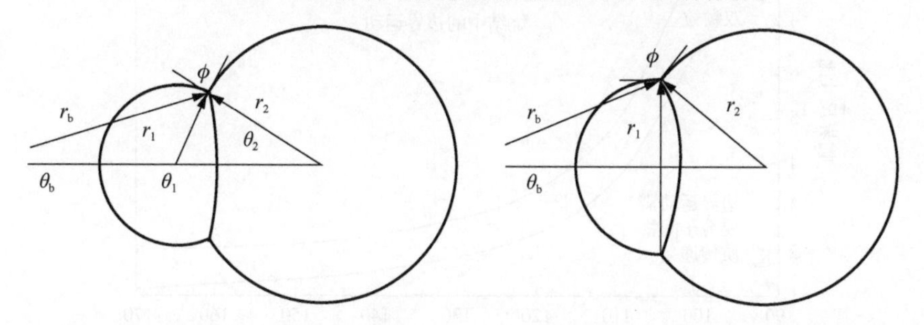

（a）确定晶粒半径和晶界所需的几何参数　　（b）用于定义晶界通过小晶粒的特殊结构的几何参数

图 1-14　晶粒长大过程所需各参数定义

为了确定物质传输所导致的颗粒结构变化，首先应考虑自由能持续减小的晶界运动条件。如图 1-14（b）所示为晶界在没有遇到能垒的情况下穿过较小的晶粒临界几何条件，同时也描述了边界可以在不增加面积的情况下穿过较小的颗粒特殊结构。对于这种特殊结构，较小颗粒的曲率中心位于将两个颗粒分开的假想平面上。该特殊结构的半径比 R_a 为

$$R_a = R_c = -\arccos\phi \tag{1-90}$$

式中，R_c 为临界半径比。晶界的曲率半径由下式给出：

$$r_g^c = -r_2\left[\frac{\cos\phi}{\cos(\phi/2)}\right] \tag{1-91}$$

当 $\phi = \Phi_e$ 时，颗粒结构为图 1-13 中的 C 结构或 D 结构。当 $R_a < R_c$ 时，将出现亚稳平衡结构。此时，如果烧结过程中没有粒子间物质传输的话，该结构为自由能最低结构；若 C 结构将向 E 结构发生转变，则需要物质从小颗粒向大颗粒传输。当两个粒子的半径比大于临界半径比，即 $R_a \geqslant R_c$ 时，则产生结构 D，晶界可以穿

过小晶粒并连续降低系统的自由能，而不会在两个粒子之间进行物质传递。

图 1-15 给出了将临界尺寸比作为二面角 ϕ 的函数[48]。对于 100°～150°的二面角，在烧结过程中晶界自发地穿过较小晶粒所需的初始粒径比从 6.6 减小到 1.1。可以得出结论，当两个颗粒的尺寸比大于临界比，即 $R_a \geqslant R_c = -\arccos\Phi$，晶界可以穿过小晶粒并连续降低系统的自由能，而不会在两个粒子之间进行物质传递。如果初始颗粒的半径比足够大，则在烧结过程中会发生这种情况（图 1-13 中的结构 D）。如果初始颗粒的半径比不够大，则烧结将产生亚稳平衡结构（图 1-13 中的结构 C），其中不会发生自发的晶界运动。对于这种情况，R_a 会增加到 R_c，引起粗化，这样半径比的增加能导致边界可以移动并连续降低系统的自由能以产生形状异常的结构单颗粒，如图 1-13 中 E 结构所示，后期可以通过球化进一步降低其自由能。

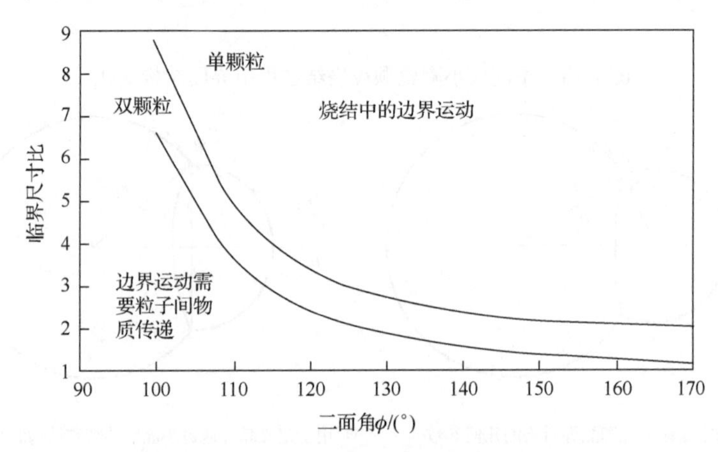

图 1-15　临界尺寸比与二面角 ϕ 的对应关系

2. 经典晶粒长大

1）经典晶粒生长理论

经典晶粒生长理论以晶界界面自由能降低为驱动力。对于单相陶瓷来说，假设晶粒形状、相对晶粒尺寸及分布规律不变，在恒温条件下，平均晶粒尺寸与保温时间呈抛物线规律增长，其晶粒长大式为[49-51]

$$G^n - G_0^n = k_c t \tag{1-92}$$

式中，G 是瞬时晶粒尺寸；G_0 是初始晶粒尺寸；n 是晶粒生长指数，一般取值为 1～4；t 是时间；k_c 是速率常数，与温度相关，遵循 Arrhenius 式，可利用下式计算：

$$k = k_0 \exp\left(-\frac{Q}{RT}\right) \tag{1-93}$$

其中，k_0 是原子迁移速率常数。

Kochawattana 等[52]在研究 SiO_2 掺杂的 Nd：YAG 烧结和晶粒长大时发现，在

1745℃烧结的 SiO_2 掺杂 YAG 的晶粒生长动力学符合该晶粒生长模型，其中 $n=3$。而在纯 YAG 样品烧结时，$n=2$。如 Brook[50]所述，$n=2$ 表明固态物质传递是粗化的主要机制，而 $n=3$ 表明在样品中发生液相的物质传输，这一结论与 YAG 的试验结果相符。而在 Stevenson 等[53]的研究中也发现了近似的结论。

当烧结过程在恒定加热速率条件下进行时，得到晶粒长大式[51]：

$$G^n - G_0^n = \frac{k_v RT}{\beta Q}\exp\left(-\frac{Q}{RT}\right) \tag{1-94}$$

式中，G 是瞬时晶粒尺寸；G_0 是初始晶粒尺寸；k_v 是动力学常数；n 是晶粒生长指数，一般取值为 1～4，取决于晶粒移动过程中的速率控制阶段；β 为加热速率。

2）不同维度下晶粒生长速率

由于实际烧结中，陶瓷微观组织十分复杂，Hillert[49]假设晶界迁移速率与由曲率导致的压强差成正比，有

$$v = M\Delta P = M\sigma\left(\frac{1}{\rho_1}+\frac{1}{\rho_2}\right) \tag{1-95}$$

式中，M 是晶界的流动性比例常数；ρ_1、ρ_2 是主曲率半径；σ 为表面张力，假设晶粒尺寸为 G，晶粒的净增长速率与晶界迁移速率密切相关，得到晶粒尺寸净增长速率：

$$\frac{dG}{dt} = g v_{\text{average}} \tag{1-96}$$

式中，g 与晶粒的形状相关，联立式（1-90）和式（1-91）可以得到

$$\frac{dG}{dt} = M\sigma g\left(\frac{1}{\rho_1}+\frac{1}{\rho_2}\right)_{\text{average}} \tag{1-97}$$

假设

$$g\left(\frac{1}{\rho_1}+\frac{1}{\rho_2}\right)_{\text{average}} = \alpha\left(\frac{1}{d_{cr}}-\frac{1}{G}\right) \tag{1-98}$$

式中，α 是尺寸常数；d_{cr} 是临界晶粒尺寸，与平均晶粒尺寸有关。可以看出当 G 较大时，该表达式值为正，当 G 较小时，表达式值为负。联立式（1-97）和式（1-98）得

$$\frac{dG}{dt} = \alpha M\sigma\left(\frac{1}{R_{cr}}-\frac{1}{R_a}\right) \tag{1-99}$$

在二维系统中，可得

$$\frac{dG}{dt} = \frac{M\sigma}{G}\left(\frac{n}{6}-1\right) \tag{1-100}$$

式中，n 是二维系统中相邻晶粒个数。在三维系统中，晶粒收缩，在它消失之前就有 4 个邻近晶粒，类似于四面体。假设这种晶粒的四个面具有球形并且沿着晶

粒边缘以 120° 角彼此相遇，取 $a=1$，有

$$\frac{\mathrm{d}G}{\mathrm{d}t}=\frac{M\sigma}{G} \tag{1-101}$$

定义 u 为相对尺寸，且 $u=R_{\mathrm{a}}/R_{\mathrm{cr}}$，得到相对尺寸增长速率：

$$\frac{\mathrm{d}u^2}{\mathrm{d}t}=\frac{1}{G_{\mathrm{cr}}^2}\left[2\alpha M\sigma(u-1)-u^2\frac{\mathrm{d}G_{\mathrm{cr}}^2}{\mathrm{d}t}\right] \tag{1-102}$$

3）第二相的影响

当晶界在具有第二相粒子的基体中移动时，第二相粒子对晶界的运动具有钉扎作用，对晶粒生长起抑制作用，因此结构形状将会更加复杂，还可能导致晶粒异常长大。假设晶界几何形状不受影响，Zener[54]最先提出了烧结过程中第二相粒子对晶粒长大的影响，建立了极限晶粒尺寸 G、第二相粒子尺寸 D、第二相粒子体积分数 f 的关系式：

$$\frac{G}{D}=\frac{4}{3}f^{-1} \tag{1-103}$$

Hillert[49]和 Hellman 等[55]对 Zener 公式进行了进一步的拓展，引入阻力 F_{r}，其计算公式为

$$F_{\mathrm{r}}=\frac{3f\sigma}{4r} \tag{1-104}$$

式中，σ 为表面张力。定义 $z=\dfrac{3f}{4r}$，其值取决于第二相粒子的数量和大小，则

$$F_{\mathrm{r}}=\sigma\cdot z \tag{1-105}$$

假设 z 与晶界曲率无关，式（1-95）可写为

$$v=M\Delta P=M\sigma\left[\left(\frac{1}{\rho_1}+\frac{1}{\rho_2}\right)\pm z\right] \tag{1-106}$$

同样可得

$$\frac{\mathrm{d}G}{\mathrm{d}t}=\alpha M\sigma\left(\frac{1}{G_{\mathrm{cr}}}-\frac{1}{G}\pm\frac{z}{\alpha}\right) \tag{1-107}$$

在任何情况下，阻力 F_{r} 始终抵抗晶界运动，当 $\dfrac{1}{G}<\dfrac{1}{G_{\mathrm{cr}}}-\dfrac{z}{\alpha}$ 时，z 取负值，当 $\dfrac{1}{G}>\dfrac{1}{G_{\mathrm{cr}}}+\dfrac{z}{\alpha}$ 时，z 取正值，但在这两个极限值之间，阻力将始终不可能超过驱动力。

4）晶粒异常长大

在烧结过程中的自由能分析表明，热力学上存在晶粒异常长大有利于相邻晶粒间的大尺寸空隙收缩，因此晶粒异常长大能有效促进致密化进行。假设晶粒正常长大时，晶粒结构如图 1-16 所示[56]。

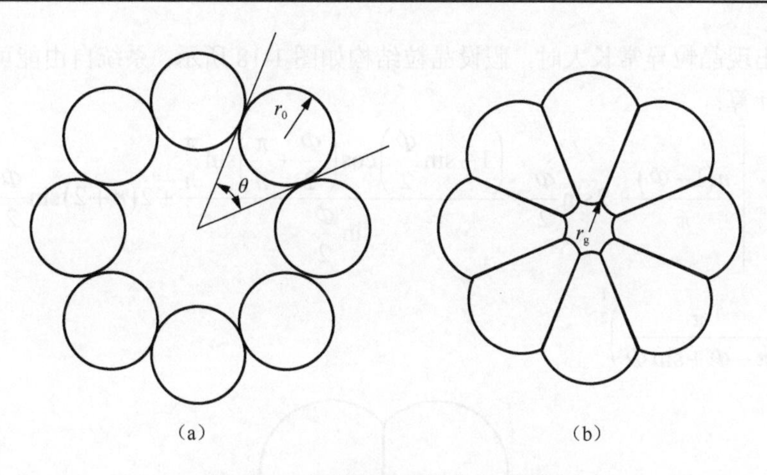

图 1-16 晶粒正常生长结构示意图

系统自由能可采用以下公式计算：

$$E = 2nr_0\gamma_{sv}\left(\frac{\pi}{\pi-\Phi+\sin\Phi}\right)^{\frac{1}{2}}\left(\pi-\Phi+2\sin\frac{\Phi}{2}\cos\frac{\Phi_e}{2}\right) \tag{1-108}$$

孔隙半径可表示为

$$r_g = r_0\left(\frac{\pi}{\pi-\Phi+\sin\Phi}\right)^{\frac{1}{2}}\frac{\cos\left(\frac{\Phi}{2}+\frac{\pi}{n}\right)}{\sin\left(\frac{\pi}{n}\right)} \tag{1-109}$$

通过晶粒正常长大的标准自由能（$E/2n\pi r_0\gamma_{sv}$）与晶粒正常长大的相对尺寸（r_g/r_0）的关系可以看出（图 1-17），对于某些条件（n=20 或 n=40 时），自由能函数可以表现出最小值，也就是说，在固定的 Φ_e 处，孔隙可以具有平衡尺寸。

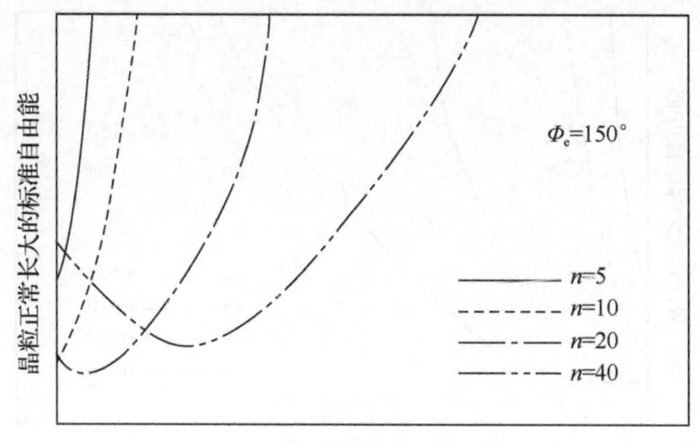

图 1-17 晶粒正常长大标准自由能与相对尺寸关系

当出现晶粒异常长大时，假设晶粒结构如图 1-18 所示，系统自由能可通过以下公式计算：

$$E=\pi r_0\gamma_{\rm sv}\left[\frac{n(1-\varPhi)}{\pi}+2\sin\frac{\varPhi}{2}+\frac{\left(1+\sin\dfrac{\varPhi}{2}\right)\cos\left(\dfrac{\varPhi}{2}+\dfrac{\pi}{n}\right)\sin\dfrac{\pi}{n}}{\sin\dfrac{\varPhi}{2}}+2(n+2)\sin\frac{\varPhi}{2}\cos\frac{\varPhi_{\rm e}}{2\pi}\right]\times\left(\frac{\pi}{\pi-\varPhi+\sin\varPhi}\right)^{\frac{1}{2}} \tag{1-110}$$

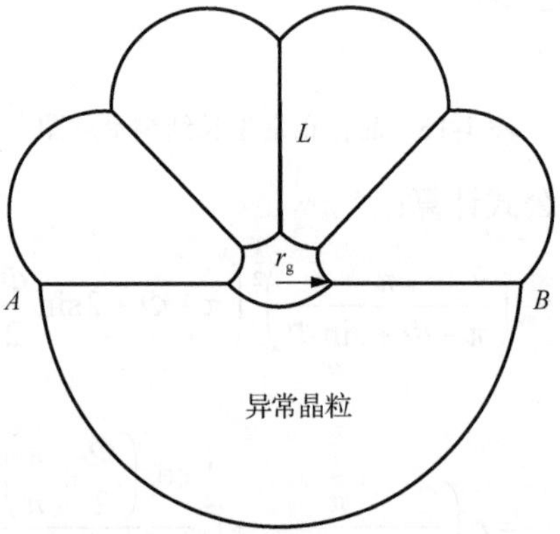

图 1-18　晶粒异常生长结构示意图

同样通过 $E/2n\pi r_0\gamma_{\rm sv}-r_{\rm g}/r_0$ 关系可以注意到，在孔隙遇到晶粒异常长大的情况下（图 1-19），n=20 曲线特征的典型自由能最小值消失，即使在 n=40 时也仅存在非典型最小值。这意味着那些原本缩小到稳定尺寸的孔隙可以自发地消失。

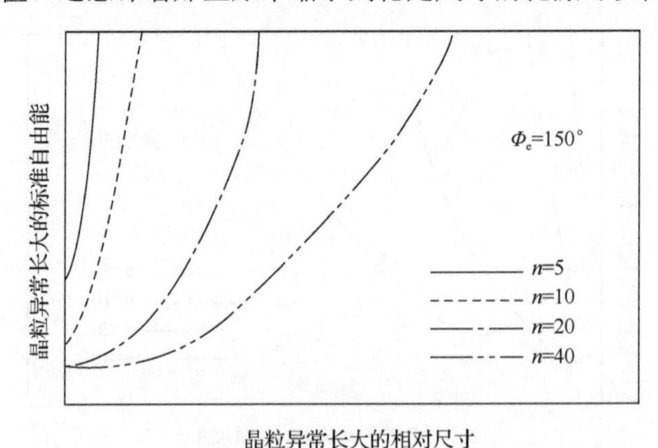

图 1-19　晶粒异常长大标准自由能与相对尺寸关系

根据 Hillert[49]的研究，z的取值不同，烧结过程中晶粒生长的方式也有所不同，如图 1-20 所示的结果。一般认为如果烧结过程中同时满足以下三个条件，则可以预测材料中将会出现晶粒异常生长现象。

（1）存在第二相颗粒，不能发生正常的晶粒生长。

（2）平均晶粒尺寸的值低于极限值 1/（2z）。

（3）至少有一个大晶粒，比平均值晶粒尺寸大得多。

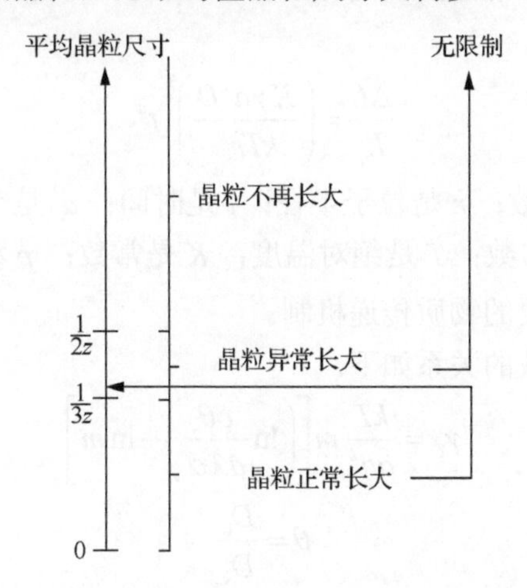

图 1-20　不同平均晶粒尺寸对应的晶粒生长方式

在烧结过程中，一般需要避免晶粒异常长大，主要有以下措施。

（1）调整烧结工艺。主要是烧结时间和烧结温度的控制，在烧结过程中，包含的扩散主要有表面扩散、体扩散、晶界扩散等。快速烧结可以有效跳过表面扩散阶段，采用低温烧结可以降低扩散系数，如前文中提到的两步烧结法，能有效避免异常晶粒的长大。

（2）添加晶粒生长抑制剂。关于抑制剂的作用机理有三种说法[57]：一是抑制剂在基体中发生晶界偏聚，阻碍基体晶界的迁移，从而抑制晶粒异常长大；二是吸附说，通过添加抑制剂，降低了基体的表面能，从而降低了基体在液相中的溶解速度；三是溶解度说，认为抑制剂在液相中溶解会抑制基体通过液相重结晶长大。

5）晶界偏聚的影响

在烧结过程中为了提高陶瓷的性能，通常有两种方法：一是调整生坯组成及结构，如添加烧结助剂、优化原材料中颗粒尺寸、完善烧结工艺等；二是改善烧结工艺，包括改善传统烧结工艺和开发新型烧结工艺[58]。而在烧结过程中添加烧结助剂，则会出现晶界偏聚现象。

晶界偏聚是指在陶瓷晶界处的化学成分偏离了基体成分的现象[59]。这种偏析现象是由于杂质在晶界面上的聚集所致。如果杂质原子在晶界上聚集而不形成新相，成为化学偏析或杂质偏析；如果形成不同成分的新相，则称为相偏析或相分离。例如，在氧化铝中添加少量的氧化镁，可在晶界处形成 Mg 元素的偏聚现象，阻碍晶粒的异常长大，使氧化铝陶瓷具有等轴细晶结构，进而得到组织均匀的完全致密氧化铝陶瓷。

假设封闭孔隙表面能的降低是导致材料体积收缩的驱动力，在等温条件下，收缩率可表示为[56]

$$\frac{\Delta L}{L_0}=\left(\frac{K\gamma a^3 D}{kTr^p}\right)^q t^q \tag{1-111}$$

式中，D 是自扩散系数；r 是粒子半径；t 是时间；a^3 是空位体积；γ 是表面自由能；k 是玻尔兹曼常数；T 是绝对温度；K 是常数；p 和 q 是特征指数，取决于晶粒几何形状和主要的物质传递机制。

晶界能与扩散系数的关系如下：

$$\gamma_{\mathrm{b}}=\frac{kT}{\alpha a^2}m\left[\left(\ln\frac{\delta\theta}{a\lambda\alpha}\right)-\ln m\right] \tag{1-112}$$

$$\theta=\frac{D_{\mathrm{b}}}{D_{\mathrm{v}}} \tag{1-113}$$

式中，m 是晶界原子层数量；a 是原子间距离；δ 是晶界厚度；D_{b} 是晶界扩散系数；D_{v} 是体积扩散系数；$\alpha=2$（空位扩散）；λ 是由 Nanni 等[60]计算得到的常数，与扩散粒子的平衡和激活态的频率和势能有关，具有近似值。

式（1-112）可写成

$$\frac{D_{\mathrm{b}1}}{D_{\mathrm{b}2}}=\exp\left(\frac{\alpha a^2}{mkT}\Delta\gamma_{\mathrm{b}}\right) \tag{1-114}$$

式中，$\Delta\gamma_{\mathrm{b}}$ 是由于晶界偏聚所导致的晶界能的变化。由式（1-114）可以得到，随着晶界偏析和晶界能的减少而引起晶界扩散系数的变化。

通过 Gibbs 吸附定理可以确定偏聚水平 Γ_{b}：

$$\frac{\mathrm{d}\gamma_{\mathrm{b}}}{\mathrm{d}\ln X}=-RT\Gamma_{\mathrm{b}} \tag{1-115}$$

式中，X 是固溶体中添加剂的体积分数。在实际烧结过程中，添加剂可以改变晶界扩散和表面扩散，分别影响固有阻力和孔隙阻力，从而影响晶界的流动性[61]。在 Gong 等[62]的研究中该模型应用于纳米晶氧化锆陶瓷的晶粒生长，对比两种纳米晶 12%Y_2O_3-88%ZrO_2（12YSZ）和 2%La_2O_3-10%Y_2O_3-88%ZrO_2（2La10YSZ）的等温晶粒生长过程，发现 2La10YSZ 与 12YSZ 相比，晶粒生长具有强烈的延迟，如图 1-21 所示。不同退火时间得到的晶粒形貌图如图 1-22 所示。

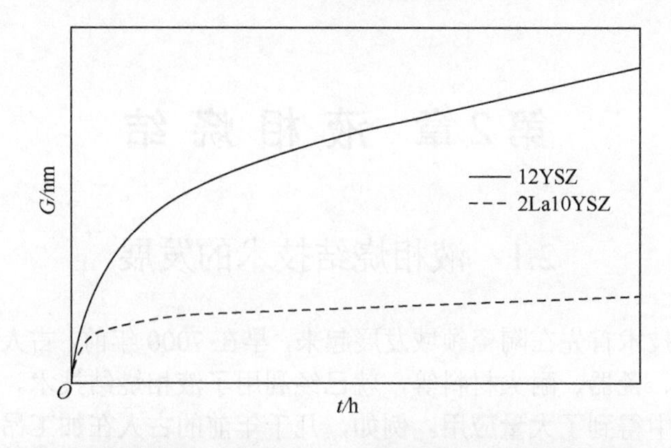

图 1-21 复合掺杂剂对晶粒长大的延迟作用——晶粒尺寸对比[62]

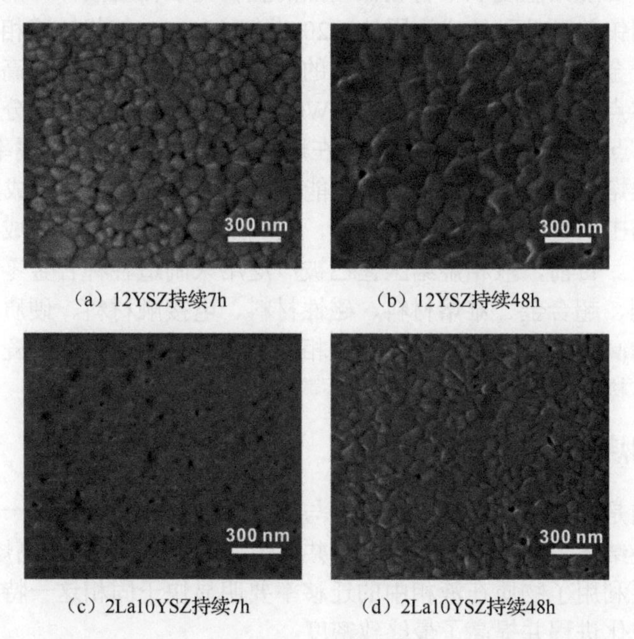

（a）12YSZ持续7h （b）12YSZ持续48h

（c）2La10YSZ持续7h （d）2La10YSZ持续48h

图 1-22 复合掺杂剂对晶粒长大的延迟作用——微观组织演变对比[62]

第2章 液相烧结

2.1 液相烧结技术的发展

液相烧结技术首先在陶瓷领域发展起来，早在7000年前，古人用黏土矿物烧制建筑用砖块、瓷器、耐火材料等，就已经利用了液相烧结技术。随后，液相烧结在金属加工中得到了大量应用。例如，几千年前的古人在加工昂贵的金铂首饰和工艺品时，在烧结温度以下将较低熔点的金首先融化成液体，然后再以金为黏结剂，将金属铂的颗粒黏结成为固体。20世纪20～30年代，液相烧结为硬质合金和高密度合金的快速发展提供了必要的技术支持。硬质合金和高密度合金均由难烧结的高熔点金属及其化合物（W、WC等）作为主要组成部分，并混以铁、铜、钴等低熔点金属元素作为黏结剂。在烧结过程中，低熔点金属率先形成液相，大幅促进了难熔材料的烧结进程，使其能够在较低的温度下烧结成型。

随着烧结工艺近几十年的飞速发展，液相烧结工艺越发趋于成熟，其应用范围也日趋广泛。目前，液相烧结工艺已被广泛用来制造各种合金零件：汽车结构零件、工具钢、超合金、难熔材料、磁性材料、电接触材料、硬质合金和金属陶瓷等。当今的高技术陶瓷也早已采用液相烧结技术来制造耐磨陶瓷、高温陶瓷、压电陶瓷等结构陶瓷和功能陶瓷。

2.1.1 液相烧结技术分类

液相烧结是指在烧结过程中有液相与固相颗粒共存的烧结。一般来说，烧结温度要高于烧结体系中某一低熔组分或共晶组分的熔点，且低于高熔组分的熔点。液相烧结主要利用了物质在液相中的迁移率要明显快于固相这一特征，大幅促进了材料的致密化进程并提高了最终致密度。

液相烧结技术可以分为连续液相烧结、瞬时液相烧结、熔浸、超固相线液相烧结等。

1. 连续液相烧结

对于连续液相烧结，压坯是在材料体系的液相线和固相线之间进行烧结的，在整个烧结期间均有液相存在，其液相的毛细管力为材料提供了总的致密化驱动力。其液相烧结过程由3个阶段组成（2.2节）。硬质合金和高密度合金的烧结属于该种类型。

2. 瞬时液相烧结

瞬时液相烧结，即在烧结初期和中期存在液相，烧结后期液相消失的烧结过程。

它的特点是烧结初期和中期为液相烧结，后期为固相烧结。该方法具有混合粉末容易成型，烧结性好等优点，且没有连续液相烧结过程中的明显晶粒粗化现象。

3. 熔浸

熔浸又称浸渗或熔渗，指的是往固相骨架的孔隙中渗入熔化的第二种金属或合金熔体。当加热的温度超过熔渗剂的熔点时，熔渗剂熔化形成液相，在熔渗剂与基体颗粒间的毛细管力的作用下，液相渗入并填充连通孔隙。这需要液体与骨架固体之间具有良好的浸润性。

4. 超固相线液相烧结

超固相线液相烧结是另外一种特殊的瞬时液相烧结。在超固相线液相烧结中，使用的原料粉末不是元素粉末的混合粉，而是雾化的预合金化粉末，每个粉末颗粒的化学成分相同。将预合金化粉末压制成形，经烧结制成零件。烧结温度设定在合金的液相线和固相线之间。这时，每个颗粒内部都有液相形成。液相出现时，液相的铺展将导致颗粒破碎、重排，致使液相均匀分布，压坯中的颗粒间孔隙消失，达到了致密化。图 2-1 解释了超固相线液相烧结的过程：液相生成与流动导致颗粒的破碎重排、溶解-再沉淀消除孔隙以及固相烧结致密化。主要应用于高碳钢、工具钢、镍基高温合金和钴基高温合金的烧结。

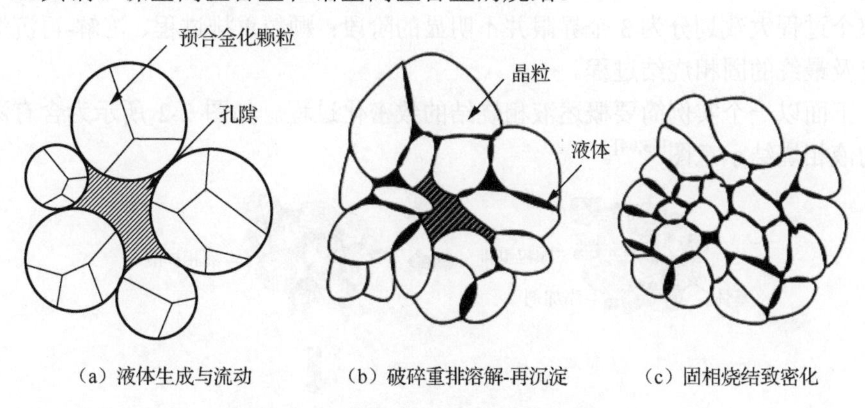

（a）液体生成与流动　（b）破碎重排溶解-再沉淀　（c）固相烧结致密化

图 2-1　超固相线液相烧结过程示意图

2.1.2　液相烧结的优点与不足

液相烧结和固相烧结相比，具有以下优点。

（1）由于少量液相的出现，加速了固相颗粒的移动和扩散，缩短了烧结时间，不仅可以提高烧结态合金的致密度，同时也能够大幅度提高烧结过程中合金的致密化速度。这是因为液相在烧结过程中，物质在液相中的扩散速度远高于在固相中的扩散速度。基于此，通过液相烧结可大幅度降低坯体的烧结温度，提高烧结效率。尤其是对于具有高度共价键特征的陶瓷材料来说，通常难以通过固相烧结而完全致密化，因此使用液相烧结更为有效，可以获得致密度高、性能优越的烧结体产品。

（2）晶粒尺寸可以通过调节液相烧结工艺参数加以控制，便于优化显微结构和性能。

（3）可制得全致密的粉末冶金材料或制品，力学性能优越。

（4）粉末颗粒的尖角处优先溶于液相，易于获得有效的颗粒间填充。

然而，当烧结坯体中液相含量过高或混合粉末的粒度、混合不均匀时，易出现一些问题，其中较主要的问题有两个：一个是尺寸精度控制困难；另一个是烧结体易出现变形收缩大，有的甚至导致开裂或者坍塌。

本节主要讲述了液相烧结过程中的致密化动力学理论以及影响因素，从微观角度详细阐述了液相烧结三个阶段理论模型的建立以及发展状况。

2.2 液相烧结致密化过程

随着烧结温度升高至某一临界温度时，烧结坯体中熔点较低的颗粒首先开始熔化为液相，随后整个系统的烧结进入液相烧结阶段。按照烧结理论，液相烧结的整个过程大致划分为 3 个界限并不明显的阶段：颗粒重排过程、溶解-再沉淀过程以及最终的固相烧结过程。

下面以一个实例简要概述液相烧结的致密化过程。如图 2-2 所示为含有添加剂的液相烧结示意图[63,64]。

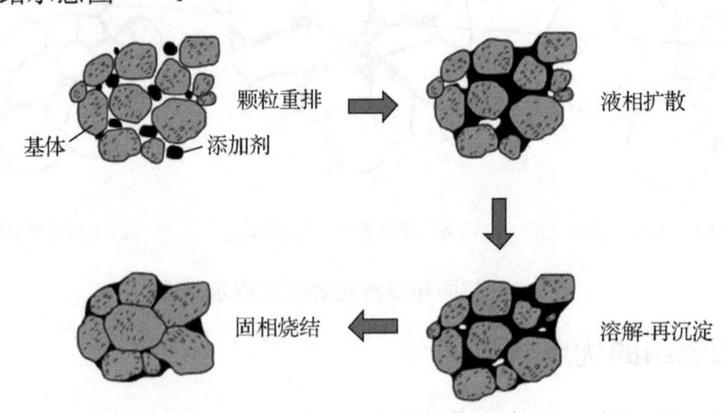

图 2-2 液相烧结微观结构变化示意图

2.2.1 颗粒重排阶段

当固相颗粒未融化时，整个系统的烧结相当于固相烧结。而固相烧结时，颗粒之间不可能发生较大范围的颗粒移动[65]。当熔点较低的颗粒熔化为液相后，固相颗粒受液相表面张力的作用发生移动。颗粒间液相形成的毛细管力以及液相本身的黏性流动使固相颗粒重新排列直至达到最紧密的分布。因此，充足的液相以及良好的固-液润湿性是发生颗粒重排的重要前提。

在液相烧结过程中，液相的流动、颗粒重排及晶界快速扩散使固相颗粒上尖角状或菱形的部分变小甚至消失，固相颗粒逐渐变得圆滑，更有利于颗粒的重新排布。同时，液相流动和颗粒重排过程中，内部的孔隙将发生迁移、合并、消失等，孔隙数量将明显减少，组织更加致密。

这个阶段烧结致密度增加迅速。研究表明[66]，液相体积分数越高，颗粒堆积密度就越高，致密度越大。理论计算表明，当液相体积分数达到35%时，仅通过重排过程就可使材料达到完全致密。但实际过程中，在该阶段孔隙的消除和颗粒的重新排列进行得非常迅速，致密化速率很快，颗粒靠拢到一定程度势必会形成拱桥，对于液相流动的阻力增大。液相分布不均势必会造成无液相区域或液相较少区域的孔隙消除困难，因而在该阶段不可能达到完全致密。完全致密的完成尚需要以下两个阶段。

2.2.2 溶解-再沉淀阶段

通常，在颗粒重排结束后，系统中仍然存在大量孔隙。若要使材料致密度进一步提高，则需通过后续的溶解-再沉淀过程等实现。随着烧结温度的进一步升高，少量固相颗粒将溶解于液相，并且一般溶解度随温度的升高而逐渐增大，并且溶解度与颗粒的形状、大小也有关系。一般粒径较小的固相颗粒以及颗粒表面有棱角和凸起的部位（具有较大的曲率）率先溶解，当固相在液相中的浓度超过饱和浓度之后，由于大颗粒（具有较小的曲率）的饱和溶解度较低，液相中的过饱和原子将在大颗粒表面重新析出，即溶解-再沉淀。因此，在溶解-再沉淀过程中，小颗粒趋向减小，颗粒表面趋向平整光滑。相反，大颗粒则趋向长大。显微结构上表现为平均晶粒尺寸增加，同时相对密度得到进一步提高[67]。因此液相烧结能够进行的另一个前提条件是固相在液相中要有一定的溶解度。

这一过程使颗粒更加聚拢，整个烧结体进一步收缩。与第一阶段相比，溶解-再沉淀阶段的致密化速度已显著减慢，这是因为此时气孔已基本消除，颗粒间距离更加缩小，使液相流入孔隙更加困难。

2.2.3 固态烧结阶段

经过前面的两个阶段，固相颗粒之间相互靠拢、接触、黏结形成连续的固相骨架，在烧结最后阶段以高熔点的固相颗粒烧结为主[68]。上文已提及在溶解-再沉淀过程之后，势必存在液相较少的区域或无液相区域，固相颗粒通过烧结颈直接接触。随着烧结的进行，两个固相颗粒间的距离逐渐减小，烧结颈接触面积增加，与固相烧结过程基本一致。固相颗粒的收缩从而导致孔隙的收缩，对于整体来说材料也在发生收缩并更加致密。在自由能降低的驱动下，原来尖角形、圆滑菱形、近球形的孔隙逐渐向球形过渡[69]。而大孔隙反而变大，并逐渐向整体表面转移。

这个阶段以固相烧结为主，相较于前两个阶段，对致密化的贡献最小。

2.3 液相烧结发生条件及影响因素

2.3.1 驱动力-毛细管力

当液相能够完全润湿固相时，各相之间界面张力（界面能）的大小需满足：

$$\gamma_{sv} > \gamma_{lv} > \gamma_{ss} > 2\gamma_{sl} \tag{2-1}$$

式中，γ_{sv}、γ_{lv}、γ_{ss}、γ_{sl} 分别为固-气界面张力、液-气界面张力、固-固界面张力和固-液界面张力。

在烧结过程中，当烧结温度加热到固相线以上时，熔点较低的固体颗粒熔化为液相，液相倾向于完全润湿固相颗粒，从而固-气界面消失。随着液相的增多，孔隙在液相中逐渐形成，产生了大量的液-气界面。随着烧结的进行，孔隙的消除造成液-气界面面积的减少，进而降低了烧结体系中总的自由能。因而，液-气界面面积的减少为系统的收缩和致密化提供了驱动力[70-72]。假设液相中的孔是半径为 r_p 的球体，在这些气孔弯曲的表面上由于表面张力的作用而产生的压力差 ΔP 由 Young 和 Laplace 式给出：

$$\Delta P = -\frac{2\gamma_{lv}}{r_p} \tag{2-2}$$

当液相与固相完全润湿时，液相受到的压力低于气相，就会使液-气两相界面处产生压力差，产生的压力差将使液相对固相颗粒产生吸附作用，从而产生毛细管力。毛细管力是毛细管内两相界面上的压力差。毛细管力仅存在于两相分界面上，并形成压力的突变，这个突变值就是毛细管力。

影响毛细管力的因素有很多，包括润湿角、液相体积分数、颗粒尺寸等。这些因素对毛细力的影响可以通过理想化双球模型来评估。模型中的双球粒子具有相同的半径 a，颗粒之间被具有接触角 θ 的液体膜隔开一定距离 δ_L（δ_L 叫液膜厚度）。由于具有结节形状的弯月面的计算非常复杂，因此假设液相形状为圆形形状，液体弯月面是圆形的一部分。在这种情况下，液-气弯月面的压力差如下：

$$\Delta P_1 = \gamma_{lv}\left(\frac{1}{Y} - \frac{1}{r_m}\right) \tag{2-3}$$

式中，Y 和 r_m 是弯月面的主要曲率半径。

由于施加到两个球体上的力是液-气弯月面的压力差 ΔP_1 和液体的表面张力的和，因此，表面张力可表示为

$$F=-\pi X^2\Delta P_1+2\pi X\gamma_{\text{lv}}\cos\beta \tag{2-4}$$

当力为压缩应力时，F 的值为正。

将式（2-3）和 $X=r\sin\alpha$ 联立可得

$$F=-\pi r^2\gamma_{\text{lv}}\left(\frac{1}{Y}-\frac{1}{r_{\text{m}}}\right)\sin^2\alpha+2\pi r\gamma_{\text{lv}}\sin\alpha\cos\beta \tag{2-5}$$

液膜厚度 δ_{L} 由下式给出：

$$\delta_{\text{L}}=2\left[r_{\text{m}}\sin\beta-r(1-\cos\alpha)\right] \tag{2-6}$$

角度关系满足：

$$\alpha+\beta+\theta=\pi/2 \tag{2-7}$$

将式（2-6）与式（2-7）联立得

$$r_{\text{m}}=\frac{\delta_{\text{L}}+2r(1-\cos\alpha)}{2\cos(\theta+\alpha)} \tag{2-8}$$

而弯月面的正曲率半径，即

$$Y=r\sin\alpha-r_{\text{m}}\left[1-\sin(\theta+\alpha)\right] \tag{2-9}$$

将式（2-8）与式（2-9）联立：

$$Y=r\sin\alpha-\frac{h+2a(1-\cos\alpha)}{2\cos(\theta+\alpha)}\left[1-\sin(\theta+\alpha)\right] \tag{2-10}$$

因此，固相颗粒之间液体弯月面的体积如下：

$$V=2\pi\left(r_{\text{m}}^3+r_{\text{m}}^2Y\right)\left\{\cos(\theta+\alpha)-\left[\pi/2-(\theta+\alpha)\right]\right\}+\pi Y^2r_{\text{m}}\cos(\theta+\alpha) \tag{2-11}$$

式(2-11)揭示了对于给定了液体体积分数的系统来说，表面张力 F 是液膜厚度 δ_{L} 的函数，其可用于确定接触角与颗粒重排过程致密化速率之间的关系。发现接触角越小越容易实现系统的高度致密化。

假设该系统是理想双球化模型，两个球形颗粒之间通过毛细管力保持在一起。对于液相能够完全润湿固相的系统，由于颗粒之间的排斥力和有效刚性，固相颗粒在该毛细管力下不会接触，而是存在为 0.005～0.04μm 的薄液膜。而且在任何情况下，毛细管力和接触区域的压力平衡，而这些点处的压力远远大于先前列出的压力差 ΔP，故在点接触处的化学势和固相活性增加，为固相颗粒发生相对移动提供了驱动力，从而促使固相颗粒聚集、靠拢，使系统的致密度增加。

因此，由于液相引起的压力的影响等同于向系统施加外部流体静压力，作为烧结的驱动力。在致密化过程中由于液相中孔表面积减小导致整体自由能降低，为烧结过程的致密化提供了驱动力[73]。

2.3.2 晶界液相

如上所述，薄液膜的存在对固相颗粒施加了压缩毛细管力。这种压力通过毛细管凹处施加，相当于将整个烧结系统置于相同的静水压力下。液膜随着烧结进程的发展而逐渐变化。一旦溶解-再沉淀过程的致密化开始，薄液膜厚度随烧结时间延长而逐渐减小。当液相毛细管变得太窄而液体不能流动时，溶解-再沉淀过程几乎停止。在这种情况下，致密化速率与由于黏性流动导致薄液膜厚度的减少速率相平衡。因此，由于液体通过毛细管的流动足够慢，因此在致密化之后存在薄的液膜，即晶界液相。对于大多数陶瓷，其厚度为0.5～2nm。

液相烧结过程中，液膜厚度减薄速率采用液膜分隔平板的理论计算，也被用于计算液膜分隔球形颗粒的情况。由牛顿黏性流体分离两个平板的接近速率，即液膜厚度减薄速率可表示为

$$\frac{\mathrm{d}\delta_{\mathrm{L}}}{\mathrm{d}t}=-\frac{2\pi\delta_{\mathrm{L}}^{5}}{3\eta A^{2}\delta_{\mathrm{Lo}}^{2}}F \tag{2-12}$$

式中，δ_{L} 是薄液膜在时间 t 的厚度；δ_{Lo} 是薄液膜的初始厚度；F 是施加到板上的压缩力；η 是液相的黏度；A 是液相和板之间的接触面积。在工程应用中，计算液膜消耗殆尽所需的时间更适合实际应用。假设 $y=\delta_{\mathrm{L}}/\delta_{\mathrm{Lo}}$，对式（2-12）进行积分得

$$t_{\mathrm{f}}=\frac{3\eta A^{2}}{8\pi\delta_{\mathrm{Lo}}^{2}F}\left(\frac{1}{y^{4}}-1\right) \tag{2-13}$$

式（2-13）表明 y=0 时，所需时间 $t_{\mathrm{f}}=\infty$。换句话说，在颗粒之间总是存在晶界液相。然而，当晶界液相层太薄时，例如几纳米，黏性流动将不是主要的致密化机制，其他效应，如结构、化学力和电荷相互作用，将成为致密化的主导机制。相邻颗粒之间的晶界液相层的平衡厚度可以用颗粒之间的范德瓦耳斯力和由于晶界液相变形阻力引起的短程排斥力的平衡来解释。

2.3.3 液相烧结条件

液相烧结是否能够顺利完成主要取决于。

（1）液相与固相能否润湿。

（2）固相在液相中有一定的溶解度，而液相在固相中的溶解度很小，或者不溶解。

（3）有显著数量的液相。

1. 润湿角（接触角）和二面角

1）润湿角（接触角）

液相对固相颗粒的表面有较好的润湿性是液相烧结的重要条件之一，对致密化、合金组织与性能的影响极大。液相在固体颗粒表面上的润湿性和扩散能力决定了液相烧结的有效性。液相与固相的润湿程度取决于其表面张力，即表面张力越低，液相与固相的润湿程度就越高，润湿性的好坏通常用润湿角 θ 参数来表征。影响润湿角的因素有很多，例如固溶度和表面化学性质。当固-气界面能 γ_{sv} 恒定时，润湿角的大小取决于相对界面能。

在液相烧结过程中，熔点较低的固相颗粒熔化形成液相后，显微组织就由固相、液相和气相组成。由于液相在固相中的扩散，固-液界面和液-气界面取代了之前的固-气界面[74]。在热力学平衡状态下，润湿角 θ 与三个界面能 γ_{sv}、γ_{sl} 和 γ_{lv} 之间的关系如下：

$$\gamma_{sv} = \gamma_{sl} + \gamma_{lv}\cos\theta \tag{2-14}$$

整理得润湿角的表达式：

$$\theta = \arccos\left(\frac{\gamma_{sv}}{\gamma_{lv}} - \frac{\gamma_{sl}}{\gamma_{lv}}\right) \tag{2-15}$$

完全润湿时，$\theta=0°$；不润湿时，$\theta>90°$；部分润湿时，$0°<\theta<90°$。

图 2-3 显示了润湿性和润湿角的关系。由图 2-3 可知，润湿角越小，液相对固相的润湿能力越强，能够提供毛细管力，对系统致密化的进程将起到积极作用。液相与固相润湿发生移动时，为了使系统能量保持最低，优先流向小的孔隙和小颗粒，从而导致颗粒发生重排，致密化速率提高。当 $\theta>90°$，即使液相生成，由于液相与固相不润湿，液相将不会向烧结体内部的孔隙移动，反而会流向烧结体表面，称为液相“渗出”。这样，烧结体中的低熔点成分将大部分损失掉，使烧结致密化过程不能顺利完成。如图 2-4 所示为液相与固相不润湿情况下，液相从烧结体内“溢出”的形貌，可以看出液相烧结后表面上出现了大量的液滴。因此，液相是否能在烧结过程中起到促进致密化的作用主要取决于液相与固相之间的润湿性（润湿角的大小）[75]。液相只有具备完全或部分润湿的条件，才能持续渗入颗粒间的微孔和裂隙当中，起到液相辅助烧结的作用。

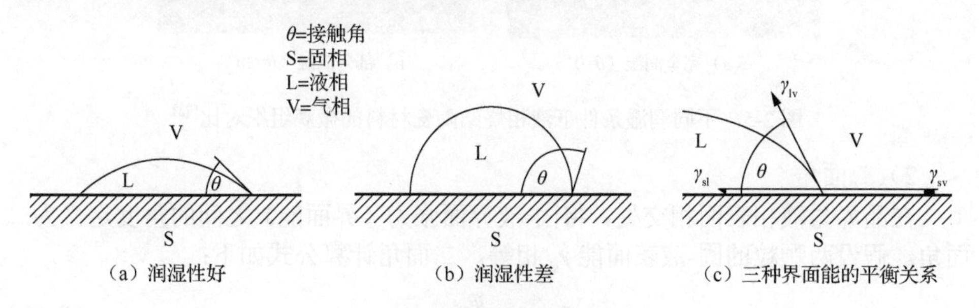

图 2-3 润湿性与润湿角的关系图

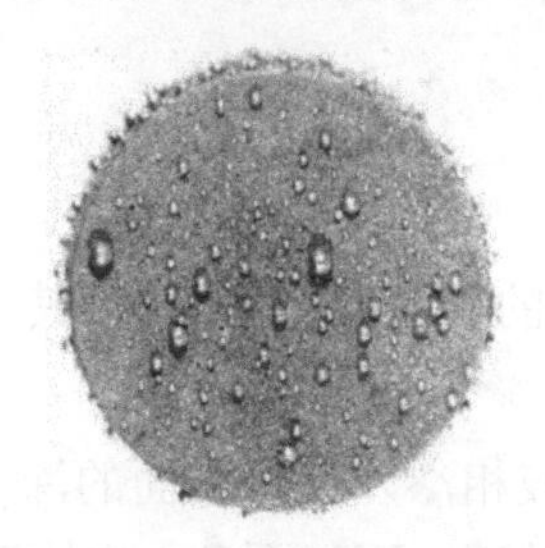

图 2-4 液相与固相不润湿情况下，液相从烧结体内“溢出”的形貌[75]

由上文可知，当液相与固相完全润湿或部分润湿的情况下，液相能够留在烧结体内部，起到辅助致密化的作用。研究表明，液相的润湿性（润湿角大小）将对液相的流动以及毛细管力产生影响，因而对烧结体的微观组织也将产生显著影响。以 WC 陶瓷液相烧结为例，图 2-5 展示了不同润湿条件下，烧结体微观组织的对比。图 2-5 分别为 20Cu-80WC 和 20Co-80WC 的微观结构组织图。两个体系除了掺杂的金属不同外，其他物理变量均相同。在 20Co-80WC 体系中，Co 能完全润湿 WC（即 θ=0°），使 WC 颗粒分布在薄的连续金属相中。而在 20Cu-80WC 体系中，润湿角的大小在 0°～90°，一般为 20°。理论上掺杂 Co 的 WC 体系中更易达到致密化。然而在实际情况中 20Cu-80WC 体系中存在非常明显的晶粒生长，这与预期相反。通过进一步对 20Cu-80WC 微观结构研究，表观上看起来较大的 WC 颗粒并不是单一晶粒，而是典型的多晶聚集体的镶嵌结构。这种类型的结构就是由于铜对 WC 颗粒的不完全润湿所导致的。在液相存在下的致密化可能通过固体颗粒的重排和液相表面张力的作用进行。如果液相不能穿透陶瓷颗粒之间的连接并完全分散在固相之间，则在烧结过程中颗粒将聚结在一起，所得到的陶瓷材料虽然致密，但形成了陶瓷颗粒明显团聚的微观结构。

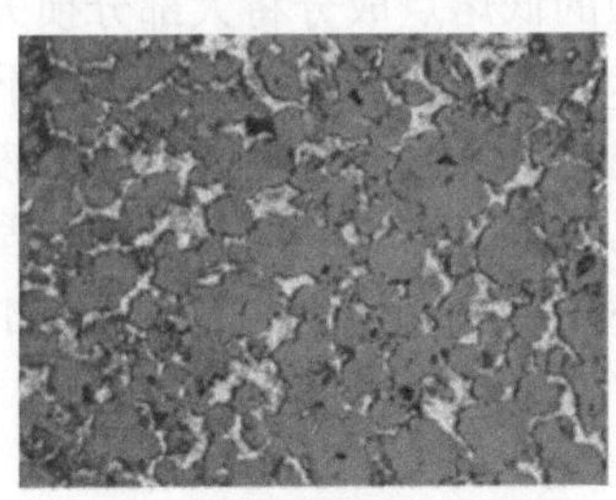

（a）完全润湿（θ=0°）

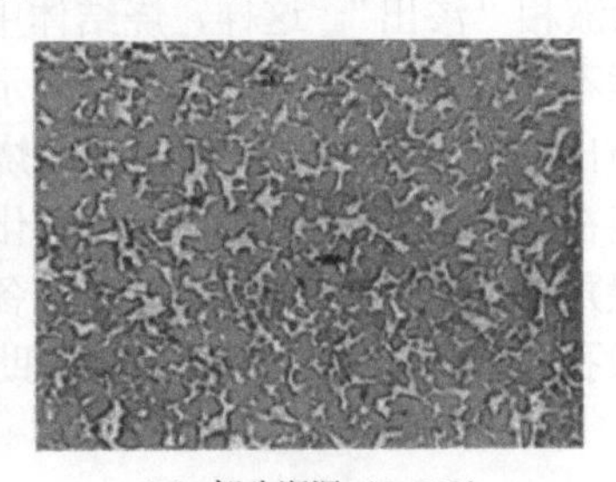

（b）部分润湿（θ=20°）

图 2-5　不同润湿条件下液相烧结陶瓷材料的微观组织对比[73]

2）二面角

在晶界与液相表面相交处，将固-液界面张力（界面能）之间的角度定义为二面角。假设两颗粒的固-液表面能 γ_{sl} 相等，二面角计算公式如下：

$$2\gamma_{sl}\cos\frac{\varphi}{2}=\gamma_{ss} \tag{2-16}$$

即

$$\cos\frac{\varphi}{2}=\frac{\gamma_{ss}}{2\gamma_{sl}} \tag{2-17}$$

式中，γ_{ss} 与固相烧结中晶界的界面能 γ_{GB} 相等，其大小取决于液相对固相的润湿能力。

二面角 φ 的大小决定了液相渗入固相界面的深度。由式（2-17）可知，二面角越小，液相渗入固相界面越深。而二面角 φ 由比率 γ_{ss}/γ_{sl} 确定。当 $0<\gamma_{ss}/\gamma_{sl}<2$

时，二面角值为 0°～180°。当φ=0°时，γ_{ss}/γ_{sl}=2，表示液相将两个固相颗粒之间的界面完全隔离，液相能够完全包裹在固相颗粒表面。当φ=120°时，γ_{ss}/γ_{sl}=1，此时液相不能浸入固相颗粒的界面，两个固相颗粒之间只能产生固相烧结。γ_{ss}/γ_{sl}=2 是液相完全渗透晶界的临界值。如果γ_{ss}/γ_{sl}>2，则式（2-17）失效，表明液相完全渗透晶界。由于液相渗透晶界，系统的总能量降低。实际上，只有液相与固相的界面张力γ_{sl}愈小，也就是液相润湿固相愈好时，二面角才愈小，才愈容易烧结。二面角的大小取决于一些不可控因素，如杂质、晶粒取向差异和冷却速率等。

液相的形状和晶粒的形状都与二面角密切相关。假设材料内部没有孔隙，则可以推导出平衡时液相的形状。当φ=0°时，液相完全渗透晶界，因此没有固-固接触。随着φ的增加，液相渗入固相界面的渗透深度减小，而固-固接触面积，也就是晶界面积，相应地增加。在φ=60°时，液相仍然能够沿着三个晶粒边缘以非常低的程度存在。而一旦φ＞60°，液相在晶粒的交汇处完全被隔离。二面角随润湿性的变化规律如图 2-6 所示。

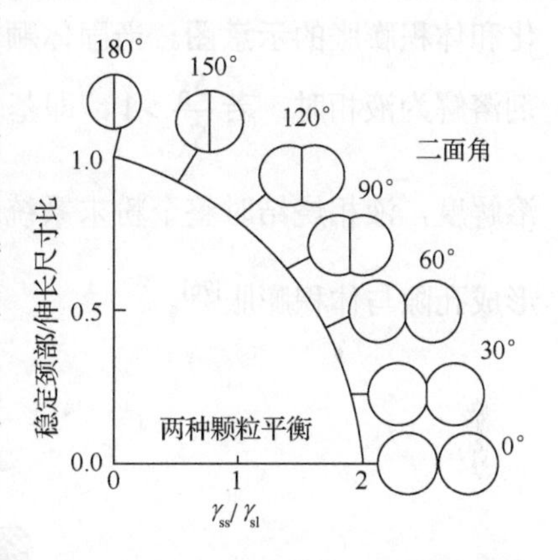

图 2-6　二面角随润湿性的变化规律图

低的二面角和润湿角有利于液相烧结的致密化。但润湿角的影响比二面角的影响更显著。随着润湿角 θ 的增加，致密化速率会减慢。例如当润湿角从 0°分别增加至 20°和 40°时，达到最大致密度所需时间分别延长了 2.3 倍和 7 倍。但是，在实际的烧结过程中，孔周围的颗粒尺寸不是恒定的，而是大小不一的，并且孔的形状通常是不规则的。在这种情况下，孔隙填充会比预计的时间更早发生，因此，实际粉末压块中润湿角对致密化速率的影响可能小于理论值。

2. 溶解度

固相在液相中的溶解度是液相烧结十分重要的参数。为了有良好的扩散效果，从而加速致密化的进行，基体在液相添加剂中应有一定的溶解度，同时添加剂在基体中的溶解度应很小。因为固相有限溶解于液相可以使基体与添加剂的润湿性和黏结性大大改善，而且能使液相数量相对增加并借助于液相进行物质迁移。添加剂在基体中的溶解度小会导致添加剂在粉末颗粒之间的界面上析出，有利于基体的扩散。添加剂在基体中的溶解度小可以减少维持液相烧结的添加剂需要量。溶解于液相的组分冷却后在固相颗粒表面的缺陷和颗粒间隙处析出，进而改善固相颗粒分布的均匀性。

倘若固相能被液相完全润湿，则固相在液相中的高溶解度将有利于通过液相进行高质量传输，从而确保快速致密化的进行。由于固相溶解形成液相后，固-液界面能 γ_{sl} 随之减少，液相会优先在晶界流动并填充小的孔隙。但是，应该尽量避免固相快速溶解于液相中，否则由于瞬时液相的形成，压块会严重膨胀阻碍致密化的进行[76]。

由于液相烧结的致密化过程是基体向添加剂扩散的过程，这种扩散有利于烧结颈的快速长大与孔隙消除。但是如果添加剂在基体中的溶解度大，将会产生与前者相反的扩散，出现空隙度增大，导致烧结体膨胀。这些孔隙产生于添加剂扩散前所处的位置，对烧结体的性能不利。图 2-7 给出了溶解度关系影响下的致密化和体积膨胀的示意图。当固体颗粒被加热到固相线温度以上，熔点较低的添加剂溶解为液相时，若 $\dfrac{S_B}{S_A}>1$，即基体在添加剂中的溶解度大于添加剂在基体中的溶解度，液相烧结时整个粉末系统就会发生致密化过程，若 $\dfrac{S_B}{S_A}<1$，液相烧结时形成孔隙与体积膨胀[76]。

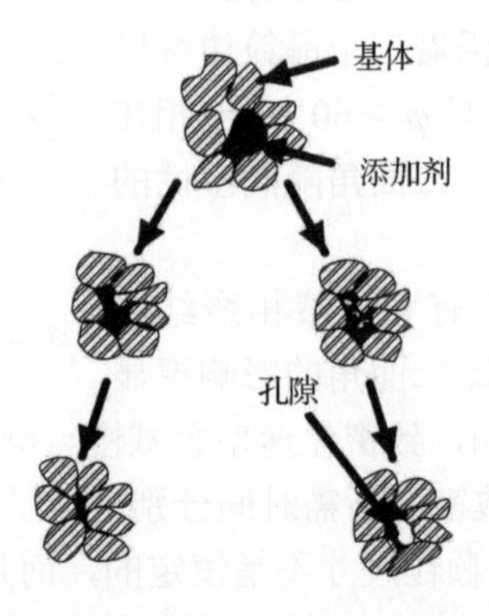

$S_B/S_A>1$，致密化　　$S_B/S_A<1$，体积膨胀
S_B为基体在添加剂中的溶解度；S_A为添加剂在基体中的溶解度

图 2-7　溶解度关系影响下致密化和体积膨胀的示意图

溶解度也受固相颗粒粒度的影响。假定溶解度等于浓度，则溶质浓度与颗粒半径之间的关系由下式给出：

$$\ln\left(\frac{S}{S_0}\right)=\frac{2\gamma_{sl}V_a}{kTr} \tag{2-18}$$

式中，S 是液相中半径为 r 的颗粒溶解度；S_0 是固体在固-液界面处的平衡溶解度；γ_{sl} 是固-液界面能；V_a 是原子体积；k 是玻尔兹曼常数；T 是绝对温度。

式（2-18）表明溶解度随着固相颗粒半径的减小而增大。这就是物质传输总是从小颗粒传输到大颗粒的原因。这种过程也被称为颗粒粗化（也叫 Ostwald 熟化）。另外，颗粒的粗糙区域具有较小的曲率半径，因此倾向于溶解，而相邻颗粒之间的不规则区域或缺陷，例如凹坑和裂缝，具有负的曲率半径和非常低的溶解度，因此溶解的小颗粒通过液相传输在这些区域沉淀析出。

但是，溶解度不宜太大。溶解度过大会使液相数量太多，对烧结过程反而不利。

3. 体积分数

理论上，如果系统具有固相体积分数高，扩散距离会减小，加快了晶粒生长速率。然而，一旦固相体积分数高至固相颗粒之间都相互接触时，相邻固相颗粒移动时的摩擦增大，固相颗粒的迁移受到阻碍，而且固相颗粒会因直接接触而过分长大，致密化速率反而降低。图 2-8 为不同液相体积分数下烧结体预期的微观组织演变。从图中可以看出，系统在较高的固相体积分数下，固相颗粒之间接触越多，颗粒形状越不规则，偏离球形。

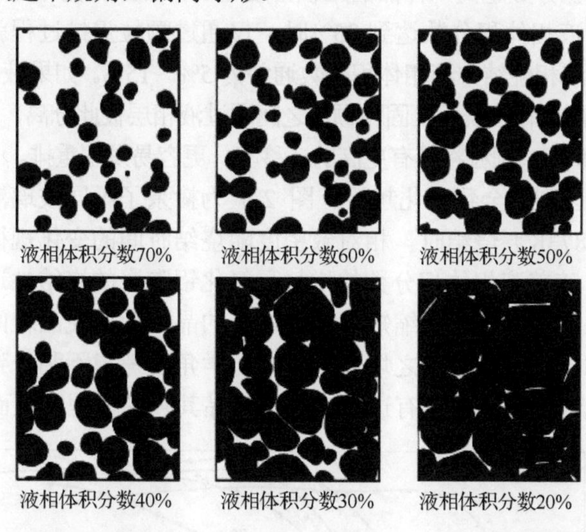

图 2-8 不同液相体积分数下烧结体预期的微观组织演变[76]

为了确定固相体积分数对晶粒生长动力学的影响，Yang 等[77]研究了重合金系统中体积分数对晶粒生长动力学的影响。对钨质量分数分别为 78%、83%、88%、93%和 98%的 W-Ni-Fe 体系材料进行了烧结试验。试验结果表明，钨颗粒粗化的速率、烧结体固相体积和固相接触程度均与材料内部低熔点液相物质体积分数有关，如表 2-1 所示。从表中可以看出，随着液相体积分数的减小，固相之间的接触逐渐增多，并且晶粒的粗化速率常数也随之增大。当固相体积分数由 75%增加至 94%时，晶粒的粗化速率常数增长了近 3 倍。另外，对固相体积分数为 75%的试样垂直截面进行观察，在试样顶部始终存在一层液相。而固相体积分数为 79%的试样经过 12h 烧结后才开始出现一层液相。这可能是因为固相颗粒在重力作用下生长时的形状调节和接触平坦化，这也意味着固相体积分数随着烧结时间的延长而变化。固、液密度之间的差异也对体积分数有一定的影响。倘若在烧结过程中固、液密度差别较大，在重力作用下会导致固体颗粒下沉，固液相分布不均匀，造成固相体积分数随着堆积深度的增加而增加。

表 2-1　不同成分钨合金在液相烧结过程中的固相体积分数、粗化速率常数和固相接触程度[77]

组成成分	固相体积分数 V_s	粗化速率常数/（$10^{-19}m^3/s$）	固相接触程度 C
78%W	0.75	4.89	0.19
83%W	0.79	5.33	0.22
88%W	0.83	6.31	0.31
93%W	0.88	7.62*	0.43
98%W	0.94	14.17	0.67

* Kipphut 等①观察到的值为 3.02。Zukas 等②从 1763K 烧结的 95%W 中观察到 K=9.0×$10^{-19}m^3/s$

通常液相体积分数越高，样品的堆积密度越高，烧结体的相对密度就越大。理论计算表明，当液相体积分数达到 35%时，仅通过颗粒重排过程就可使材料达到完全致密。但在液相烧结中液相体积分数通常为 5%～15%。如果液相可以润湿颗粒并且有足够的量覆盖颗粒表面，固相颗粒之间通过液相层彼此分离，大大降低了相邻固相颗粒之间的摩擦，颗粒将具有更高的迁移率，更容易发生重排。一般来说，液相体积分数越高，达到完全致密化越快。图 2-9 为掺杂了不同玻璃液相的氧化铝陶瓷在 1600℃（1873K）烧结时，相对致密度随烧结时间的变化规律，很好地诠释了这一结论[78]。随着液相体积分数的增加，氧化铝陶瓷的烧结性迅速提高，并且达到高致密的保温时间也大幅缩短。然而过多的晶间液相使晶粒间的平均距离增加，物质的平均扩散路程也随之增加，从动力学角度考虑不利于致密化过程。这一影响在等温烧结中表现为含有过量液相的样品其致密化程度反而有所降低。

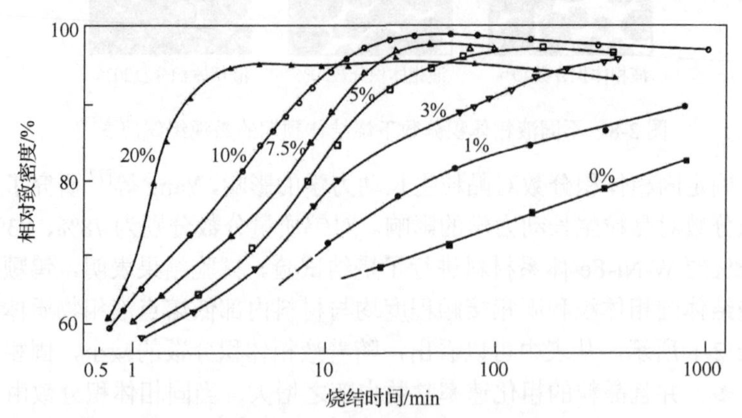

图 2-9　液相体积分数对氧化铝陶瓷致密化进程的影响规律[78]

图中 0%、1%、3%、5%、7.5%、10%、20%为液相体积分数

① 具体情况可详见　Kipphut C M , German R M , Bose A , et al. The gravitational effect on liquid phase sintering[J]. Advances in Powder Metallurgy, 1989, 2:415-429.

② 具体情况可详见　Zukas E G , Rogers P , Rogers R S . Spheroid growth by coalescence during liqud-phase sintering [R]. Los Alamos Scientific Lab. Report LA-6223-MS, 1976.

2.3.4 液相烧结致密化的影响因素

影响液相烧结的因素除了上述较重要的三点外，还有很多因素对液相烧结过程的致密化产生重要影响，例如颗粒尺寸、颗粒形状、颗粒内部的孔隙大小和位置、添加剂的数量、生坯密度、加热速度和冷却速度、微量杂质、烧结温度、烧结时间和烧结气氛等。这些因素对于液相烧结的速度、最终的烧结密度和显微组织都具有重要影响。其中，高的烧结温度可以加快烧结速度，但过高时会导致显微组织的粗化；小的颗粒尺寸有助于致密化，并得到更为均匀的显微组织，但粉末颗粒的成形性比较差；通过控制添加剂的数量可以控制液相的数量，进而影响致密化的速度、显微组织和制品的性能。

1. 孔隙率、孔隙大小和孔隙位置

在液相烧结过程中，初始孔隙率对于系统致密化、微观结构演变和晶粒形状保持性有重要影响。综合对比三个材料体系（78W-Ni-Fe、50W-Cu 和 80W-Ni-Cu）在液相烧结中的孔隙率效应[79-81]。表 2-2 显示具有不同初始孔隙率的坯体在烧结后的致密度及致密度增量。对于 78W-Ni-Fe 系统，当坯体初始孔隙率从 37.4%增加到 70.4%时，烧结体致密度从 87.8%增加到 99.5%。对于 50W-Cu 系统，坯体初始孔隙率从 31.0%增加到 61.1%时，烧结体致密度从 84.7%降低至 63.2%。而 80W-Ni-Cu 系统，当坯体初始孔隙率从 37.0%增加到 67.0%时，烧结体致密度从 99.3%降低到 94.0%。从数据上看，貌似烧结体致密度与坯体初始孔隙率没有直接的相关性。然而在烧结过程中致密化速率却显然受到了孔隙的影响。为了表征烧结致密化速率和坯体孔隙率之间的关系，用相对致密度增量来表征两者之间的关系。相对致密度增量 $\Delta\rho$ 在表 2-2 中给出。

$$\Delta\rho = \frac{\rho_{\text{sintered}} - \rho}{\rho} \tag{2-19}$$

式中，ρ 和 ρ_{sintered} 分别是坯体和烧结体的密度。可以看出，无论哪个系统，都显示出坯体初始孔隙率越高，相对致密度增量就越大。例如，当 78W-Ni-Fe 样品中孔隙率从 37.4%增加到 70.4%时，相对致密度增量从 40.26%增加到 326.15%。

表 2-2 不同初始孔隙率对烧结体致密度和相对致密度增量的影响

	坯体的初始孔隙率/%	烧结体致密度/%	相对致密度增量/%
78W-Ni-Fe[79]	37.4	87.8	40.26
	59.0	89.8	119.02
	70.4	99.5	236.15
50W-Cu[80]	31.0	84.7	22.75
	61.1	63.2	62.47

续表

	坯体的初始孔隙率/%	烧结体致密度/%	相对致密度增量/%
	37.0	99.3	57.62
80W-Ni-Cu[81]	55.4	98.2	120.18
	67.0	94.0	184.85

初始孔隙率还会影响材料在烧结过程中的变形情况。具有较高初始孔隙率的坯体在烧结过程中更可能沿纵向塌陷，而低初始孔隙率的材料固相颗粒倾向于球化。

图 2-10 展示了具有不同的初始孔隙率（70.4%和 37.4%）的 78W-Ni-Fe 材料经过不同烧结时间的烧结形状变化。在 1500℃下烧结 0min、2min 和 10min 后，两个样品显示出不同的变形规律。当初始孔隙率为 70.4%时，压块在纵向收缩明显[图 2-10（a）]，同时径向也发生收缩。随着烧结时间的增加，变形趋势仍较为接近。当初始孔隙率为 37.4%时[图 2-10（b）]，样品呈现倒圆趋势；在轴向上有压缩，在径向上有膨胀。随着烧结时间的延长，样品形状逐渐发生明显变化。

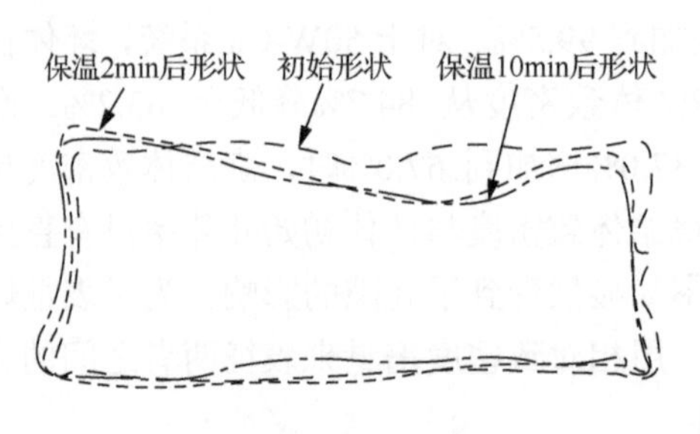

（a）初始孔隙率为70.4%

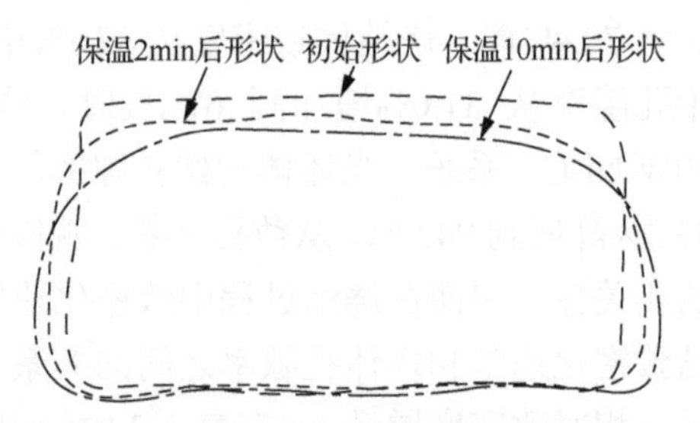

（b）初始孔隙率为37.4%

图 2-10　不同初始孔隙率下形状随烧结时间的变化[79]

在大多数情况下，孔隙尺寸比晶粒尺寸小，如图 2-11 所示。孔隙几何形状主要由晶粒形状来决定，通常存在不均匀性。由于孔隙被液相润湿，在毛细管力作用下液相优先填充较小的孔，延缓较大孔隙的填充。因此，平均孔径增加，孔隙率和孔隙数量减小。由于孔隙密度小于颗粒密度，孔隙的位置也逐渐向样品顶部迁移。

当烧结温度过高，大的固相颗粒也熔化成为液相时，此时材料中将形成大的孔隙。图 2-12 是过热烧结后材料淬火的显微组织，从图中可以看出，大颗粒熔化后向外扩散，导致系统的膨胀，在这种情况下，很长时间内都不会达到致密。

在液相烧结过程中，当液相在固相中具有一定溶解度时，会导致溶胀的发生。如果孔隙中没有气体滞留，这些较大孔隙的填充将会延迟到烧结后期。

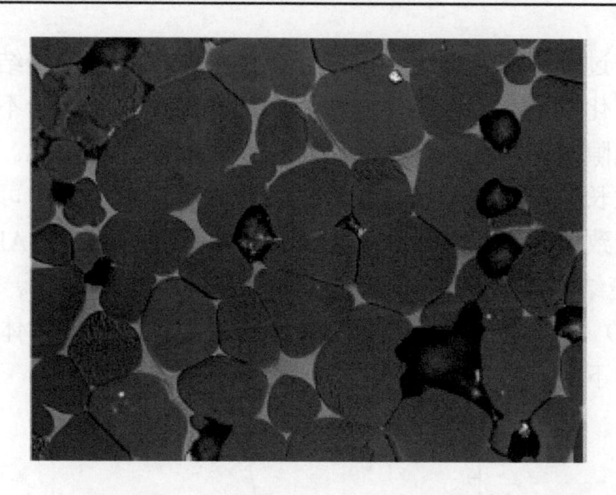

图 2-11 液相烧结后材料内部存在孔隙的典型微观组织[82]

由于晶粒长大，出现了临界晶粒尺寸和孔径组合，在此之后，液相流动填充了较大的孔洞。粒度 G 与孔径 d_p 的比值为

$$\frac{G}{d_p}=\frac{\gamma_{ss}}{2\gamma_{sv}}=\cos\frac{\varphi}{2} \tag{2-20}$$

式中，φ 是二面角。由于晶粒尺寸随烧结时间而增大，因此晶粒生长会延迟较大孔隙的液相填充。再填充后，孔隙看起来像一个液态湖，如图 2-13 所示。由于液相通常很脆弱，这些区域都是缺陷。

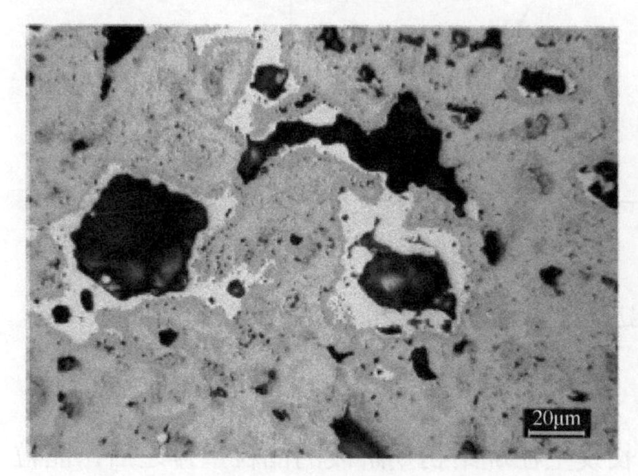

图 2-12 过热烧结材料的淬火显微组织[82]

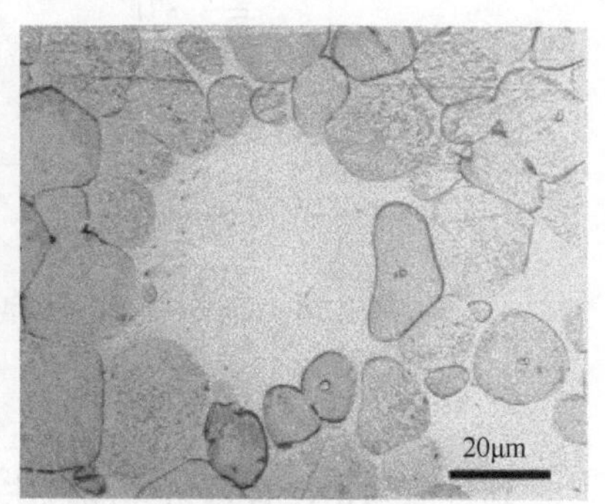

图 2-13 液相填充大孔隙处所形成的液态湖组织[82]

孔隙中的残留气体将抑制材料最终的完全致密化。假设气孔是球形的，反映孔隙中气体压力 P_G 与液-气表面能之间关系：

$$P_G=-\frac{2\gamma_{lv}}{r_p} \tag{2-21}$$

在实际烧结过程中，通常使用外部压力或通过在真空中烧结来使孔隙完全消失达到最终致密化。因此，液相烧结过程中的孔隙变化开始于不规则的孔隙，随后转变为管状孔隙，并且在孔隙率为 5%～8%时孔隙开始球化。孔消失达到致密化取决于晶粒生长阶段的液相释放量。然而，由于烧结过程中可能会产生不溶性的气体，因而导致球化孔延迟形成。图 2-14 显示了莫来石（$3Al_2O_3$-$2SiO_2$）在液相烧结过程中烧结温度与烧结体密度和开孔率的典型关系[83]。峰值密度对应于 1300℃（1573K）的开孔封闭，随后随着烧结温度的升高，气体被封闭于孔隙之内，造成密度的下降。

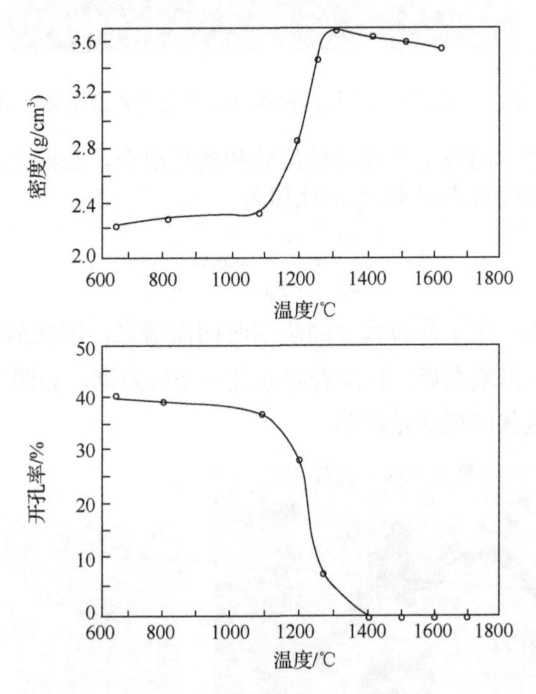

图 2-14　莫来石液相烧结温度与烧结体密度和开孔率的典型关系[83]

2. 晶粒长大

到目前为止，普遍认为晶粒生长发生在烧结初期阶段的晶粒重排之后，晶粒长大会影响材料的致密化进程。在晶粒长大过程中，晶粒平均尺寸的增长对应着界面总面积的下降，从而使系统的总自由能降低，因此晶粒长大在热力学上是一个自发的过程。对于正常或连续的晶粒生长来说，生长过程中单个晶粒的尺寸保持相对的均匀，不会出现异常长大的晶粒。通常，材料液相烧结等温晶粒长大的动力学式可以表示如下：

$$G^n - G_0^n = kt \tag{2-22}$$

式中，t 为高温段烧结时间；G_0 为初始晶粒尺寸；G 是加热时间为 t 时对应的晶粒尺寸；k 为晶粒长大速率常数（与温度有关）；n 为晶粒生长指数。n 的值取决于系统和晶粒生长机制。一般而言，n=3。该唯象动力学公式假定，晶粒长大的驱动力是晶界曲率半径引起的化学势梯度，孔隙的迁移速率与孔隙尺寸成反比，与晶粒尺寸成正比。

扩散控制晶粒长大的晶粒尺寸和时间的关系图如图 2-15 所示。从图中可以看出，晶粒尺寸的三次方 G^3 与烧结时间 t 成正比。

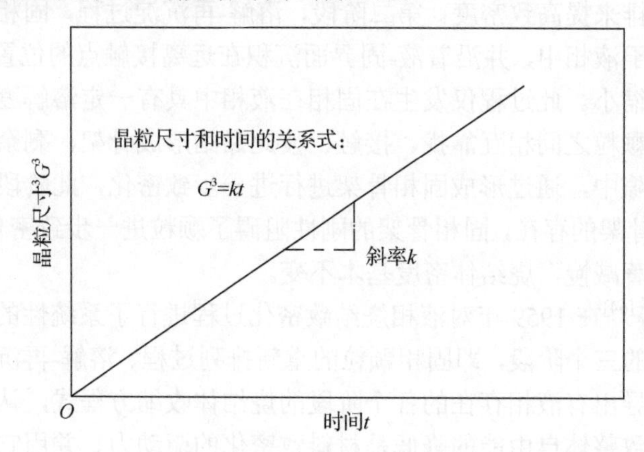

图 2-15 扩散控制晶粒长大的晶粒尺寸和时间的典型关系

3. 颗粒形状

颗粒形状在液相烧结的颗粒重新排列阶段具有重要作用。在颗粒的重新排列期间，所产生的毛细管力随着颗粒的形状而变化。在颗粒的重新排列过程中，通常，球形颗粒对于毛细管力的作用更为敏感。

颗粒形状对于烧结制品的均质性也是十分重要的，使用形状不规则的粉末比使用球形的颗粒粉末所得到的烧结显微组织的不均匀性要大得多，从而造成制品各方面的性能下降。

在溶解-再沉淀过程，随着颗粒形状的变化，晶粒开始长大，晶粒生长速率随着颗粒形状的变化而变化。在晶粒形状没有平坦化之前，晶粒生长速率很快，从而导致致密化和收缩。

2.4 液相烧结机理

烧结过程微观致密化机理是陶瓷材料科学中的一个重要基础理论课题。探究烧结微观致密化机理及其影响因素对进行陶瓷材料的性能设计及优化具有重要意义。当前，陶瓷材料的烧结微观致密化机理一直不断发展，基于大量实验结果和理论分析，各种烧结致密化机理被不断地提出来。在陶瓷材料烧结过程中常常伴随着一定组成的液相生成，因而研究液相参加的烧结微观致密化机理具有重要意义。

在存在液相的烧结过程中，尽管有相当大的微观结构复杂性，但液相烧结的致密化过程基本上可以分为三个阶段进行。前面的章节已经进行过详细描述，这里简单概述液相烧结的三个阶段，以便下面理解。第一阶段，随着烧结温度的升高，熔点较低的固相颗粒融化成液相后，熔点较高的固相颗粒通过液相进行相对快速的颗粒重排来提高致密度。第二阶段，溶解-再沉淀过程，固相颗粒之间接触区域部分溶解于液相中，并沿着液-固界面沉积在远离接触点的位置，使固相颗粒之间的中心距缩小。此过程仅发生在固相在液相中具有一定溶解度的系统中。第三阶段，固相颗粒之间相互靠拢、接触、彼此黏结形成骨架，剩余的液相填充于固相骨架的间隙中，通过形成固相骨架进行进一步致密化，此阶段以固相烧结为主。由于固相骨架的存在，固相骨架的刚性阻碍了颗粒进一步致密化的重新排列，致密化速度显著减慢，烧结体密度基本不变。

Kingery 等[64]在 1959 年对液相烧结致密化过程进行了系统性的研究，他根据液相烧结过程的三个阶段，即固相颗粒的重新排列过程、溶解-再沉淀过程和固相烧结过程，推导出有液相存在的各个阶段的烧结体收缩方程式，认为液相中孔表面积的减小导致整体自由能的降低是材料致密化的驱动力。并用它们解释了一些金属粉末和陶瓷材料的液相烧结致密化过程。首先是重排过程，在液相存在的条件下毛细管力使固相颗粒表面趋于最致密堆积。这个过程类似于黏性流动过程，有$\dfrac{\Delta L}{L_0}=\dfrac{1}{3}\dfrac{\Delta V}{V_0}\sim t^{1+y}$，$\Delta L$ 和 L_0 分别为长度变化和原始长度，t 为时间，y 为小于 1 的常数。一旦重排完成，致密堆积的固相颗粒由液体薄膜分隔开来，在颗粒接触处的溶解度是大于固相其他表面的溶解度的，这样物质从接触点迁移出来，从而使颗粒间中心距离缩短发生致密化，致密化速率取决于物质从接触面扩散出来的速率，烧结收缩$\dfrac{\Delta L}{L_0}\sim r^{-\frac{4}{3}}t^{\frac{1}{3}}$，其中，$r$、$t$ 分别代表原始颗粒半径和时间。当烧结过程进行到最后时，收缩速率急剧下降，与固相烧结类似。

但在他的工作中做了过多的假设，没有考虑的因素也很多，例如固相颗粒粗化和晶粒长大等。因此，近些年来，许多学者对他的工作进行了补充和修正。

下面主要从微观角度来阐述液相烧结三个过程的模型及理论。

2.4.1　颗粒重排

1. Kingery 理论

随着烧结温度的升高，熔点较低的颗粒熔化成液相，当出现足够量液相后，固相颗粒分散在液相中，在液相毛细管力的作用下，颗粒相对移动，发生重新排列，从而产生最紧密的堆积和最小的孔隙表面，进而提高坯体的致密度。这一阶段的收缩量与总收缩量的比取决于液相的数量，当液相的体积分数大于35%时，这一阶段是完成坯体收缩的主要阶段。

随着烧结过程的进行，由薄液膜隔开的固相颗粒之间会形成拱桥，由于在接触点处有高的局部应力导致塑性变形等，促进颗粒重排。接触点处少量固相颗粒的溶解使这些拱桥坍塌。当发生这种情况时，相邻固相颗粒的重排方式实质上与高密度固相颗粒的重排方式一致。

然而，如果在整个烧结过程中固相颗粒始终保持球形，即使在液相含量很多的情况下，烧结体也不会完全致密化。由于初始阶段的重排过程和黏性流动过程十分相似，是通过克服对具有某些有效屈服点的塑性流动阻力来实现进一步重排。所以我们预测烧结体致密化速率近似等于黏性流动速率，并且遵循关系：

$$\frac{\Delta L}{L_0}=\frac{1}{3}\frac{\Delta V}{V_0}\sim t^{1+y} \tag{2-23}$$

即

$$\frac{\Delta V}{V_0}\sim t^{1+y} \tag{2-24}$$

式中，$\frac{\Delta L}{L_0}$表示线收缩率；$\frac{\Delta V}{V_0}$表示体积收缩率；t表示时间；指数$1+y$略大于1。这是考虑烧结进行时，被包裹的小尺寸气孔减小，烧结驱动力的毛细管力增大，所以略大于1。

图2-16代表W-Ni-Fe合金系统两种不同成分在不同温度下的烧结致密化曲线。可以看出，两种合金在不同温度下烧结，直线的斜率均在1～2的范围内，这反映出烧结体颗粒重排阶段和聚集阶段烧结的致密化速率遵从$-\frac{\Delta V}{V_0}\sim kt^{1\sim 2}$的关系。

颗粒重排是整个烧结过程中有效致密化的必要条件，烧结的后期阶段也不例外。重排过程通常可以分为初次重排过程和二次重排过程。初次重排是在液相形成后几乎立即进行的快速过程。当液相能很好润湿固相时，固相颗粒之间的大多数空隙都将被液相填充，形成毛细管状液膜。直径为0.1～1 μm的毛细管可在一般陶瓷粉粒间产生1～10MPa的压强，如此大的压强加上液相的润滑作用，使固相颗粒重新排布，达到更紧密的空间堆积。这被称为烧结过程中的初次重排。在此过程中，若$\gamma_{ss}/\gamma_{sl}>2$，则液相可以完全渗透晶界，从而使颗粒进一步细化。在液相润滑和毛细管力的作用下，细小固相颗粒之间可能发生相对运动，填充坯体孔隙，这一过程称为固相颗粒的二次重排。由于二次重排速率与晶界的溶解速率有关，所以二次重排速率比初次重排速率慢。

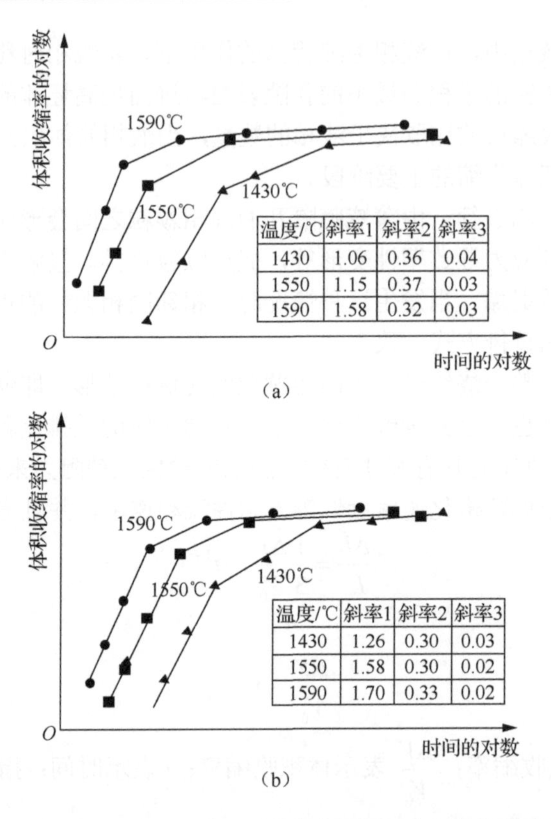

温度/℃	斜率1	斜率2	斜率3
1430	1.06	0.36	0.04
1550	1.15	0.37	0.03
1590	1.58	0.32	0.03

温度/℃	斜率1	斜率2	斜率3
1430	1.26	0.30	0.03
1550	1.58	0.30	0.02
1590	1.70	0.33	0.02

图 2-16　W-Ni-Fe 合金系统两种不同成分在不同温度下的烧结致密化曲线[79]

图 2-17 是烧结过程中颗粒的收缩和微观组织演变。在许多如 W-Ni-Fe、Fe-Cu 等的系统中，烧结过程中发生固相烧结，形成了小颗粒的刚性骨架，如图 2-17（a）所示。在 Fe-30Cu 系统中，当铜熔化为液相后立即流入由铁颗粒构成的固相骨架的小孔中，并且在 2min 内没有观察到颗粒的收缩或形态的变化，如图 2-17（b）所示。当烧结过程继续进行，由图 2-17（c）可以看出，进行到 5min 时，烧结体发生进一步致密化。这是由于液相不断渗透到晶界，相互黏结的固相颗粒被分开，导致烧结系统发生二次重排，烧结体进一步致密化。

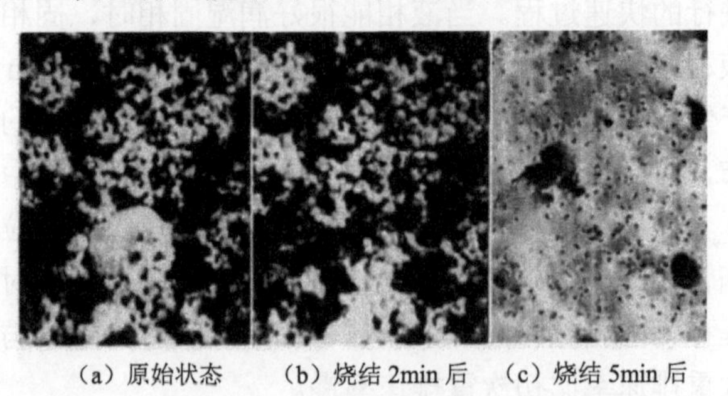

（a）原始状态　（b）烧结 2min 后　（c）烧结 5min 后

图 2-17　烧结过程中颗粒的收缩和微观组织演变[79]

如果液相体积分数足够高，则可通过重排实现完全致密化。理论计算表明，当液相体积分数达到35%时，仅通过重排过程就可使材料达到完全致密。但在实际的粉末系统中，由于液相体积分数通常较低，且颗粒通常具有不规则的形状，因此一般仅通过颗粒重排过程就达到完全致密化的系统是不常见的。

2. Kingery 理论扩展

下面阐述的颗粒重排理论是在 Kingery 理论上扩展提出的。该理论主要考虑了孔径分布的影响，而孔径分布主要对致密化驱动力重要组成部分液相压力有影响。液相形成后，一般先从最小的孔开始填充。由于液体压力由孔表面的曲率决定，随着小孔的不断填充，孔表面的曲率变大，液体压力逐渐降低。在仅剩下大孔未填充的后期阶段，这种效果变得尤为重要。

3. 颗粒重排的驱动力和传输机制

该模型根据状态变量固体体积分数、扁平化应变 δ、晶粒半径 r 和相对于凝聚物质体积的液体体积分数（固体）来制定。假设液体部分仅是与温度相关的函数，颗粒半径符合通常的晶粒粗化规律。对于 δ，演化式是在 Kingery 基础提出的，并且固体体积分数的演化规律被写为

$$\dot{D}_s = \dot{D}_s^{(r)} + \dot{D}_s^{(m)} + \dot{D}_s^{(f)} \tag{2-25}$$

式中，· 表示对时间的导数；(r) 表示颗粒重排；(m) 表示添加剂颗粒的熔化；(f) 表示接触平坦化。

为了更形象地描述颗粒重排过程，假设系统仅通过重排过程达到的最大固相密度为 D_1。对于固相颗粒在整个烧结过程中始终保持球形来说，D_1=0.63、初始固相密度 D_s 和最大固相密度 D_1 存在以下三种关系。

（1）若 D_s=D_1，整个系统处于平衡状态。

（2）若 D_s<D_1，说明系统没有达到最大固相密度，固相颗粒之间要发生相对移动从而进一步致密化。而致密化的驱动力包括液相对固相施加的毛细管力和外界可能施加的机械压力。所以假设通过颗粒重排过程固相的致密化速率与接触压实的致密化速率成比例，则比例系数为 D_1−D_s。由于重排过程由固相颗粒之间相对滑动来实现，所以颗粒之间需要有润滑液膜。因此，通过颗粒重排的固相致密化速率取决于液相的黏度 η，液膜厚度 δ_L，以及颗粒间接触面积 πX^2。颗粒重排的相对固相密度 $\dot{D}_s^{(r)}$ 为

$$\dot{D}_s^{(r)} = bD_s \frac{\delta_L r}{\eta X^2}\left(\sigma_s - \sigma_m\right)\left(D_1 - D_s\right) \tag{2-26}$$

式中，σ_s 为烧结应力；σ_m 为平均应力；r 为固相粒子半径；X 为接触半径；b 为常数；在本理论中定义 $b=1$，液膜厚度 $\delta_L = 1.5\text{nm}$。

由式（2-26）可以看出，液膜厚度愈大，液相的黏度愈低，它们对固相的润

湿性能愈好，愈有利于烧结致密化。

（3）$D_s > D_1$，则 $\dot{D}_s^{(r)} = 0$。由于初始固相密度 D_s 已经大于仅通过重排过程达到的最大密度 D_1，在这种情况下，颗粒重排过程对固相的致密化没有贡献。

如果液相体积分数大于 $1-D_1$（对于球形颗粒 $1-D_1=0.37$），则材料通过颗粒重排能够实现完全致密化。但在液相烧结系统中液相体积分数达不到这么高，一般液相体积分数为5%～15%，因此还需要下面的阶段进行进一步致密化。

4. 添加剂颗粒的熔化

理论上，添加剂颗粒的熔化直接导致固相密度的降低，表示如下：

$$\dot{D}_s^{(m)} = -\frac{\dot{V}}{1-V} D_s \tag{2-27}$$

式中，V 为当前液体体积分数。然而，添加剂颗粒的熔化和基材中的部分溶液使剩余颗粒的重排成为可能，从而使总密度增加。如果添加剂颗粒尺寸远远大于基材颗粒，则添加剂的熔化可能留下大的孔隙，这些孔隙不会被立即填充，从而阻碍致密化的进行，而这些大孔隙在最终烧结阶段被消除。

5. 接触平坦化的贡献

由接触压扁引起的固相致密化率如下：

$$\dot{D}_s^{(f)} = \frac{3D_s\dot{\delta}_L}{1-\delta_L} \tag{2-28}$$

2.4.2 溶解-再沉淀

重排结束后，系统中仍然存在大量孔隙。若要使系统的致密度进一步提高，则要通过后续的溶解-再沉淀过程等实现。溶解-再沉淀过程是液相烧结过程达到完全致密化最重要的手段。如图2-18所示为液相烧结过程中的致密化微观机制示意图。

目前关于致密化微观机制的主要假设有以下三种：

第一种是接触平坦化机制（Kingery 对其进行了定量描述，将在下面详细介绍），如图2-18（a）所示。晶粒被液相润湿后，晶粒接触点处的压缩毛细管力使晶粒聚集在一起。压缩毛细管力的存在导致晶粒接触点处的固相优先溶解，在远离接触区域析出。致密化发生是晶粒之间中心距离缩短造成的。但是接触平坦化机制没有给出晶粒生长和晶粒数量减少的解释。

第二种致密化机制是小颗粒溶解在大颗粒表面析出。如图2-18（b）所示，小颗粒消失，大颗粒长大并且颗粒形状发生变化。由于这种机制不涉及收缩，仅仅发生颗粒形状调节使固相更好地润湿，因此它不是致密化的解释。

第三种机制涉及沿着液相润湿的晶界，晶粒间的接触生长如图2-18（c）所示。随着晶粒接触区域的扩大，晶粒形状发生变化，与此同时晶粒发生收缩。但这种机制并不涉及晶粒粗化。这三种机制在固相来源和传输路径上有所不同，但它们一起解释了颗粒形状调节、晶粒生长和致密化过程。

有关液相烧结过程的致密化动力学过程，近些年一些学者进行了大量研究。但是很少有定量模型来描述溶解-再沉淀过程。目前，描述溶解-再沉淀过程致密化速率的唯一定量理论就是 Kingery 理论的接触平坦化机制，它将粉末压块的线性收缩率和由液相在其接触区域润湿的两个分离颗粒的线性收缩率等同，经过分析得出，粉末压块的相对收缩率与 $r^{-\frac{4}{3}}t^{\frac{1}{3}}$ 成比例，其中，r 是固相粉末颗粒半径；t 是时间。

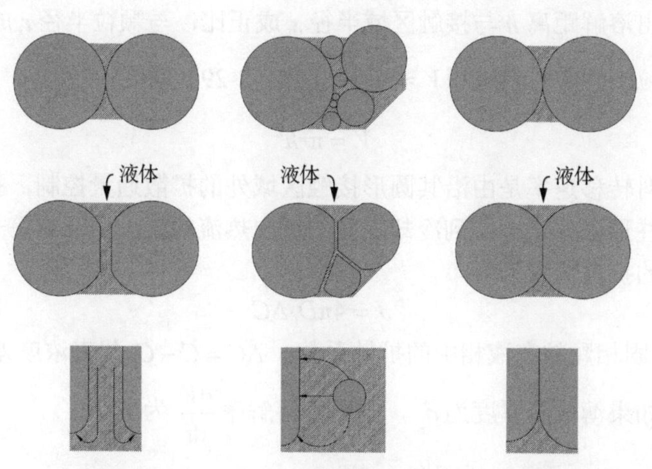

（a）接触平坦化机制　（b）小颗粒溶解机制　（c）固相接触烧结机制

图 2-18　液相烧结过程中的致密化微观机制示意图

1. 接触平坦化机制

1）Kingery 理论

Kingery 最早提出的接触平坦化机制，其描述了颗粒之间的收缩方式[63]。即收缩产生的原因是物质连续从颗粒间的接触区域传输到非接触区域导致压坯收缩。下面就 Kingery 提出的关于接触平坦化理论作简单介绍。

液相烧结重排过程完成后，薄液膜分开的固相颗粒相互之间形成拱桥，在接触点处承载了大部分压缩应力，即在接触点处有比较高的局部应力，使固相颗粒发生塑性变形和移动，促进颗粒进一步重排。由于存在压缩毛细管力，固相颗粒接触点处的溶解度大于其他固相表面的溶解度。由于溶解度的差异，使固相颗粒先从接触点处融化，在其他地方再析出，从而固相颗粒之间的中心距缩小，形成平坦的接触区域。

随着接触区域的半径增加，沿界面的应力减小，因此致密化速率减慢。物质传输速率由两种机制（①通过液体层的扩散；②通过界面反应的溶解-再沉淀）中较慢的一种控制。

利用理想双球化模型可以描述通过液体层扩散控制的扩散速率。在表面张力的作用下，球形颗粒的接触点处开始溶解，溶解的固相颗粒会通过液相在较大的颗粒凹陷处或颗粒的自由表面处沉积，从而出现晶粒长大和晶粒形状的变化。

假设在整个烧结过程中，固相颗粒始终保持球形，两个颗粒具有相同的半径 r，每个球体都沿着中心线溶解一段距离 h，导致颗粒之间的中心距缩短，并形成半径为 x 的圆形接触区域。由几何关系可知：

$$h \approx \frac{x^2}{2r} \tag{2-29}$$

可以看出溶解距离 h 与接触区域半径 x 成正比，与颗粒半径 r 成反比。

每个颗粒溶解的材料体积 $V \approx \frac{\pi x^2 h}{2}$ 和式（2-29）联立得

$$V = \pi r h^2 \tag{2-30}$$

假设材料转移速率是由沿其圆形接触区域外的扩散通量控制，扩散通量近似为电加热圆柱形固体从中心到冷却表面的径向热流的解。由菲克第一定律可知单位厚度边界的扩散通量为

$$J = 4\pi D_L \Delta C \tag{2-31}$$

式中，D_L 是固相颗粒在液相中的扩散系数；$\Delta C = C - C_0$ 代表浓度差。

并且，如果薄液膜厚度为 δ_L，则固体溶解率 $\frac{dV}{dt}$ 为

$$\frac{dV}{dt} = J\delta_L = 4\pi \delta_L D_L \Delta C \tag{2-32}$$

如果 ΔC 足够小，那么有

$$\frac{\Delta C}{C_0} = \frac{\sigma_1 V_a}{kT} \tag{2-33}$$

式中，σ_1 是施加于颗粒的局部应力；V_a 是粒子体积；k 是玻尔兹曼常数；T 是绝对温度。由液相中的孔施加的毛细管力 ΔP 等于外部施加的静水压力，使产生的粒子间力等于液体层产生的力。因为接触区域的面积小于其余颗粒的面积，所以局部压力在接触区域处被放大。接触区域的局部压力 σ_1 如下：

$$\sigma_1 x^2 = k_1 \Delta P r^2 \tag{2-34}$$

式中，k_1 是几何常数。由式（2-34）得

$$\sigma_1 = k_1 \frac{\gamma_{lv} r}{r_p h} \tag{2-35}$$

如果固相颗粒之间的空隙形成孔，则颗粒半径 r 与孔半径 r_p 之间存在一定的对应关系，即

$$r = k_2 r_p \tag{2-36}$$

式中，k_2在烧结期间保持恒定，式（2-35）变为

$$\sigma_1 = \frac{k_1\gamma_{lv}}{k_2 h} \tag{2-37}$$

根据式（2-32）、式（2-33）和式（2-35），有

$$\frac{dV}{dt} = \frac{4\pi k_1 \delta_L D_L C_0 \gamma_{lv} V_a}{k \cdot k_2 h T} = \frac{2\pi r h dh}{dt} \tag{2-38}$$

求导得

$$\frac{dV}{dt} = 2\pi r h \frac{dh}{dt} \tag{2-39}$$

并且式（2-38）可重写为

$$h^2 dh = \frac{2k_1 \delta_L D_L C_0 \gamma_{lv} V_a}{k \cdot k_2 T r} dt \tag{2-40}$$

边界条件为$t=0$，$h=0$。积分得

$$h = \left(\frac{6k_1 \delta_L D_L C_0 \gamma_{lv} V_a}{k \cdot k_2 T}\right)^{\frac{1}{3}} r^{-\frac{1}{3}} t^{\frac{1}{3}} \tag{2-41}$$

因为当$\frac{\Delta L}{L_0}$比较小时，有$\frac{h}{r} = \frac{\Delta L}{L_0} = \frac{1}{3}\frac{\Delta V}{V_0}$成立。其中，$\frac{\Delta L}{L_0}$代表粉末压块的线性收缩率，$\frac{\Delta V}{V_0}$是粉末压块的体积收缩率。可以获得以下表达式：

$$\frac{\Delta L}{L_0} = \frac{1}{3}\frac{\Delta V}{V_0} = \left(\frac{6k_1 \delta_L D_L C_0 \gamma_{lv} \Omega}{k \cdot k_2 T}\right)^{\frac{1}{3}} r^{-\frac{4}{3}} t^{\frac{1}{3}} \tag{2-42}$$

该等式表明，如果是通过液体层扩散控制的扩散速率，则收缩率与$r^{-\frac{4}{3}} t^{\frac{1}{3}}$成正比。

另一种情况是界面反应扩散控制的扩散机制，其中固相通过反应溶解到液相中，材料的传输速率与接触面积以及固相活度成正比，即

$$\frac{dV}{dt} = k_3 \pi X^2 (a - a_0) = 2\pi k_3 h r (C - C_0) \tag{2-43}$$

式中，k_3是相界反应速率常数，而a和a_0分别是接触区域和平面上的固相活度，它们是对实际浓度在理论计算时的修正。按照上述步骤可以推导出类似的关系，这里不再赘述，直接给出。界面反应控制的收缩率为

$$\frac{\Delta L}{L_0} = \frac{1}{3}\frac{\Delta V}{V_0} = \left(\frac{2k_1 k_3 C_0 \gamma_{lv} \Omega}{k \cdot k_2 T}\right)^{\frac{1}{2}} r^{-1} t^{\frac{1}{2}} \tag{2-44}$$

该等式表明通过界面反应控制的收缩率与$r^{-1} t^{\frac{1}{2}}$成正比。

2）Kingery 理论扩展

Kingery 提出的溶解-再沉淀相关理论过于简单，即仅仅考虑用理想双球化模型来描述粉末压块的微观结构致密化，忽略了很多因素的可能影响，比如固相颗粒粗化以及烧结过程中晶粒生长的问题。这些因素对于烧结致密化必然存在一定程度的影响。因此近些年来，学者对 Kingery 所提出的理论进行了修正和扩展。

下面介绍 Mortensen 提出的关于溶解-再沉淀理论的致密化动力学理论[66]。该分析是 Kingery 理论分析的扩展，仅以两个粒子的形式简化了对粉末压块的描述。

此理论是通过溶解-再沉淀过程进行液相烧结动力学的定量分析，假设在液相完全润湿固相和晶界，固相颗粒是随机填充的均匀球体的情况下，成功预测了在液相存在下溶解-再沉淀过程的粉末压块的致密化速率和微观结构演变。

（1）主要假设。

① 固-液界面能是各向同性的。

② 液相完全润湿固相，即

$$\gamma_{sl} + \gamma_{lv} \leqslant \gamma_{sv} \tag{2-45}$$

式中，γ 表示界面能，下标 s 、l 和 v 分别代表固相、液相和气相。

③ 液相能够渗透固相的晶界，即

$$2\gamma_{sl} < \gamma_{GB} \tag{2-46}$$

式中，γ_{GB} 是固相晶界能。因此，固相颗粒完全被液相包围，薄液膜总是存在于固相的相邻颗粒之间。

④ 通过控制扩散速率控制溶解-再沉淀过程的致密化。

⑤ 外部压力仅通过溶解-再沉淀机制引起固相颗粒变形，例如蠕变和塑性变形不会引起固相颗粒变形。

（2）驱动力。

随着压坯致密化的进行，扁平颗粒间接触区域的平均总面积 A 的表达式如下：

$$AZ = 4\pi r^2 \frac{f_s\left(f_s - f_{s,0}\right)}{\left(1 - f_{s,0}\right)} \tag{2-47}$$

式中，f_s 是固相体积分数；r 是初始粒子半径；Z 是每个粒子的粒子间接触面积的平均数；$f_{s,0}$ 是固相的初始体积分数。代表重排结束后，溶解-再沉淀致密化开始时的固相体积分数。

图 2-19 是液相烧结过程中溶解-再沉淀的微观组织演变示意图。颗粒经过初始快速重排后，如果颗粒尺寸小和液相压力是均匀的，并且液相中的孔隙大小相同，如图 2-19（a）所示。r_p 表示孔隙半径，则液相中的压力 P_1 为

$$P_1 = -\frac{2\gamma_{lv}}{r_p} \tag{2-48}$$

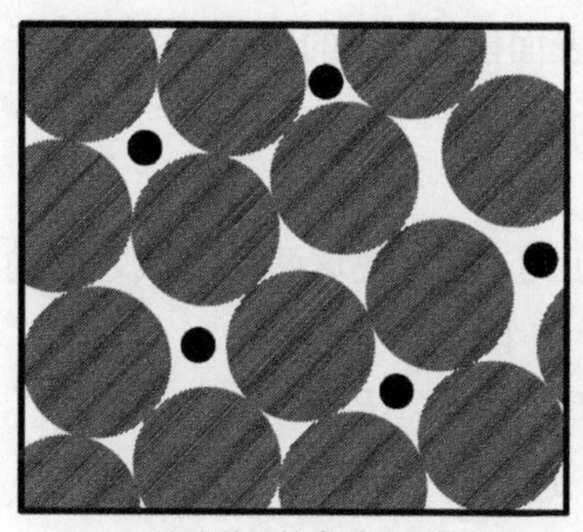

（a）颗粒重排结束时的原始结构

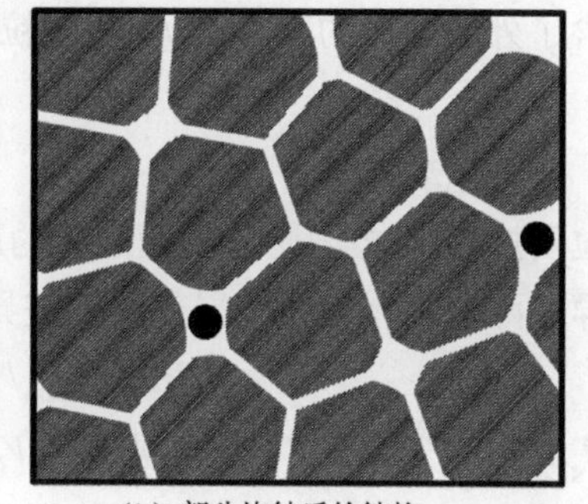

（b）部分烧结后的结构

图 2-19 液相烧结过程中溶解-再沉淀的微观组织演变示意图

有效压力P_e为

$$P_e = P_{ap} - P_l \tag{2-49}$$

式中，P_{ap}表示外部施加的压力；P_l表示液相中的压力。

颗粒间颈部的平均力P_m等于由相同固相颗粒经受施加压力$P = P_e$时制成干粉压块的平均力。因此，颗粒间颈部的平均力：

$$P_m = \frac{4\pi r^2}{ZV_s}\left(P_{ap} + \frac{2\gamma_{lv}}{r_p}\right) \tag{2-50}$$

当P_m为正时，每个粒子都会改变形状。它在接触颈部区域变得平坦，并在其他地方保持圆形。但在致密化过程中颗粒总体积保持不变。我们假设在非压扁的液体/固体界面区域处颗粒的曲率在整个压块中基本上是恒定的。我们将这一假设建立在如下论点上：物质在宽液相区域的传递速率要高于狭窄液相区域，在烧结过程中，固/液界面的曲率会迅速变化并达到平衡。

在该模型中，非平坦区域固-液界面的曲率C如下：

$$4\pi r^2\left(\frac{r}{2}\right) = \left(4\pi r^2 - AZ\right)C \tag{2-51}$$

因此，

$$C = \frac{2}{r\left(1 - \dfrac{AZ}{4\pi r^2}\right)} \tag{2-52}$$

$$\Delta P = P_m / A - \gamma_{sl} C \tag{2-53}$$

联立式（2-47）、式（2-50）、式（2-52）和式（2-53）得

$$\Delta P = \frac{1 - V_{s,0}}{V_s^2\left(V_s - V_{s,0}\right)}\left(P_{ap} + \frac{2\gamma_{lv}}{r_p}\right) - \frac{2\gamma_{sl}\left(1 - V_{s,0}\right)}{r\left(1 - V_{s,0} - V_s\left(V_s - V_{s,0}\right)\right)} \tag{2-54}$$

式（2-54）给出了在非粗化系统中通过溶解-再沉淀进行液相致密化的驱动力

ΔP，包含了外部施加的应力 P_m/A 和颗粒表面能 γ_s / C 的影响，可以用于预测致密化速率。

（3）致密化动力学。

颗粒间接触区域与固-液界面之间的压力差 ΔP 使这两个区域之间的固相浓度有所差异。两个区域之间的局部浓度差异如下：

$$R_g T \ln\left(C_{neck} / C_{pools}\right) = V_0 \Delta P \tag{2-55}$$

式中，R_g 是气体常数；T 是绝对温度；V_0 是液相中固相的摩尔体积；C_{neck} 和 C_{pools} 分别表示颈部和液池区的液相中溶解固相的浓度。由于 C_{neck} 和 C_{pools} 非常接近 C_0，C_0 代表液相中固相与平坦界面液相中固相的平衡浓度。则式（2-55）可以简化为

$$\Delta C = C_0 V_0 \Delta P \left(R_g T\right)^{-1} \tag{2-56}$$

其中，$\Delta C = C_{neck} - C_{pools}$。

固相从颈部到固-液相界面区域的扩散速率受到颈部区域的窄液相通道扩散速率的限制。

经推导得

$$\frac{dV_s}{dt} = \frac{43\delta DC_0V_0}{r^3 R_g T} \frac{\left(1 - V_{s,0}\right)V_s^2}{\left(V_s - V_{s,0}\right)} \Delta P \tag{2-57}$$

将式（2-54）代入式（2-57）可得

$$\frac{dV_s}{dt} = \frac{43\delta DC_0V_0\left(1 - V_{s,0}\right)^2}{r^3 R_g T} \left[\frac{P_{ap} + \frac{2\gamma_{lv}}{r_p}}{\left(V_s - V_{s,0}\right)^2} - \frac{2\gamma_{sl}}{r} \frac{V_s^2}{\left(V_s - V_{s,0}\right)\left(1 - V_{s,0} - V_s\left(V_s - V_{s,0}\right)\right)} \right] \tag{2-58}$$

用于预测液相致密化动力学的一个重要的微观结构参数是孔半径 r_p。

假设 $r_p = r/2$，烧结速率式变为

$$\frac{dV_s}{dt} = \frac{43\delta DC_0V_0\left(1 - V_{s,0}\right)^2}{r^3 R_g T} \left[\frac{P_{ap} + \frac{4\sigma_{lv}}{r}}{\left(V_s - V_{s,0}\right)^2} - \frac{2\sigma_{sl}}{r} \frac{V_s^2}{\left(V_s - V_{s,0}\right)\left(1 - V_{s,0} - V_s\left(V_s - V_{s,0}\right)\right)} \right] \tag{2-59}$$

如果我们只关注烧结致密化的简单性，即如果我们假设 $P_{ap} = 0$，用无量纲重新写式（2-59）得到

$$\frac{dV_s}{d(Kt)} = 86\left(1 - V_{s,0}\right)^2 \left[\frac{2}{\left(V_s - V_{s,0}\right)^2} - \frac{sV_s^2}{\left(V_s - V_{s,0}\right)\left(1 - V_{s,0} - V_s\left(V_s - V_{s,0}\right)\right)} \right] \tag{2-60}$$

又由于：

$$K = \frac{\delta D C_0 V_0 \sigma_{lv}}{r^4 R_g T} \tag{2-61}$$

$$s = \frac{\sigma_{sl}}{\sigma_{lv}} \tag{2-62}$$

式中，参数 $s<1$，通常 $s\leqslant 0.2$。

如果我们忽略式（2-60）中括号里面的第二项，则可以简化该式，进而简单准确地实现溶解-再沉淀过程中的致密化动力学预测。对简化后的式积分得

$$\left(V_s - V_{s,0}\right) = \left[516\left(1 - V_{s,0}\right)^2 Kt\right]^{1/3} \tag{2-63}$$

如果我们考虑含有固相体积 V 的压块，则在每个瞬间，总压实体积比为 V/V_s。在任意时间 t，任意给定的特征长度 L（例如直径或高度）时，每个瞬间 L 与 $V_s^{-1/3}$ 均成比例。因此相对收缩率与 V_s 和 $V_{s,0}$ 相关：

$$\frac{\Delta L}{L_0} = 1 - \left(\frac{V_{s,0}}{V_s}\right)^{1/3} \tag{2-64}$$

2. 孔隙填充理论

根据液相烧结机理，其致密化过程是通过高熔点颗粒在低熔点液相周围的排列实现的。有关液相烧结的致密化微观理论，除了上述介绍的接触平坦化机制，孔隙填充导致的致密化也是不容忽视的。

孔隙填充在液相烧结过程中发挥着重要作用。液相烧结初期，存在许多连通的孔隙。根据临界晶粒理论，液相渗入晶界后将优先填充小孔隙，而大孔隙仍然存在。当液相量少，不足以填充所有的孔隙时，大孔隙的填充和消失机理为：液相烧结初期阶段开孔隙中的小孔隙填充之后，产生闭孔隙，随烧结时间的增加，固相晶粒长大，闭孔隙球化，固相晶粒向孔隙中长大，在长时间的烧结时，孔隙会随固相晶粒长大而消失，因而，孔隙周围的固相晶粒要大一些，即孔隙的消失伴随固相晶粒长大。

经典 Kingery 理论假设。

（1）压块中液相的毛细管力是驱动力，但它可能不是增加接触区域中原子化学势的力。

（2）液相烧结致密化过程中不存在晶粒生长。

（3）在晶粒之间的接触区域存在液膜，即二面角为零。

由于经典 Kingery 理论忽略了晶粒生长等关键微观理论，这种液相烧结致密化理论的有效性受到一些研究人员的质疑，因为一些假设不适用于真正的粉末压坯系统。

在孔隙填充理论的发展过程中，与忽略晶粒生长的经典 Kingery 理论相比，

孔隙填充理论考虑了液相烧结过程中的两个必要过程——致密化和晶粒生长。

当系统在液相存在的条件下烧结时，即使在刚加热到烧结温度时，烧结初期也会发生快速致密化和晶粒长大。在液相烧结的初期阶段，当液相体积分数比较大时会发生颗粒重排。除了液相烧结过程的颗粒重排阶段，液相烧结的致密化动力学从一开始就受到孔隙填充的控制。然而，颗粒重排可能仅限于液相体积分数非常大且二面角几乎为零的低二面角的系统。对于二面角大于零的体系，例如W-Ni-Fe，在加热到液相烧结温度时会形成固相骨架。在这种情况下，液相烧结的致密化动力学被认为是由晶粒生长孔隙表面被完全润湿时发生的孔隙填充过程决定的。因此，晶粒生长控制了从液相烧结开始的孔隙填充和致密化。

在液相体积分数较小的体系中，由于溶液沉淀和颗粒形状调节，系统以较低的速率继续消除分离的孔。如果液相的体积分数足够高，则分离的孔的填充可能是不连续的。在这种情况下，晶粒生长是孔隙填充的原因，而不是颗粒形状调节。

孔隙填充被认为是晶粒生长的结果。图 2-20 描绘了晶粒生长过程中试样表面和孔隙表面的微观结构。气孔填充过程模型使用恒定尺寸的球形孔系统，由于液相的静水压力、孔隙中的气体压力与试样外部的压力相同，则试样表面和孔隙表面处弯月面半径相同。初始阶段的气孔是稳定的，颗粒周围液相的体积分数不随颗粒生长而变化，如图 2-20（a）所示。随着晶粒长大，如图 2-20（b）所示，压坯的液相弯月面半径 r_m 线性增大，一旦晶粒生长达到临界尺寸，则弯月面半径 r_m 等于孔的半径 r_p，使孔表面完全润湿，液相自发地填充孔隙。随着晶粒尺寸的进一步增大，试样表面和孔表面的液相压力不平衡，当晶粒长大至超过临界尺寸后，由于孔表面的液相弯月面半径 r_m 受孔径限制，而试样表面不受限制，因此试样表面的弯月面半径 r_m 可以继续增大，但是在孔隙处 r_m 只能减小。

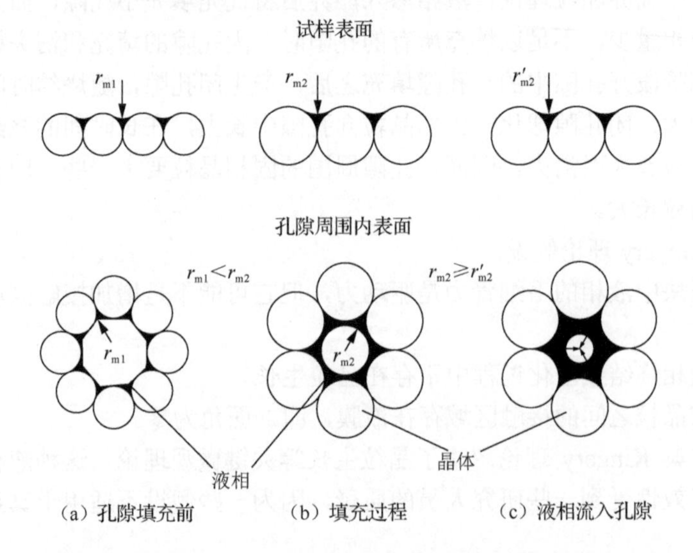

图 2-20　晶粒生长过程中试样表面和孔隙表面的微观结构演变

随着孔隙与表面处的弯月面之间的液相压力平衡突然被破坏，孔隙周围的液相压力会随着进一步的孔隙填充而迅速下降，因此液相可以从试样表面的多个弯月面快速流入孔隙，其孔隙半径 r_p 随着液相流失到相对小的孔隙而略微减小。随着孔隙填充，致密化率增加，如图 2-20（c）所示。孔隙填充机制的一个重要结果是孔隙填充必须根据尺寸按时间顺序发生，即较小的孔隙先填充，较大的孔隙后填充。这种预测也在真正的粉末压块中得到证实。

基于这些先前的观察和分析，提出了孔隙填充理论模型。图 2-21 显示了孔隙填充理论模型示意图。图 2-21（a）示意性地描绘了包含不同尺寸孔隙的压实体的微观结构。只要孔隙稳定，颗粒周围液相的体积分数不随颗粒生长而变化。一旦较小孔隙的表面由于晶粒生长到临界尺寸而完全润湿，液相将会自发地填充孔隙，如图 2-21（b）所示。随着孔隙填充，致密化率增加。从微观组织上看，孔隙填充的结果是完整孔隙表面的液相弯月面半径小于原始状态，进而导致远离液相富集区的有效液相体积减小，表现为液相压力的突然下降。如图 2-21（c）所示，由于液相压力降低，即毛细管力增大，通过孔隙填充的进行，液相压力的改变导致固相颗粒形状的变化。液相富集区附近的颗粒接触部分将继续平坦化，从而再次形成稳定的微观组织，有助于增大除液相富集区以外的有效液相体积分数。

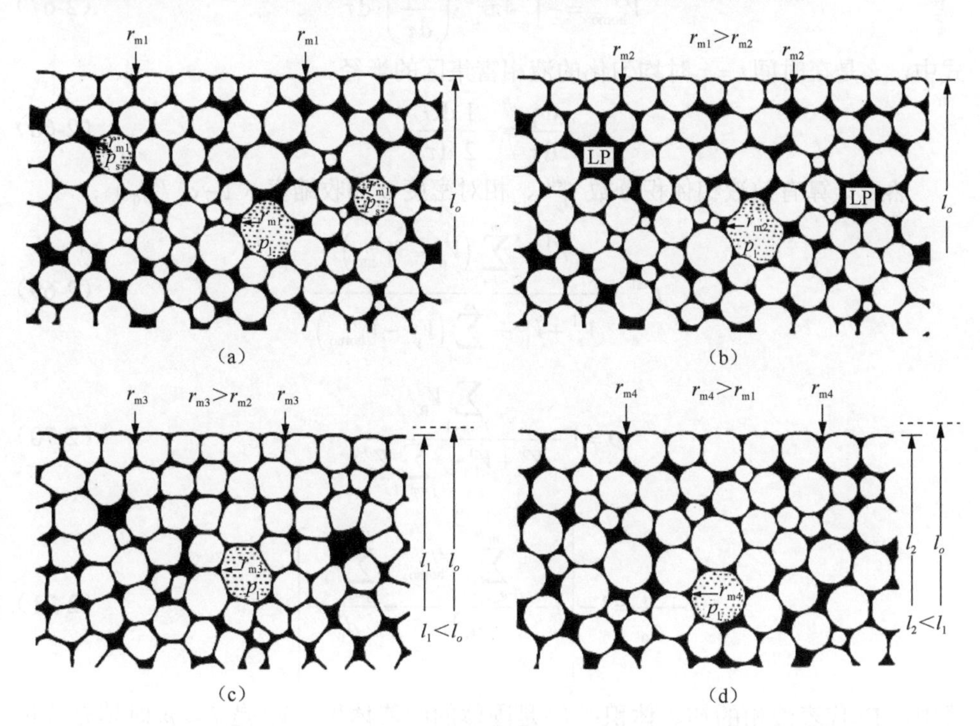

图 2-21　孔隙填充模型示意图

图 2-21（d）显示了试样表面颗粒之间的弯月面模型。当液相体积分数较小时，固相颗粒都视为半径为 r 的球体。假设润湿角为零，即固相颗粒之间相互不接触，弯月面几何形状可以用角度 α 来描述，角度 α 表示晶粒之间弯月面的位置。弯月面半径 r_m 如下：

$$r_\mathrm{m}=\frac{r(1-\cos\alpha)}{\cos\alpha} \tag{2-65}$$

则液相压力是

$$P_\mathrm{l}=-\frac{\gamma_\mathrm{lv}}{r_\mathrm{m}} \tag{2-66}$$

式中，γ_lv 表示液-气界面能。

对于液相体积分数高的系统，致密化的主要参数为润湿角。为了计算致密化过程中的液相弯月面半径，计算液相的有效体积分数 $f_\mathrm{l}^\mathrm{eff}$ 是至关重要的，因为液相弯月面半径与 $f_\mathrm{l}^\mathrm{eff}$ 有直接关系。$f_\mathrm{l}^\mathrm{eff}$ 由初始液相体积分数 f、填充孔隙的液相体积（液袋）和孔隙的均匀化所决定。

微观结构均匀化过程中液相富集区 j 中的均匀体积 $6V_\mathrm{homo}^j$ 可表示为

$$V_\mathrm{homo}^j=-\int_0^t 4\pi r_\tau^2\cdot\left(\frac{\mathrm{d}r_\tau}{\mathrm{d}\tau}\right)\cdot\mathrm{d}\tau \tag{2-67}$$

式中，r_τ 是在时间 $t=\tau$ 时均匀化的液相富集区的半径。

$$\frac{\mathrm{d}r_\tau}{\mathrm{d}\tau}=-\frac{1}{2}\frac{\mathrm{d}G}{\mathrm{d}\tau} \tag{2-68}$$

然后计算有效液相体积分数 $f_\mathrm{l}^\mathrm{eff}$、相对密度 ρ 和收缩率（$1-d_\mathrm{t}/d_0$）：

$$f_\mathrm{l}^\mathrm{eff}=\frac{V_\mathrm{l}^\mathrm{i}-\sum\limits_{j=k+1}^{m}\left(V_\mathrm{p}^j-V_\mathrm{homo}^j\right)}{V_\mathrm{s}^\mathrm{i}+V_\mathrm{l}^\mathrm{i}-\sum\limits_{j=k+1}^{m}\left(V_\mathrm{p}^j-V_\mathrm{homo}^j\right)} \tag{2-69}$$

$$\rho=1-\frac{\sum\limits_{j=m+1}V_\mathrm{p}^j}{V_\mathrm{s}^\mathrm{i}+V_\mathrm{l}^\mathrm{i}+\sum\limits_{j=m+1}V_\mathrm{p}^j} \tag{2-70}$$

$$1-\frac{d_\mathrm{t}}{d_0}=1-\left[1-\frac{\sum\limits_{j=d_\mathrm{max}+1}^{m}V_\mathrm{homo}^j}{d_0^{\ 3}}-\frac{\sum\limits_{j=1}^{d_\mathrm{max}}V_\mathrm{p}^j}{d_0^{\ 3}}\right]^{\frac{1}{3}} \tag{2-71}$$

式中，V_l^i 代表液相的初始体积；V_s^i 是固体的中值体积；V_p^j 是 $j\leqslant m$ 时填充液相的孔隙 j 的体积或 $j\geqslant m+1$ 的未填充孔隙 j 的体积；d_0 是样品的初始尺寸；d_t 代表时间 t 时样品的尺寸；d_max 是完全均匀化的液相填充孔的最大尺寸。

2.4.3 固态烧结

进入烧结后期之后，固相颗粒之间相互靠拢、接触、黏结形成连续的骨架。这个阶段主要发生熔点高的固相颗粒的固相烧结。大量的液相在毛细管力的作用下继续渗入固相骨架中，有的固相颗粒不被液相所包裹，通过烧结颈直接接触。最后，固相骨架形成以后的烧结过程与固相烧结过程是基本一致的。两个粒子间的距离减小，接触部分的面积增大。对于整体来说也发生收缩而致密。两个粒子收缩从而导致孔隙的收缩。原来尖角形、圆滑菱形、近球形的孔隙逐渐向球形过渡，使之自由能降低。而大孔隙的反而变大，并逐渐向整体表面转移[84]。这个阶段对致密化的贡献最小，因为最后阶段开始前致密度已经接近最大值。

烧结后期开始于气孔变成孤立而晶界为连续网络。该阶段，孤立的气孔常位于两晶粒界面，三晶粒间的界线或多晶粒的结合点处，孔隙形状趋于球形。

在最后的烧结阶段，接触平坦化过程继续进行。然而，液相压力、固-液界面能和晶粒粗化的重要性与溶解-再沉淀阶段相比更显著，并且在孔闭合后气体压力可能增大。在溶解-再沉淀阶段，固-液界面能对烧结应力的贡献与液相压力相比可忽略不计，但固-液界面能在最后的烧结阶段中却占据主导地位，因为其大小随液相压力减小而增加。这样，在某个时段，两者可以相互平衡。在最终烧结阶段，晶粒粗化控制反应速率，因为它降低了固-液界面能对烧结应力的贡献，因此随着晶粒生长，保持致密化的驱动力。

1. 有效液相压力

如上所述，液相压力是由孔隙率控制的，当孔隙率减小时，液相压力减小：

$$\sigma_1 = \min\left(\frac{3\gamma_1}{r}, \frac{3\gamma_1}{r_0}\left(B + (1-B)\left(\frac{f}{f_{c0}}\right)^n\right)\right) \tag{2-72}$$

式中，f是计算的孔隙率，为

$$f = 1 - \frac{D_s}{1-g} \tag{2-73}$$

其中，f_{c0}是最后阶段开始时大孔的体积分数；B和n为可调参数。“大孔”是指尺寸大于$2r/3$的孔，因为这些孔在有效液相压力$3\gamma_1/r$下保持未填充。随着晶粒尺寸的增大，被认为是较大孔隙数量的减少。这里没有给出具体的表达式。

在最终烧结阶段固-液界面能对烧结应力的贡献变得重要，我们用式（2-74）来代替式（2-72）：

$$\sigma_{sl} = -\left(\frac{0.5}{\sqrt{1-D_s}} - 0.884\right)\frac{\gamma_{sl}}{r} \tag{2-74}$$

这里描述了当固-液界面具有平衡形状时固-液界面能对烧结应力的贡献。

2. 晶粒粗化

在液相存在下晶粒粗化是一个复杂的过程，如果固相颗粒分散在液相中，则称为奥斯特瓦尔德熟化，或者如果固相形成致密的多面体晶粒结构，则晶粒通过晶界迁移生长。晶界迁移意味着固体原子溶解在边界的一侧，通过薄液膜传输并沉积在边界的另一侧。

与我们先前的假设一致，我们假设通过液相的扩散是快速的，因此晶粒粗化的速率是反应控制的。在这种情况下，晶粒生长速率遵循与晶粒粗化和边界迁移相同的动力学规律。晶粒半径演化式的常见形式是：

$$\dot{R}=\frac{\gamma_{\mathrm{sl}}L\Omega}{4r} \tag{2-75}$$

式（2-75）可以用于所有烧结阶段。描述扁平化机制的公式是以这样的方式有意制定的，即如果通过某种干预机制抑制致密化，则结构以自相似的方式粗化，即仅通过单独的粗化不改变 δ 的值。对式（2-75）进行积分得

$$r^2-r_0^2=\frac{\gamma_{\mathrm{sl}}L\Omega}{2}t \tag{2-76}$$

式中，L 为常数；初始晶粒半径为 r_0。

在孔隙闭合后，当孔隙收缩时，夹带在隔离孔隙中的气体被压缩。不断变化的气体压力取决于气体是否以及如何通过溶解在材料中从孔中逸出。

在气体完全困在孔隙的情况下，压力由当前孔体积和温度控制，两者都与孔闭合时刻的值有关。因此，对于理想气体，孔和炉内气体之间的压力差是

$$\Delta P=P_{\mathrm{ex,cl}}\frac{f_{\mathrm{cl}}}{f}\cdot\frac{1-f}{1-f_{\mathrm{cl}}}\cdot\frac{T}{T_{\mathrm{cl}}}-P_{\mathrm{ex}} \tag{2-77}$$

对于大多数液相烧结过程来说，得到致密的烧结体是最终目标。液相烧结的模型通常将液相烧结过程分为三个独立的阶段，但实际上三个阶段的分界线并不明显。液相烧结致密化过程是否需要经历全部烧结阶段，颗粒重排过程、溶解-再沉淀过程和最终固相烧结过程取决于液相体积分数。通常，烧结过程中一旦形成液相，则在非常短的时间内得到烧结致密体。当然，其他因素，例如颗粒形状、颗粒大小、生坯密度、加热速率、液相量、保温时间和工艺气氛等的影响也很重要。

第3章 特种烧结

3.1 特种烧结技术的发展

烧结是制造陶瓷材料的重要工序，烧结的目的是把粉状坯料致密化，改变其显微结构，从而使材料获得所需的性能。传统的陶瓷烧结方法是紧密堆积的陶瓷粉体在高温热驱动力的作用下，通过原子扩散排出晶粒间的气孔从而致密化的过程。但在高温条件下，原子扩散作用在帮助材料致密化的同时，也会不可避免地导致晶粒长大现象，致使陶瓷材料性能劣化。并且长时间的高温烧结也使陶瓷行业成为一种高耗能产业。

某些陶瓷制品因其特殊的性能要求，需要采用不同于传统陶瓷的烧成工艺与烧结技术，因此特种烧结技术应运而生。

随着特种烧结技术近几十年的快速发展，特种烧结工艺越发趋于成熟，特种烧结技术的应用也越来越广泛。特种烧结工艺产品所具有的优异力学性能或光、电、磁、生物相容等特殊的物理性能和化学性能，使其被广泛应用于国防、能源、医学、核电等领域。然而，某些特种烧结技术如微波烧结技术由于昂贵的微波设备及高额的设备维护费用制约了这项技术的普及。

3.1.1 特种烧结技术分类

特种烧结技术是指在烧结过程中，除采用常规的温度场、压力场等之外，同时还借助了其他的物理场来提供烧结驱动力，或起到提高物质扩散能力、调控微观组织结构等作用。特种烧结过程普遍具有烧结温度低、持续时间短、致密化程度高，以及烧结完成能够获得优异力学性能（或物理性能）的特征。特种烧结技术主要可以分为电场辅助烧结、磁场辅助烧结、放电等离子烧结、微波烧结等。

1. 电场辅助烧结（electric field assisted sintering，EFAS）

电场辅助烧结，根据所施加的电场强度的大小可以分为电场活化烧结（field activated sintering technique，FAST）和闪烧（flash sintering，FS）。

电场活化烧结时，首先将陶瓷粉体成型为坯体，后置于炉内加热，在加热的同时施加较低强度的电场制备烧结体。电场的存在影响陶瓷材料的烧结过程，在施加较低强度的电场时，电场抑制晶粒的长大，所获得烧结体的晶粒尺寸明显小于传统烧结。

闪烧技术是近几年出现的一种新型电场辅助陶瓷烧结方法。闪烧时，首先将陶瓷粉体通过注浆成型或者压制成型得到陶瓷坯体，置于炉内加热，在坯体上施加较高强度的电场（不同材料数值一般不同），当炉温达到一定阈值时，坯体中的电流将瞬间急剧上升，这时样品发生热能激增且体积急剧收缩，完成致密化过程。

闪烧技术最初的研究对象为离子导体 3YSZ，但经过近几年的快速发展，现在已证实其可以广泛应用于多种陶瓷材料，包括离子导体（如 3YSZ 和 8YSZ 等多种立方、四方氧化锆相）、绝缘体（Al_2O_3）、半导体（$BaTiO_3$、ZnO 和 SiC 等）和类金属性导电陶瓷（Co_2MnO_4 和 ZrB_2）等。

2. *磁场辅助烧结*（magnetic field assisted sintering，MFAS）

磁场辅助烧结时，首先将陶瓷粉体、分散剂和蒸馏水按一定比例在球磨机中混合一段时间，形成泥浆，随后把盛有泥浆的容器放入强磁场中干燥，即可制得定向排列的陶瓷坯体，然后进行烧结形成烧结体。利用强磁场可使坯体中具有各向异性的陶瓷颗粒定向排列，进而在烧结后获得具有特殊织构的陶瓷烧结体。采用该方法不用在烧结时掺杂定向排列的晶种，或不采用烧结锻造等高温变形的方法而获得织构，可有效改善微观结构的非均匀性，以及避免变形产生的空洞和裂纹等缺陷。

3. *放电等离子烧结*（spark plasma sintering，SPS）

放电等离子烧结是将陶瓷粉末装入石墨等材质制成的模具内，利用上、下模具及通电电极将特定烧结电流和压制力施加于粉末，经放电活化、热塑变形和冷却，获取高性能材料的一种新的粉末冶金烧结技术。

放电等离子烧结利用脉冲能、放电脉冲压力和焦耳热产生的瞬时高温场来实现烧结过程。其主要特点是通过瞬时产生的放电等离子体使被烧结体内部每个颗粒均匀地自身发热和使颗粒表面活化，因而具有非常高的热效率，可在相当短的时间内使被烧结体达到致密。

4. *微波烧结*（microwave sintering，MS）

微波烧结是利用在微波电磁场中材料的介电损耗使陶瓷及其复合材料整体加热至烧结温度而实现致密化的快速烧结新技术。微波加热是利用材料本身的介电损耗发热，整个微波装置只有试样处于高温，而其余部分仍处于常温状态，所以整个装置结构紧凑、简单，具有极快的加热和烧结速度，可以容易地获得 2000℃以上的超高温。

由于微波烧结的速度快，时间短，从而避免了烧结过程中陶瓷晶粒的异常长大，最终可获得高强度和高韧性的超细晶粒。

3.1.2 致密化途径及其机理

陶瓷的致密化程度往往对其性能，尤其是力学性能起着至关重要的作用。因此，致密化一直是近年来陶瓷研究领域备受关注的课题。通常采用两种途径来提高特种陶瓷的致密化：①调整生坯组成及结构，如添加烧结助剂、优化原料中颗粒尺寸、完善成型工艺等；②改变烧结工艺，包括对传统烧结工艺的改善以及开发新烧结方法。本章将针对第二种途径对陶瓷的致密化研究进展进行论述。

系统总表面积的减少是陶瓷基体烧结致密化过程的驱动力，其自发地朝自由能较低的方向趋近。这种驱动力，一方面可以由外压或者颗粒间的内应力提供；另一方面，如果在烧结过程中出现液相，其产生的毛细管力促使陶瓷致密化。对于烧结粉体，粉体的粒径越小，比表面积越大，具有的表面能也就越大，烧结过程中表面能降低的趋势也就越大，越有利于烧结。本章将不考虑粉体对烧结过程的影响，着重探讨烧结过程中外部因素的影响。

本章主要介绍陶瓷材料的特种烧结基本理论及其微观结构，主要包括电场辅助烧结、磁场辅助烧结、放电等离子烧结以及微波烧结。

3.2 电场辅助烧结

电场的存在对陶瓷材料的烧结行为有着重要的影响，当所施加的电压较低时，即在电场强度较低时，电场的存在抑制着晶粒长大，对于材料烧结的收缩控制是逐步发生的，这种逐步发生的烧结行为称为场辅助烧结。如图 3-1 所示材料烧结收缩随施加电场强度的变化曲线。随着电场强度的进一步提高，达到一定值时（对于不同的材料，所需要的电场强度值不一样），样品会在短时间内迅速收缩，这种烧结现象就是我们所知道的闪烧，闪烧技术是近几年出现的一种新型电场辅助陶瓷烧结方法。

放电等离子烧结中，粉末在导电圆柱形模具（通常是石墨）压力下，并在模具顶端到底端通入低电压高电流下进行致密化。放电等离子烧结电场的相关性本身就存在争议，对于放电等离子烧结的机理将在随后的章节中单独加以介绍。

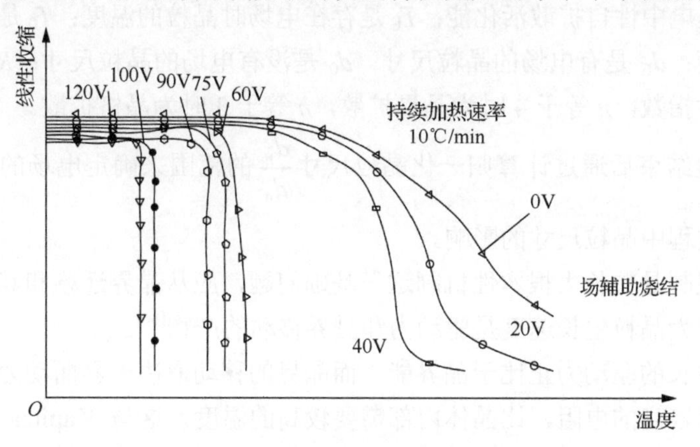

图 3-1 材料烧结收缩随施加电场强度的变化趋势

3.2.1 电场活化烧结

在恒定加热速率下烧结氧化锆陶瓷材料的试验中[85]，当施加较低电场时，烧结曲线向较低温度转移，如图 3-2 所示。烧结完成后样品的晶粒尺寸通过从 SEM 微观图像观察发现，在电场作用下样品烧结的尺寸大约是传统烧结获得晶粒尺寸的 0.55 倍。

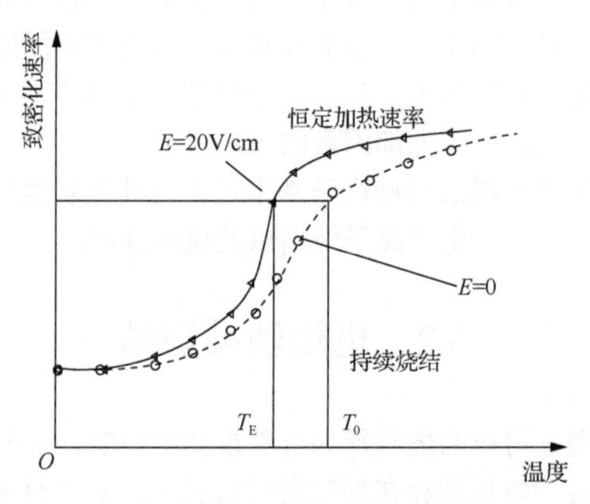

图 3-2　恒定加热速率条件下致密化速率与温度的函数关系[85]

因此电场的存在对陶瓷材料的烧结行为存在着重要的影响，在电场强度较低时，电场的存在抑制着晶粒长大，这种烧结行为称为场辅助烧结。

为定量说明电场的存在对陶瓷材料烧结过程中晶粒尺寸的影响，使用式(3-1)从扩散的角度计算晶粒在电场作用下的归一化尺寸。

$$n\ln\frac{d_E}{d_0}=-\frac{Q}{R}\left(\frac{1}{T_E}-\frac{1}{T_0}\right) \tag{3-1}$$

式中，Q 是电中性自扩散活化能；T_E 是存在电场时晶粒的温度；T_0 是没有电场时晶粒的温度；d_E 是有电场的晶粒尺寸；d_0 是没有电场的晶粒尺寸；R 是常数；n 是晶粒尺寸指数，n 等于 4 时为晶界扩散，n 等于 3 时为晶格扩散。

在试验结束后通过计算归一化晶粒尺寸 $\frac{d_E}{d_0}$ 的范围来确定电场的存在对陶瓷材料烧结过程中晶粒尺寸的影响。

对于限制晶粒长大根本性机制这一基础问题，应从晶界迁移和其驱动力的角度出发，因为晶粒生长速度是驱动力和晶界移动的产物[86]。

晶粒生长的驱动力正比于晶界能，而晶界的移动取决于界面动力学。空间电荷层由于有较高的电阻，比晶体内部需要较高的温度，这与 Kapitza [87]最初研究的高导热电阻相似，被称为热边界电阻。在陶瓷材料烧结过程中存在电边界电阻，在陶瓷晶粒界面的中点处，电边界电阻可以使温度达到最大值，从而界面自由能达到最小值。界面自由能可以用 $\gamma_w = \Delta H_w - T\Delta S_w$ 表示，其中，ΔH_w 为过剩焓变，ΔS_w 是边界过剩熵变。这样的温度分布会使界面自由能局部达到最小值。这个自由能最小值对于边界的移动会增加动能垒，有效地钉扎边界。因为晶粒生长是驱动力和界面动力学的产物，焦耳热势必会加强晶界扩散，但是如果驱动力是减小的，通过焦耳热，在驱动力和扩散作用下，对晶粒生长的作用是减小的，如图 3-3 所示。

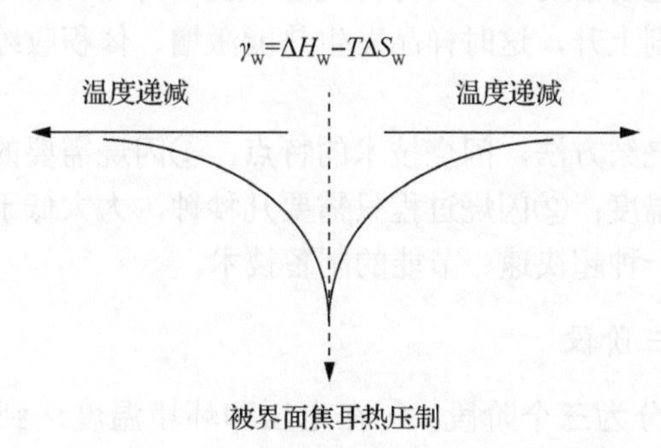

图 3-3 晶界电阻提高晶界局部温度示意图[86]

Ghosh 等[86]研究了弱电场作用对氧化锆陶瓷晶粒长大的影响，该试验使样品在 4V/cm 电场中和无电场作用下，研究电场作用下氧化锆陶瓷晶粒的烧结行为。

如图 3-4 所示为沿中线处距试样边缘不同距离位置的晶粒尺寸，所获得的晶粒尺寸均是均一化的结果，通过对比图中两条曲线可知，在加入电场以后，氧化锆陶瓷晶粒的尺寸得到显著地减小，即在电场强度较低时，电场的存在抑制着晶粒长大，对于氧化锆陶瓷材料烧结的行为存在收缩控制。

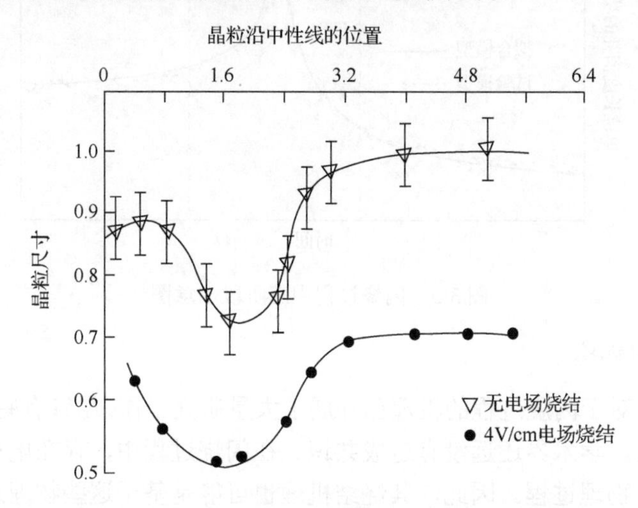

图 3-4 电场对烧结氧化锆陶瓷晶粒尺寸大小的影响

3.2.2 闪烧

电场辅助烧结技术作为一种新型的材料烧结方式，相比于无压烧结，热压烧结和其他一些传统烧结技术，具有以下共同优势：包括烧结温度低、持续时间短，以及材料的性能得到明显提高。Cologna 等[88]于 2010 年发现了电场辅助烧结过程中一种新的变化，并且为其命名为“闪烧”。

闪烧是将陶瓷粉体通过注浆成型或者压制成型得到陶瓷坯体，置于炉内加热，在坯体上施加较高电场强度（不同材料数值一般不同），当炉温达到一个阈值时，坯体中电流瞬间急剧上升，这时样品发生热能激增、体积收缩和强烈的电致发光现象。

相对于传统的烧结方法，闪烧技术的特点：①闪烧需要的炉内温度要远远低于传统材料的烧结温度；②闪烧过程只需要几秒钟，大大低于传统烧结方法几小时的保温时间，是一种超快速、节能的制备技术。

1. 闪烧技术的三阶段

闪烧过程可以分为三个阶段：①在电压和环境温度达到闪烧阈值时，电流缓慢增加，称为“潜伏阶段”；②电流急剧增加，样品因焦耳热发生烧结，电阻率显著降低，这一阶段称为“闪烧阶段”；③闪烧后期阶段，电流达到极限值，电压、电阻率和能量耗散值基本保持稳定。每个阶段的时间长短取决于材料特性和工艺参数。

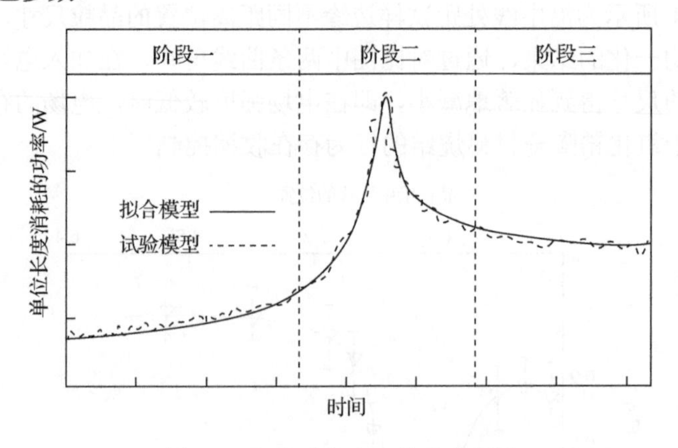

图 3-5　闪烧过程中三阶段示意图

2. 闪烧的机理

研究人员对于闪烧过程的机理已开展了大量研究工作，尽管有些共性的认识，但到目前为止，学术界还远没有达成共识。在闪烧过程中，存在电场、热场及其耦合作用等多物理过程。因此，其烧结机理也可能是基于这些物理过程的综合作用。目前主流的学术观点主要包括晶界处焦耳热效应理论、晶界局部融化效应理论、晶体缺陷形成并扩散效应理论等。

1）晶界处焦耳热效应

最初 Raj 认为颗粒之间相连接的区域焦耳热，即晶界处的焦耳热，是引发样品热能激增、体积收缩和强烈的电致发光现象即闪烧的首要因素[88]。在恒定的电场下，当样品的温度因为焦耳热效应而升高时，其电阻率会进一步下降，电能产生的热效应（V_E^2/R）会随之增加，从而使样品的温度进一步升高，表现为正相关的循环促进，并通过以下方法进行计算。

功率消耗用V_E^2/R表示，V_E为所施加的电压，R是样品的电阻。在一级近似中，总电阻可以表示为晶体母体的电阻R_c和晶界电阻R_{GB}的和。因此，样品消耗的功率可以表示为

$$W=\frac{V_E^2}{R_c+R_{GB}} \tag{3-2}$$

如果R_{GB}远大于R_c，那么功的消耗则主要发生在晶界区域。而晶界区域局部的温度升高又会降低R_{GB}，反过来会更加增加了功率消耗，这就导致了样品的不稳定。同时，晶界处温度的升高会加速晶界迁移，这就是引起超快速烧结的原因。

（1）通过下式来估算晶界处的温度。

$$\dot{\rho}=\frac{Kf(\rho)}{Td^4}\mathrm{e}^{\frac{-Q_B}{RT}} \tag{3-3}$$

式中，K是材料常数；Q_B是晶界处自扩散的活化能；$f(\rho)$是致密化式；T是开氏温度；d是晶粒大小。设$\dot{\rho}_o$为0电场下在温度T_0下的致密化速率，$\dot{\rho}_E$为施加电场E时的致密化速率，这两个致密化速率均在相同的密度下测量，那么可以由式（3-3）得到

$$\ln\left(\frac{\dot{\rho}_E}{\dot{\rho}_o}\right)=\frac{Q_B}{R}\left(\frac{1}{T_E}-\frac{1}{T_0}\right) \tag{3-4}$$

式中，若已知材料自扩散的活化能，就可以通过式（3-4）计算出晶界处的有效温度T_E。通过这一方法得到的晶界区域的温度也可以发现 FAST 区间和闪烧的不同，在 FAST 区间T_E和T_0的差别并不明显，而在闪烧区间，两者之间的差距开始明显地扩大，甚至可以超过700K。

（2）通过功率消耗和黑体辐射公式估算焦耳热。

假设样品为一个统一体，其加热是均匀的，温度变化可以通过黑体辐射与施加电场的功率耗散的关系得到，即

$$\frac{\Delta T}{T_0}=\frac{Q_W}{4K\cdot K_\sigma T_0^4} \tag{3-5}$$

式中，ΔT是由于功率消耗的能量Q_W引起的温度升高；A是样品总的表面积；黑

体辐射常数 $K_\sigma = 5.67\times10^{-8}\,\mathrm{W/(m^2\cdot K^4)}$；炉温为 T_0。通过这一方法得到的样品温度，并不会超过 10K，远小于晶界处提高的温度。

2）晶界局部融化效应

通过陶瓷经过闪烧致密化微观结构的一些报道，我们可以从液相的残留以及曲率边界中发现晶体的生长，这是烧结过程中存在液相的特征。一些研究还报道了在闪烧过程中局部液相的形成和非均匀相的显微结构。

Chaim[89]将晶界处焦耳热效应扩展到晶界局部融化的机理，将晶界的局部熔化包括在内，认为局部融化效应会引发瞬时液相烧结机制从而进一步促进烧结。

如果颗粒接触点的实际局部温度超过固体颗粒在接触点的熔点，由于焦耳加热，可能会发生一些重要的过程。首先，由于熔体和固体颗粒的成分相近，因此熔体在接触点充分润湿了固体颗粒，进而导致固-液界面能降低。与该种液体层相关的毛细管力取决于固体颗粒的大小，这种毛细管力吸引相邻的粒子，并导致它们的局部重排和压实。然而这种观点因为没有考虑到热扩散问题饱受争议。

3）晶体缺陷形成并扩散效应

有学者认为：单一的焦耳热效应不能对闪烧机理进行全面透彻的解释，应该存在其他机制，提出了在电场作用下晶体缺陷形成并扩散的机制[90,91]。

材料导电性有两个组成部分：离子和电子。离子组分是由阳离子和阴离子空位的运动产生的，电子组分是由自由电子通过能带隙的激发和杂质的电离产生的。阳离子捕获电子，这种捕获是晶粒反应自由能的强大作用（$\mathrm{M}^{n+}\rightarrow\mathrm{M}^{(n-1)+}\rightarrow\mathrm{M}^{0}$）。从电荷平衡的考虑，这种电子俘获产生了 M^0 缺陷和阴离子空位。中性 M^0 缺陷（金属原子）被踢入间隙位点，这样在电场的作用下就产生了阴离子空位和阳离子空位以及中性 M^0 缺陷。

这些缺陷与位错和晶界的弹性场和电子场相互作用，这种缺陷偏析增强了位错的迁移率，增加了位错和晶界的扩散，同时位错和晶界的扩散均产生了引人关注的机械性能变化和快速烧结现象。

在低电场下，由于快速的缺陷扩散主要局限于晶界，因此晶粒的生长非常有限或没有增长。在中高场中，缺陷和杂质在位错和晶界处浓度的增加产生焦耳热。更高的电流导致更高的温度进而产生更多的激发性自由电子，引发崩塌效应。在较高的电场中，离子和电子传导会导致崩塌效应，晶界有选择地加热到熔化，从而导致闪烧的发生。

晶粒生长速率可以表示为[92]

$$\dot{d} = \nu f\lambda\exp\left(-\frac{\Delta G'}{kT}\right)\left[1-\exp\left(-\frac{\Delta G}{kT}\right)\right] \tag{3-6}$$

式中，ν 为德拜频率；f 是晶粒可生长的位置；λ 为跳跃距离；$\Delta G'$ 为跳跃过程的活化能；ΔG 为跳跃过程中的自由能增益。

晶界处的缺陷偏析引起反向空位跳跃，从而减慢晶粒生长速度。晶界融化后，晶粒自由能与晶粒生长速率趋于零。在较低温度下高迁移率会使晶粒内部的位错重新排列并形成晶界，进而导致晶粒尺寸减小。

Schmerbauch 等[93]比较了闪烧和传统烧结所得致密 3YSZ 陶瓷块体晶粒生长情况。研究发现：在 950℃的炉内温度、150V/cm 的电场强度和 0.5A 限制电流的条件下保温 30s 可以获得全致密的 3YSZ 陶瓷，其晶粒尺寸小于 120nm（原粉粒径为 60nm）。而传统烧结（1350℃保温 60min）可获得全致密样品的晶粒尺寸为 258nm，远大于闪烧样品。两者的微观组织对比如图 3-6 所示，闪烧获得细晶陶瓷是由于烧结过程中焦耳热变化所致。

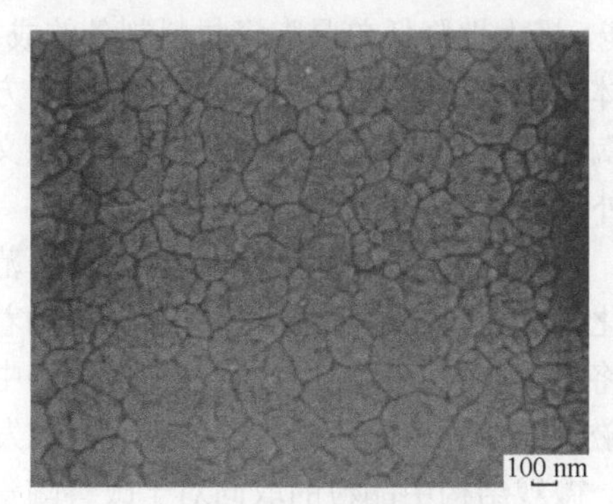

（a）在1350℃下传统烧结60min

（b）在950℃炉内温度，0.5A电流下保温30s闪烧

图 3-6 传统烧结与闪烧制得的全致密 3YSZ 微观组织对比[93]

3. 闪烧技术的工业应用

闪烧技术已受到陶瓷工业界的广泛关注，英国国防科技实验室甚至已经启动了闪烧制备高性能防护陶瓷装甲的课题研究，试图将此技术在制造成本、防弹性能和材料通用性等方面的优势应用于装甲制造业中[94]。但到目前为止，世界上仅有英国 Lucideon 集团声称具有小批量闪烧生产陶瓷块体的能力。Lucideon 集团自 2011 年就开始研发大尺寸样品工业闪烧系统，目标是通过可更换电极将样品上下固定在长达 25m 的辊轴上完成大尺寸样品的闪烧。这条系统于 2013 年完成组装，目前可以实现 15cm×15cm 的白陶制品的生产。在中国，相关研究也才刚刚起步，主要的研究机构有中国工程物理研究院、武汉理工大学、西北工业大学和西南交通大学等。

4. 闪烧技术的展望

从第一篇关于闪烧技术的文献发表到现在的 10 多年中，闪烧技术由于其超快速、节能且利于制备细晶陶瓷等特性吸引了众多科研机构的关注并得到快速发展，但是在闪烧技术机理研究方面的成果依然比较匮乏，学术界虽然提出了晶界处焦耳热效应理论、晶界局部融化效应理论、晶体缺陷形成并扩散效应理论等诸多假设，但远没有达成共识，尤其在高温、大电场条件下陶瓷材料的详细导电机理几乎没有进一步的探索，依然有大量的工作要做。

3.3　磁场辅助烧结

陶瓷材料的微观结构决定了其性能的优劣，大多数陶瓷材料是由多个取向随机排列的晶粒组成，展现出各向同性的特征。如果将这些晶粒沿着某一特定方向进行排列，就可以获得类似于单晶的性能，极大地降低单晶陶瓷材料制备的成本。这种多个晶粒的定向排列使陶瓷材料整体呈现出各向异性的性能，且在某一方向上能够获得更加优异的性能，这对扩展陶瓷材料进一步的应用有着重要的意义。因此，制备织构化的陶瓷材料成了国内外陶瓷学者研究的热点。

近年来，随着低温超导技术的发展，超导强磁体已经实现商业化，应用范围也不断地在扩展，逐渐渗透到物理学、化学、材料学和生物学等领域，推动着这些领域的发展。强磁场可以无接触式地将能量传输到材料中，且能够对磁场中的材料产生力的作用。已有研究表明，强磁场能使具有磁各向异性的陶瓷晶粒发生取向排列，从而得到织构化的陶瓷材料，微观结构中晶粒的取向对于改善陶瓷材料的性能有着重要意义。

利用强磁场取向技术制备织构化陶瓷材料包括两个基本过程:一是在强磁场下通过胶态成型方法制备出晶粒取向的素坯样品；二是需要将在强磁场下制备的晶粒取向的素坯样品，于磁场外经过烧结最终获得织构化的陶瓷材料。

强磁场诱导陶瓷材料织构化时，强磁场产生的磁力矩会使陶瓷晶粒形成一定的取向，而晶粒的取向行为受各个晶轴磁化率大小的影响，以往有关强磁场下素坯中晶粒取向方面的理论研究，大多数只考虑单晶粒行为，虽建有模型，但仅为定性，与实际的群体晶粒行为偏差很大，后提出群体晶粒模型，由于未考虑晶粒间相互作用，但仍与实际有较大偏差。在多晶粒系统中，晶粒间的相互作用会对晶粒的旋转取向过程产生复杂的影响，后来有学者对多晶粒发生磁取向的旋转扩散模型进行了优化，使其进一步接近实际情况。

3.3.1　旋转扩散模型

强磁场下晶粒取向受多种因素的影响，比如来自液体介质的热扰动、黏滞阻力及晶粒间相互作用等。在单晶粒力学模型的基础上，2009 年，Yamaguchi 等[95]使用旋转扩散模型分析了多晶粒发生磁取向的过程，考虑了来自液态介质热扰动对晶粒取向的影响，而未考虑晶粒间相互作用。

首先建立晶粒旋转取向的极坐标，如图 3-7 所示，晶粒用椭球形表示，沿着各个晶轴的磁化率关系为 $c_1 = c_2 \neq c_3$，各向异性磁化率为 $\Delta c = c_3 - c_1$，c_3 为磁化主轴，磁场方向垂直向上。体系中晶粒的旋转过程通过旋转通量 J_{R} 来表达，旋转通量由旋转扩散通量 $J_{\mathrm{R}}^{\mathrm{diff}}$ 和旋转漂移通量 $J_{\mathrm{R}}^{\mathrm{drift}}$ 组成，前一项是由浓度旋转梯度 RC 引起，后一项是由外加磁力矩引起，具体如下：

$$J_{\mathrm{R}} = J_{\mathrm{R}}^{\mathrm{diff}} + J_{\mathrm{R}}^{\mathrm{drift}} = -D_{\mathrm{R}} RC + \mu_{\mathrm{R}} CN \tag{3-7}$$

式中，D_{R} 是旋转扩散系数；μ_{R} 是旋转迁移率；C 是指多晶粒体系的浓度；R 是旋转系数；N 是指晶粒受到的力矩。通过分析得到，旋转扩散系数与旋转迁移率满足 Einstein 关系式，即

$$D_{\mathrm{R}} = k_{\mathrm{B}} T \mu_{\mathrm{R}} \tag{3-8}$$

式中，k_{B} 是玻尔兹曼常数；T 是绝对温度。当外加均匀的磁场 B 时，作用于晶粒的磁转矩为

$$N = w(-\beta \sin 2\theta) \tag{3-9}$$

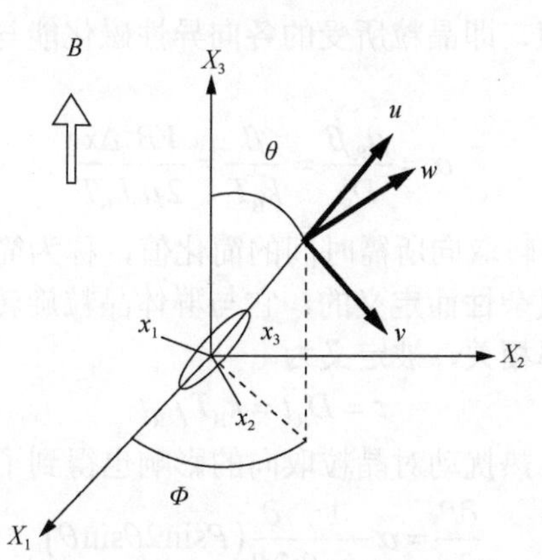

图 3-7　晶粒旋转取向的极坐标

通过引入浓度分布函数 P 代替浓度 C（$P=C/N_0$），N_0 为所包含的晶粒数量，得到了旋转通量表达式为

$$J_{\mathrm{R}} = wN_0\left(-D_{\mathrm{R}}\frac{\alpha P}{\alpha\theta} - \beta\mu_{\mathrm{R}} P\sin 2\theta\right) \tag{3-10}$$

进一步通过分析得到分布函数 P 随时间的变化关系：

$$\frac{\partial P}{\partial t} = D_{\mathrm{R}}\frac{1}{\sin\theta}\frac{\partial}{\partial\theta}\left(\sin\theta\frac{\partial P}{\partial\theta}\right) + \mu_{\mathrm{R}}\beta\frac{1}{\sin\theta}\frac{\partial}{\partial\theta}(P\sin 2\theta\sin\theta) \tag{3-11}$$

通过分析得到有序参数表达式为

$$m = \int_0^{2\pi} \mathrm{d}\Phi \int_0^{\frac{\pi}{2}} \frac{1}{2}\left(3\cos^2\theta - 1\right) P\sin\theta \mathrm{d}\theta \tag{3-12}$$

如果晶粒随机排列，有序参数 m=0；如果晶粒主轴平行于磁场方向排列，m=1；如果晶粒在垂直于磁场方向形成平面排列，则 m=−0.5。

在平衡状态条件下，旋转通量式可以表达为

$$\frac{\mathrm{d}P}{\mathrm{d}\theta}+\alpha P\sin 2\theta=0 \tag{3-13}$$

得到平衡条件下的有序参数：

$$m_{\mathrm{eq}}=\frac{3}{4\alpha}\left(\frac{\mathrm{e}^{\alpha}}{I}-1\right)-\frac{1}{2} \tag{3-14}$$

其中，

$$I=\int_0^1 \mathrm{e}^{\alpha x^2}\mathrm{d}x \tag{3-15}$$

进一步得

$$\frac{\partial P}{\partial \tau}=\frac{1}{\sin\theta}\frac{\partial}{\partial\theta}\left(\sin\theta\frac{\partial P}{\partial\theta}\right)+\alpha\frac{1}{\sin\theta}\frac{\partial}{\partial\theta}\left(P\sin 2\theta\sin\theta\right) \tag{3-16}$$

式中，α 为磁场参数值，即晶粒所受的各向异性磁化能与其热力学能的比值，其表达式为

$$\alpha=\frac{\mu_{\mathrm{R}}\beta}{D_{\mathrm{R}}}=\frac{\beta}{k_{\mathrm{B}}T}=\frac{VB^2\Delta x}{2\mu_0 k_{\mathrm{B}}T} \tag{3-17}$$

式中，τ 为群体晶粒旋转取向所需时间的简化值，称为简化时间，是为了便于简化公式及分析过程的复杂性而定义的，它与群体晶粒旋转取向的有效时间、系统的热力学参数和迁移率相关，被定义为

$$\tau=D_{\mathrm{R}}t=k_{\mathrm{B}}T\mu_{\mathrm{R}}t \tag{3-18}$$

对于无扩散系统，热扰动对晶粒取向的影响也得到了分析，得到如下公式：

$$\frac{\partial P}{\partial \tau}=\alpha\frac{1}{\sin\theta}\frac{\partial}{\partial\theta}\left(P\sin 2\theta\sin\theta\right) \tag{3-19}$$

得到有序参数 m 的表达式为

$$\begin{aligned}
m&=\frac{3}{2}-\frac{\mathrm{e}^{4\alpha\tau}}{\mathrm{e}^{4\alpha\tau}-1}\left(1-\frac{1}{\sqrt{\mathrm{e}^{4\alpha\tau}-1}}\tan^{-1}\sqrt{\mathrm{e}^{4\alpha\tau}-1}\right)-\frac{1}{2},\quad \alpha>0\\
m&=\frac{3}{2}-\frac{\mathrm{e}^{4\alpha\tau}}{\mathrm{e}^{4\alpha\tau}-1}\left(1-\frac{1}{\sqrt{1-\mathrm{e}^{4\alpha\tau}}}\tan^{-1}\sqrt{1-\mathrm{e}^{4\alpha\tau}}\right)-\frac{1}{2},\quad \alpha<0
\end{aligned} \tag{3-20}$$

可知，在简化时间 τ 趋于无穷大时，在 $\alpha>0$ 时，有序参数 $m=1$；在 $\alpha<0$ 时，有序参数 $m=-0.5$。说明无扩散系统不受热扰动的影响。通过将无扩散系统的旋转模型与单晶粒力学模型进行对比分析，得出 μ_{R} 与黏滞阻力 L 的关系如下：

$$\mu_{\mathrm{R}}=\frac{1}{L} \tag{3-21}$$

存在扩散的系统中，热扰动对晶粒的磁取向有着明显影响，无扩散系统中，热扰动对晶粒的磁取向没有影响。总之，此旋转模型与实际情况还是相差甚远，

在实际试验过程中，浆料体系是由多晶粒组成，晶粒在旋转取向过程中会受到邻近晶粒间作用力的影响，比如晶粒间碰撞及晶粒间磁性相互作用力等。

而此模型的分析过程中并未考虑由多晶粒系统引起的晶粒间相互作用力的影响。

3.3.2 旋转扩散模型的优化

在实际的生产或试验过程中，浆料体系中分布着多个晶粒，晶粒在旋转取向过程中会引起晶粒间距离发生变化，当晶粒间距离变得异常小时，晶粒间相互作用力对晶粒旋转取向的影响就需要考虑。在强磁场下多晶粒体系的旋转取向中，晶粒间的作用力主要表现在三个方面：晶粒间的直接碰撞作用、晶粒通过流体产生的非接触性的间接作用和磁化后晶粒间磁极相互作用。

在多晶粒系统中，晶粒间的相互作用会对晶粒的旋转取向过程产生复杂的影响。因此，杨治刚[96]对前人所做的晶粒取向的旋转扩散模型进行优化，使其进一步接近实际情况。在多晶粒组成的液固两相流系统中[97,98]，假设分散的固体相是具有相同尺寸和相同密度的球形晶粒，流体相和固体相均为不可压缩相。在分析过程中，晶粒间相互作用对晶粒的影响等效于通过影响其周围液相介质即流体的性质来体现，从而对晶粒的运动过程产生影响。晶粒间直接碰撞和间接作用会通过力的作用传递而影响液相性质，从而对晶粒的运动产生阻力影响。第一种情况引入两相混合物的等效动力黏度η_{eff}，试验中采用的浆料体系的固相质量分数为30%，用下面公式进行修正。

$$\eta_{\mathrm{eff}}=\eta-\exp\left(\frac{2-5\alpha_{\mathrm{p}}}{1-S\alpha_{\mathrm{p}}}\right)\tag{3-22}$$

式中，η为动力学黏度；α_{p}是晶粒相浓度；S为纯系数，$1.35<S<1.95$。

对于第二种情况，引入了黏滞阻力修正因子f。因此，通过等效动力黏度η_{eff}和黏滞阻力修正因子f，得到晶粒在液相介质中的黏滞阻力表达式为[99]

$$L_{\mathrm{f}}=8\pi\eta_{\mathrm{eff}}r^{3}f\tag{3-23}$$

又有

$$C_{\mathrm{b}}=\left(1-\varPhi\right)^{-\beta}\tag{3-24}$$

$$\beta=3.7-0.65\exp\left\{-\frac{1}{2}\left[1.5-\ln\left(Re_{\mathrm{p}}\right)\right]^{2}\right\}\tag{3-25}$$

式中，Re_{p}为雷诺数；$\varPhi$是晶粒局部浓度；由于$\varPhi>0$，$\beta>0$，所以总有$C_{\mathrm{b}}>1$。因此，黏滞力公式可进一步为

$$L_{\mathrm{f}}=8\pi\eta_{\mathrm{eff}}r^{3}C_{\mathrm{b}}\tag{3-26}$$

由于 Yamaguchi 等[95]在旋转扩散模型中未考虑晶粒间相互作用的影响，因此，这里对此旋转扩散模型进行修正。根据分析中建立的旋转迁移率与单晶粒取向模型中黏滞阻力的关系，将修正后的黏滞阻力 L_f 代入可得修正后的迁移率表达式为

$$\mu_R^* = \frac{1}{L_f} = \frac{1}{8\pi\eta_{eff} r^3 C_b} \tag{3-27}$$

因此，可以得到此系统中晶粒旋转通量的表达式为

$$J_R = J_R^{diff} + J_R^{drift} = -D_R^* RC + \mu_R^* CN \tag{3-28}$$

由式（3-22）和式（3-24）可得，修正后的动力黏度系数大于表观黏度系数，阻力修正因子 C_b 也大于 1，因此，修正后的晶粒旋转扩散系数和修正后的晶粒旋转迁移率均变小。说明由晶粒间相互作用引起的阻力抑制了液相中晶粒的扩散，导致其旋转扩散系数和迁移率降低。晶粒取向与时间的关系表达式仍然为

$$\frac{\partial P}{\partial \tau} = \frac{1}{\sin\theta}\frac{\partial}{\partial\theta}\left(\sin\theta\frac{\partial P}{\partial\theta}\right) + \alpha\frac{1}{\sin\theta}\frac{\partial}{\partial\theta}(P\sin 2\theta\sin\theta) \tag{3-29}$$

式中，α 为磁场参数值，即晶粒所受的各向异性磁化能与其热力学能的比值，其表达式为

$$\alpha = \frac{\mu_R^*\beta}{D_R^*} = \frac{\beta}{k_B T} = \frac{VB^2\Delta X}{2\mu_0 k_B T} \tag{3-30}$$

式中，τ 是晶粒取向所需时间的简化值，称为简化时间，是为了便于简化公式及降低分析过程的复杂性而定义的值，它与群体晶粒旋转取向所需时间、系统的热力学参数和迁移率相关。简化时间与晶粒取向所需的时间成正比，其定义为

$$\tau = D_R^* t = k_B T \mu_R^* t \tag{3-31}$$

晶粒取向所需的时间 t 表达式为

$$t = \tau / D_R^* \tag{3-32}$$

从式（3-32）可以得出晶粒旋转扩散系数或迁移率越小，晶粒取向所需的时间就越大。因此，晶粒间存在的相互作用会导致晶粒取向所需的时间增加。

晶粒旋转取向获得的有序参数 m 表达式为

$$m = \int_0^{2\pi} d\Phi \int_0^{\pi/2} \frac{1}{2}\left(3\cos^2\theta - 1\right) P\sin\theta d\theta \tag{3-33}$$

式中，有序参数 m 是指模型中群体晶粒达到饱和取向时的织构度大小。当有序参数 m=−0.5 时，群体晶粒完全形成双轴取向；当有序参数 m=1 时，群体晶粒完全形成单轴取向；当有序参数 m=0 时，群体晶粒随机取向。

Suzuki 等[99]通过强磁场诱导进行了氮化铝陶瓷织构化的尝试性研究，在不考虑加入添加剂的情况下，制备了含有 40%体积分数的乙醇浆料固体，固体由不含

添加剂的 AlN 组成，然后使用再分散技术使颗粒在浆液中进行分散处理，随后经过超声处理 10min 并搅拌超过 8h，再进行排气真空经过滑移铸造固结，浆液在滑移铸造过程中加入 10T 强磁场，经干燥即可制得定向排列的氮化铝坯体。图 3-8 显示了样品在氮气气氛中，2173K 温度下烧结 2h 的微观结构。在加入强磁场的情况下，烧结完成的样品的微观结构更加均匀。

（a）无强磁场

（b）有强磁场

图 3-8 强磁场对氮化铝陶瓷烧结体微观组织的影响[99]

Suzuki 等[100]在 2016 年通过强磁场诱导进行了陶瓷织构化的研究，将 α-Al_2O_3 粉体、分散剂和蒸馏水按一定的比例混合，形成氧化铝泥浆，将悬浮液与磁力搅拌器混合，并进行超声波处理 10min 打破聚合物，然后通过滑移铸造或电泳沉积来固结悬浮液，并在悬浮液固结的过程中施加 0～10T 的强磁场，经干燥即可制得定向排列的氧化铝坯体。将悬浮液垂直于磁场方向、平行于磁场方向以及在磁场之外固结，并在 1873K 温度下烧结所获得样品表面典型电子背散射衍射(electron backscatter diffraction，EBSD)图如图 3-9 所示。

图 3-9（c）显示了在没有施加强磁场固结的晶粒有随机取向的晶粒结构，相比而言，在施加强磁场后形成的样品晶粒形成特定取向的织构并且（001）面垂直于磁场方向。

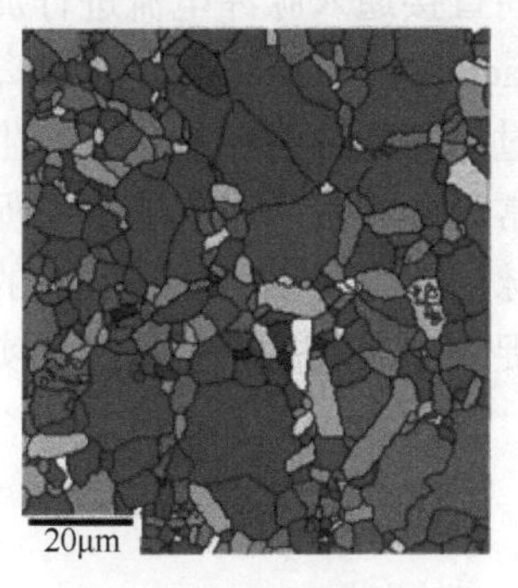

（a）表面垂直于磁场方向

（b）表面平行于磁场方向

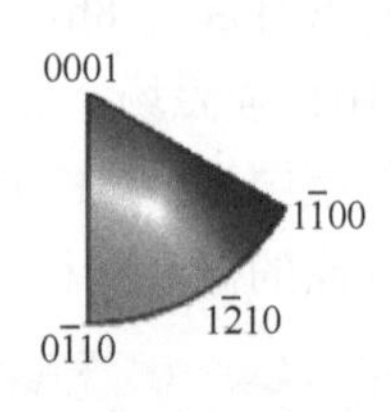

（c）未施加强磁场

图 3-9 强磁场对陶瓷材料晶粒取向的影响[100]

3.3.3 强磁场诱导技术

目前，世界上有关陶瓷材料的新织构化技术研究报道有强磁场诱导技术及电场诱导技术，但均处于刚刚起步的阶段。2002 年左右，美国、日本等发达国家开始了利用强磁场开发高定向排列碳化硅、氮化硅、氧化钛、氧化锌、氧化铝等的研究。到目前为止，有关这方面的研究在国外只有少数报道，还处于起步阶段。利用强磁场制作的定向排列陶瓷由于不必进行热压或掺杂晶种，在气孔和裂纹及微观结构的非均匀性方面有望得到有效的改善。

3.4 放电等离子体烧结

随着高新技术产业的发展，新型材料特别是新型功能材料的种类和需求量不断增加，材料新的功能呼唤新的制备技术。放电等离子烧结是制备功能材料的一种全新技术，它具有升温速度快、烧结时间短、组织结构可控、节能环保等鲜明特点，可用来制备金属材料、陶瓷材料、复合材料，也可用来制备纳米块体材料、非晶块体材料、梯度材料等。

放电等离子烧结技术是在粉末颗粒间直接通入脉冲电流进行加热烧结，因此有时也被称为等离子活化烧结（plasma activated sintering）或等离子体辅助烧结(plasma assisted sintering)。该技术是通过将特殊电源控制装置发生的通断直流脉冲电压加到粉体试料上，除了能利用通常放电加工所引起的烧结促进作用（放电冲击压力和焦耳加热）外，还有效利用脉冲放电初期粉体间产生的火花放电现象(瞬间产生高温等离子体)所引起的烧结促进作用通过瞬时高温场实现致密化的快速烧结技术。

3.4.1 放电等离子烧结优点

放电等离子烧结由于强脉冲电流加在粉末颗粒间，因此可产生诸多有利于快速烧结的效应。其相比常规烧结技术有以下优点。

（1）烧结速度快。

（2）改进陶瓷显微结构和提高材料的性能。

放电等离子烧结技术融合等离子活化、热压、电阻加热为一体，升温速度快、烧结时间短、烧结温度低、晶粒均匀、有利于控制烧结体的细微结构、获得材料的致密度高，并且有着操作简单、再现性高、安全可靠、节省空间、节省能源及成本低等优点。

3.4.2　放电等离子烧结等效电路

放电等离子烧结是一种电流和压力控制的过程，粉末在由电流加热的石墨模具中被致密化。施加的压力可能是巨大的，高达 1000MPa。电流可以达到几千安培。在石墨模具上施加的电压，默认情况下也作用在试件上，可达到 10V 左右，这使整个过程中消耗的总电能达到几千瓦。放电等离子烧结初期运用在金属中，样品被认为是导电的或者比石墨模具更具有导电性。然而，放电等离子烧结不仅可以用在金属中，而且也可以用在陶瓷材料中[101]，SPS 烧结技术广泛应用于各种氧化物、氮化物、硅化物等陶瓷材料的制备。然而，陶瓷的 SPS 与金属 SPS 的本质不同，原因很简单，陶瓷的绝缘性要高得多，而金属比石墨导电性好。SPS 的等效电路图如图 3-10 所示[102]，其中 U_S 代表样品上的电压。

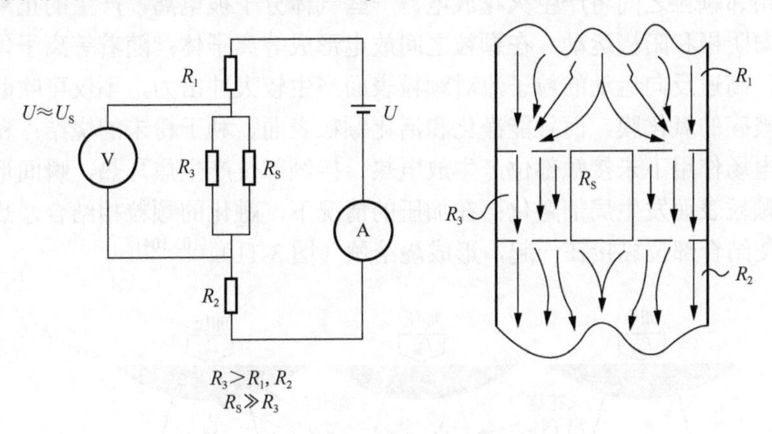

图 3-10　SPS 工艺的等效电路图

电路的电阻可以分为 R_1、R_2、R_3 和 R_S 四个部分，R_1 和 R_2 是样品上下的石墨柱电阻。在热压体制下，石墨电阻 R_3 和样品电阻 R_S 是平行的。电路中的总电阻表达如下：

$$R = R_1 + R_2 + \frac{R_3 R_S}{R_3 + R_S} \tag{3-34}$$

当样品材质是陶瓷的时候，可以这样推测：

$$R_S \gg R_3; (R_1 + R_2) \ll R_3 \tag{3-35}$$

因此

$$R \approx R_3 \tag{3-36}$$

则当流过整个电路的电流为 I 时，通过样品的电压可以表示为

$$V_E = R_3 \cdot I \tag{3-37}$$

通过样品的电场用 V_E/h 表示，单位是 V/cm，其中 h 是样品的高度。对于厚度较薄的样品，在 h=1mm 时，当施加 1～10V 的电压时，穿过样品的电场为 10～100V。

3.4.3 放电等离子烧结机理

尽管已经利用放电等离子烧结制备出多种体系材料，但是目前关于放电等离子烧结机理目前还没有达成较为统一的认识，甚至存在争议，其烧结的中间过程还有待进一步研究，现主要有以下观点。

1. 颗粒间放电形成等离子体

放电等离子烧结的一般过程：脉冲电流由压头流入，流出的电流分成几个流向；经过石墨模具的电流产生大量的焦耳热，用于加热粉料；经过烧结体的电流，由于烧结初期颗粒之间存在间隙，颗粒间隙存在电场诱导的正负极，在脉冲电流作用下相邻颗粒之间将产生火花放电，一些气体分子被电离，产生的正离子和电子分别向阴极和阳极运动，在颗粒之间放电形成等离子体；随着等离子体密度不断增大，高速反向运动的粒子流对颗粒表面产生较大冲击力，不仅可吹散吸附的气体或破碎的氧化膜，而且能净化和活化颗粒表面、利于粉末的烧结；粉末颗粒在脉冲电场作用下未接触部位产生放电热，接触部位产生焦耳热，瞬间形成的高温场使颗粒表面发生局部融化；在加压的情况下，融化的颗粒相结合，热量的局部扩散使结合部位黏接在一起，形成烧结颈（图 3-11）[103,104]。

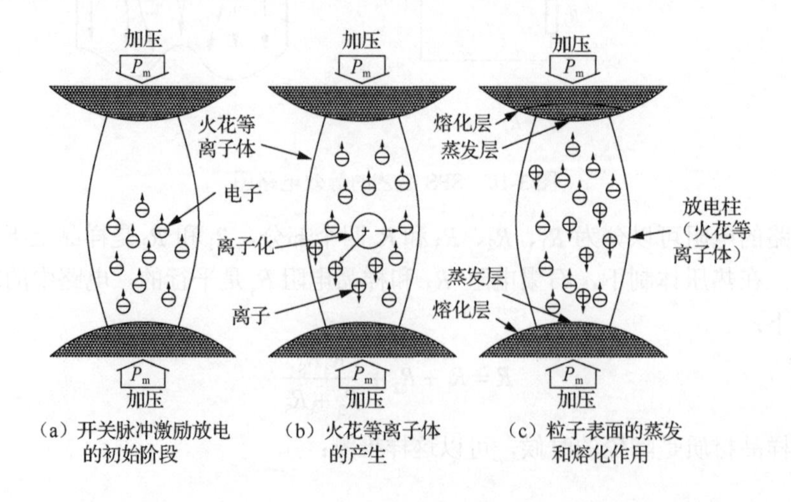

（a）开关脉冲激励放电的初始阶段　（b）火花等离子体的产生　（c）粒子表面的蒸发和熔化作用

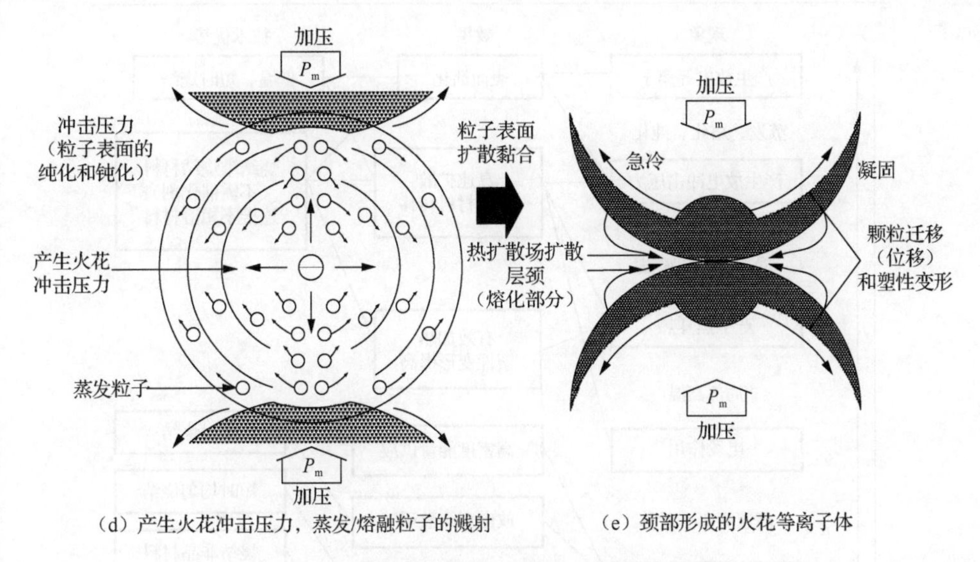

（d）产生火花冲击压力，蒸发/熔融粒子的溅射　　（e）颈部形成的火花等离子体

图 3-11　放电等离子体烧结颈形成机制示意图

传统的热压烧结主要是由通电产生的焦耳热（I^2R）和加压造成的塑性变形这两个因素来促使烧结过程的进行，而放电等离子烧结过程除了上述作用外在压实颗粒样品上施加了由特殊电源产生的直流脉冲电压，并有效地利用了在粉体颗粒间放电所产生的自发热作用。在压实颗粒样品上施加脉冲电压产生了比通常热压烧结更有利于烧结的各种现象，如图 3-12 所示。通过通-断脉冲电源可以产生放电等离子体、焦耳热、放电冲击压和电场辅助扩散效应等[105]。

首先，由于脉冲放电产生的放电冲击波以及电子、离子在电场中反方向的高速流动，可使粉末吸附的气体逸散，粉末表面的起始氧化膜在一定程度上被击穿，使粉末得以净化、活化。其次，由于脉冲是瞬间、断续、高频率发生，在粉末颗粒未接触部位产生的放电热，以及粉末颗粒接触部位产生的焦耳热，都大大促进了粉末颗粒原子的扩散，其扩散系数比通常热压条件下要大得多，从而达到粉末烧结的快速化。然后，快速脉冲的加入，使粉末内的放电部位及焦耳发热部件都会快速移动，这使粉末的烧结能够均匀化。

但是这种颗粒间放电形成等离子体的观点难以对非导电粉体的烧结行为进行解释，因为在非导电粉体中不会有电流通过。Wang 等[106]分别对导电 Cu 粉和非导电 Al_2O_3 粉进行 SPS 烧结研究，认为导电材料和非导电材料存在不同的烧结机理，导电粉体中存在焦耳热效应和脉冲放电效应，而非导电粉体的烧结主要源于模具的热传导。

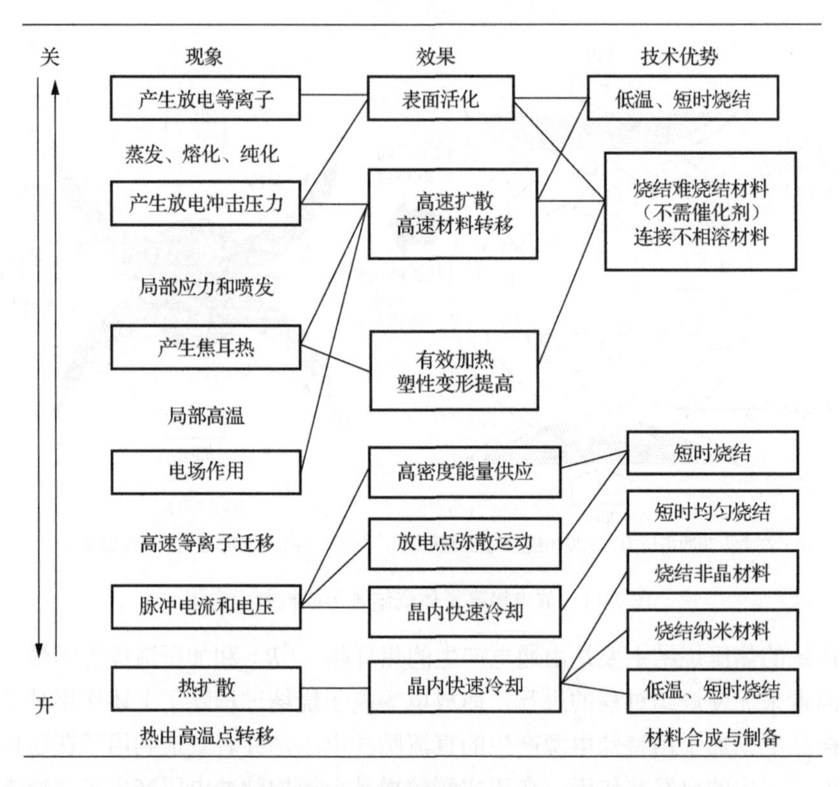

图 3-12　施加直流脉冲电流的现象、效果与技术优势的关联

2. 导电粉体中的焦耳热效应和脉冲放电效应

对导电 Cu 粉进行放电等离子烧结研究，图 3-13 显示了在有或没有应用脉冲电流的情况下，用 420A 直流加热的铜粉压实物的温度随加热时间的变化曲线[106]。施加的机械压力为 12.6MPa。在加热的初始阶段，当施加了 30s 的脉冲电流时，

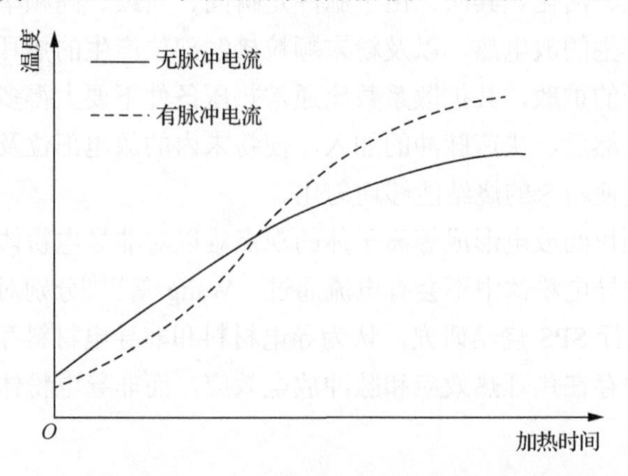

图 3-13　铜粉压实物分别在 P00+D420 和 P30+D420 条件下烧结的温度和加热时间曲线

获得的铜粉压实物的温度比不施加脉冲电流时候的温度要低。但这种情况随后发生了逆转。加入脉冲电流以后似乎有利于铜粉压实物随后的加热过程。脉冲电流对铜粉压实物的作用可分为焦耳热效应和脉冲放电效应。这是由于脉冲放电改变了铜颗粒的表面状态，如果铜颗粒的表面在脉冲放电的作用下变粗糙，铜粉压实物的电阻可能会增加，在随后的加热过程中会产生更多的焦耳热，脉冲放电对铜粒子表面状态变化的影响需要进一步的研究。

3. 非导电粉体模具的热传导

有关学者随后对非导电 Al_2O_3 粉体进行 SPS 烧结研究[107]，对于理论相对密度为 98.7%的样品（加压保持时间 10min），从微观组织上面可以看出，样品的边缘部分被发现是完全致密而内部不是，也就是说在样品的横截面内部有更多的气孔。随着保持时间增加到 30min，样品的理论相对密度达到了 99.4%，具有更加致密化的微观结构。微观结构的不均匀性可能意味着样品边缘和内部存在差异致密化。Tomino 等[108]的研究表明 Al_2O_3 粉是在石墨模具和冲头的热传导下进行烧结的。为了进一步证实致密化差异和温度梯度的关系，采用了几种不同厚度的 Al_2O_3 样品进行 SPS 烧结试验。图 3-14 显示了样品尺寸对 Al_2O_3 陶瓷致密化程度的影响。Al_2O_3 粉初始晶粒尺寸是 3.46μm，在 200℃/min-1550℃×10min-20MPa 条件下烧结。结果可以看出厚度越小的样品，致密化程度越高。因此，在同一烧结条件下，随着样品厚度的增加，样品未致密化的将增大，从而降低了 Al_2O_3 陶瓷的致密化程度。

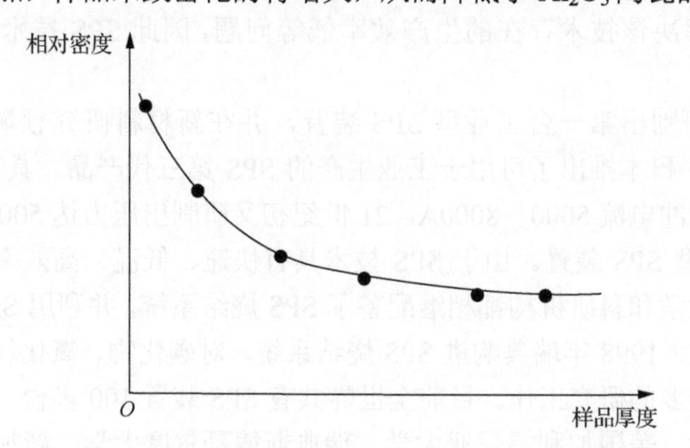

图 3-14 样品尺寸对 Al_2O_3 陶瓷致密化程度的影响

王明福等[109]利用放电等离子体烧结技术，在烧结温度、保温时间、压力和加热速率分别为 1600℃、5min、30MPa 和 100℃/min 条件下制备了硼化锆（ZrB_2）-15%（体积分数）碳化硅晶片（SiCpl）复合陶瓷；研究了 ZrB_2-SiCpl 复合陶瓷的烧结致密化行为和微观结构；利用 SPS 技术制备了 2 组 ZrB_2-15%（体积分数）SiCpl 复合陶瓷，一组利用轧膜工艺将 SiCpl 进行平铺定向排布，另一组没有对 SiCpl 进行处理。ZrB_2-SiCpl 非定向排布样品简称为 ZBS，ZrB_2-SiCpl 定向排布样品简称为 ZBSd(ZBS directional)。图 3-15 是 ZBS 和 ZBSd 抛光后表面形貌的 SEM 照片。图中黑色区域为 SiC 晶片，颜色较浅区域为 ZrB_2。从图 3-15 可以看出：两组样品中 SiCpl 晶片分布均匀，样品表面只有少量气孔存在。SPS 烧结加热迅速，整个烧结过程时间很短，ZrB_2 晶粒生长受到限制，减少了晶粒异常长大机会，晶粒细小且均匀。

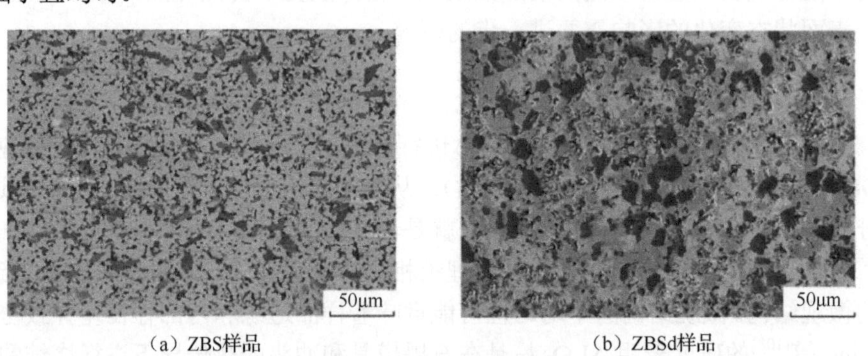

(a) ZBS样品　(b) ZBSd样品

图 3-15　ZBS 和 ZBSd 抛光后的表面形貌[109]

3.4.4　放电等离子烧结的发展与应用

早在 1930 年，美国科学家就提出了脉冲电流烧结原理，但是直到 1965 年，脉冲电流烧结技术才在美国、日本等国得到应用。日本获得了 SPS 技术的专利，但当时未能解决该技术存在的生产效率低等问题，因此 SPS 技术没有得到推广应用。

1988 年研制出第一台工业型 SPS 装置，并在新材料研究领域内推广使用。1990 年以后，日本推出了可用于工业生产的 SPS 第三代产品，具有 10～100t 的烧结压力和脉冲电流 5000～8000A。21 世纪初又研制出压力达 500t、脉冲电流为 25000A 的大型 SPS 装置。由于 SPS 技术具有快速、低温、高效率等优点，近几年国外许多大学和科研机构都相继配备了 SPS 烧结系统，并利用 SPS 进行新材料的研究和开发。1998 年瑞典购进 SPS 烧结系统，对碳化物、氧化物、生物陶瓷等材料进行了较多的研究工作。目前全世界共有 SPS 装置 100 多台。如日本东北大学、大阪大学、美国加利福尼亚大学、瑞典斯德哥尔摩大学、新加坡南洋理工大学等大学及科研机构相继购置了 SPS 系统。

国内近几年也开展了用 SPS 技术制备新材料的研究工作，引进了数台 SPS 烧结系统，主要用来烧结纳米材料和陶瓷材料。最早在 1979 年，我国钢铁研究总院自主研发制造了国内第一台电火花烧结机，用于批量生产金属陶瓷模具，产生了良好的社会经济效益。2000 年 6 月武汉理工大学购置了国内首台 SPS 装置（日本住友石炭矿业株式会社生产，SPS-1050）。随后上海硅酸盐研究所、清华大学、北京工业大学和武汉大学等高校及科研机构也相继引进了 SPS 装置，用来进行相关的科学研究。SPS 作为一种材料制备的全新技术已引起国内外的广泛重视。2006 年，国内真空电炉生产企业开始研制国产 SPS 烧结系统。经过我国科研人员的不懈努力，于 2009 年研制出第一台国产 SPS 烧结系统，在我国高校和科研机构得到应用且取得了较好的效果。

3.5 微波烧结

微波烧结是一种新型的材料致密化烧结工艺，它是利用微波加热对材料进行烧结。材料的微波烧结始于 20 世纪 60 年代中期，Levinson 和 Tinga 首先提出陶瓷材料的微波烧结；从 20 世纪 70 年代中期到 20 世纪 90 年代中期，国内外对微波烧结技术进行了系统研究，体现在不同材料的微波理论、装置系统优化、介电参数、数值模拟和烧结工艺等方面[107]；20 世纪 90 年代后期，微波烧结进入产业化阶段，美国、加拿大、德国、日本等发达国家开始小批量生产陶瓷产品。如美国 DennisTool 工具公司用微波高温连续式烧结设备烧结硬质合金刀具产品；加拿大 IndexTool 公司用微波烧结 Si_3N_4 陶瓷刀具[108]。我国在 1988 年将微波用于材料烧结，至今已经取得了很大的进展，正逐步向产业化方向发展[109]。微波烧结技术因其在陶瓷材料制备领域的突出优势，被誉为“21 世纪新一代烧结技术”[110]。

微波烧结具有加热速度快、烧结坯体温度分布均匀，以及活化烧结、烧结时间短、抑制晶粒长大、组织结构可控、高效节能等优点。图 3-16 为氧化铝在烧结过程中温度随着样品相对密度变化的曲线[110]。随着烧结温度的增加，微波烧结的曲线相对于传统烧结曲线向较低的温度转移。

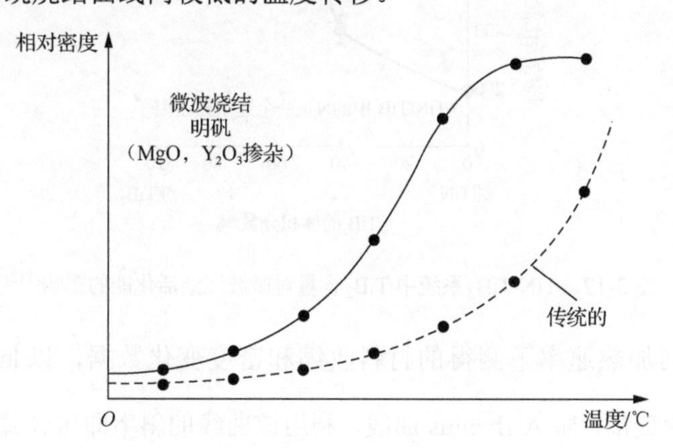

图 3-16　不同烧结工艺下相对密度随烧结温度的变化

3.5.1 微波烧结机理

对于微波场加速烧结的机理，本书将进行详细说明。目前对于微波烧结机理的探讨，主要从物理与化学的对比方面进行，如密度、晶粒尺寸、活化能、扩散系数、晶粒表面能、晶体内能等。同时，对于材料中诸多因素的联系与相互作用，一些学者又争论不休，由于缺少足够的说服力，到目前为止还没有一种理论能解释微波的烧结机理[111]。

1. 烧结活化能的降低

从烧结速率的不同角度出发，微波场中粒子运动降低了烧结活化能[112]。通过恒定加热速率试验，测定了微波烧结过程中二硼化钛的活化能值。发现微波烧结 TiB_2 的活化能为 850kJ/mol，而传统烧结时 TiB_2 的活化能为 1020kJ/mol，如图 3-17 所示。

Wang 等[113]推导了测量活化能的烧结速率式：

$$\ln\left(T\frac{\mathrm{d}T}{\mathrm{d}t}\frac{\mathrm{d}\rho}{\mathrm{d}T}\right)=-\frac{Q_a}{R_g T}+\alpha_{V,B} \tag{3-38}$$

式中，

$$\alpha_{V,B}=\ln\left[f(\rho)\right]+\ln\frac{k\gamma V^{2/3}}{R_g}-N\ln G \tag{3-39}$$

其中，ρ 是密度；R_g 是气体常数；$f(\rho)$ 仅是密度的函数；k 是玻尔兹曼常数；V 是摩尔体积；γ 是表面能；G 是晶粒尺寸；N 是粒度幂律（N=3：晶格扩散；N=4：晶界扩散）。

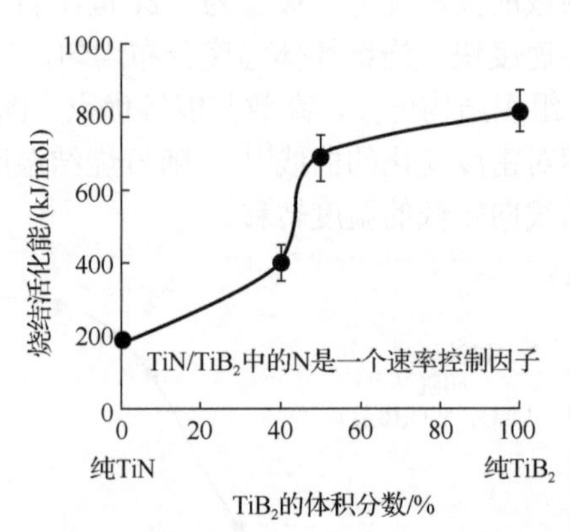

图 3-17　TiN-TiB_2 系统中 TiB_2 含量对微波烧结活化能的影响[112]

基于不同加热速率下测得的材料收缩和密度变化数据，以 $\ln\left(T\frac{\mathrm{d}T}{\mathrm{d}t}\frac{\mathrm{d}\rho}{\mathrm{d}T}\right)$ 与 $1/T$ 数据作为变量，做 Arrhenius 曲线，利用该曲线的斜率即可计算出活化能 Q_q。

2. 局部热效应

从微波场存在促进烧结的局部热效应角度出发，晶界处比晶粒内部有更高的介质损耗，因此晶界局部温度高于试样平均温度，从而加快了扩散速率。Tinga 等[114]研究了介质“损耗因子”的测量方法，介质“损耗因子”是温度的函数，对于一些陶瓷材料，测量温度达到了1000℃。介质损耗可以通过两种方式测量：在恒定温度下改变微波频率，或者在恒定微波频率下改变温度。图3-18是恒定频率下介电常数随温度变化示意图。当在恒定微波频率下改变温度来测量介质损耗时，介质损耗表现出两种机制：在较低的温度下，介质损耗基本上保持不变或出现峰值，而在较高的温度下，介质损耗通常会随着温度的升高而迅速增加。

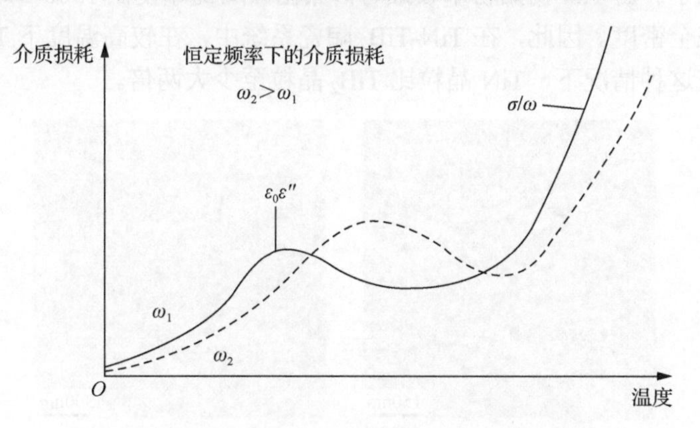

图3-18 恒定频率下介电常数随温度变化示意图

在与微波辐射相互作用的材料中，功率损耗（单位体积）P_D表示为[115]

$$P_{\mathrm{D}}=\left(\varepsilon_0\varepsilon''+\frac{\sigma}{\omega}\right)\frac{\omega E^2}{2}+\mu_0\mu''\frac{\omega H^2}{2} \tag{3-40}$$

式中，ω是电磁辐射的角频率；ε_0是介电常数；μ_0是真空磁导率；ε''是电介质损耗常数；μ''是磁损耗常数；E是电场的幅值；H是磁场的幅值；σ是低频损耗因子；$\varepsilon_0\varepsilon''$是偶极弛豫损耗；$\dfrac{\sigma}{\omega}$是低频介电损耗。

损耗因子可以表示为

$$\tan\delta=\frac{\varepsilon_0\varepsilon''+\dfrac{\sigma}{\omega}}{\varepsilon_0\varepsilon'}=\frac{\varepsilon''}{\varepsilon'}+\frac{\sigma}{\varepsilon_0\varepsilon'\omega} \tag{3-41}$$

结合式（3-40）和式（3-41）得

$$P_{\mathrm{D}}=\varepsilon_0\varepsilon'\frac{\omega E^2}{2}\tan\delta+\mu_0\mu''\frac{\omega H^2}{2} \tag{3-42}$$

有学者将损耗因子定义为[116]

$$\text{Loss Factor}=\frac{2P_{\mathrm{D}}}{\omega E^2} \tag{3-43}$$

结合式（3-41）～式（3-43）可得

$$\text{Loss Factor}=\varepsilon_0\varepsilon'\tan\delta=\varepsilon_0\varepsilon''+\frac{\sigma}{\omega} \tag{3-44}$$

式（3-44）说明了损耗因子由偶极弛豫损耗$\varepsilon_0\varepsilon''$和低频介电损耗$\sigma/\omega$组成。

其中偶极弛豫损耗在较低温度下主导，在高温下由低频介电损耗主导。

Demirskyi 等[112]采用微波烧结的方法制备出了添加 TiN 的 TiB_2 致密复合材料。在固定温度 1650℃、加热速率为 5℃/min 下添加剂成分对微观结构的影响如图 3-19 所示。微波烧结加热迅速，整个烧结过程时间比较短、晶粒生长受到限制、晶粒较为细小。当 TiN 初始粉末较细时，氮化钛陶瓷即使在 1500℃时也可以很容易地达到完全密度。因此，在 TiN-TiB_2 陶瓷系统中，在较高温度下 TiN 的晶粒生长主导，在这种情况下，TiN 晶粒比 TiB_2 晶粒至少大两倍。

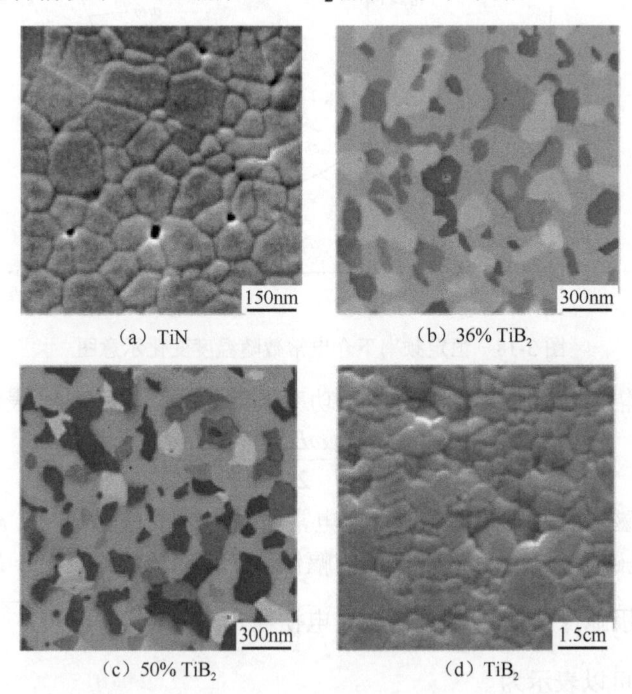

(a) TiN (b) 36% TiB_2 (c) 50% TiB_2 (d) TiB_2

图 3-19 TiN-TiB_2 陶瓷在 1650℃温度、5℃/min 条件下微波烧结后的微观形貌[112]

在（b）和（c）中黑色相是 TiB_2，浅色相是 TiN

3.5.2 微波烧结工业应用

微波烧结时材料吸收微波能转化为材料内部分子的动能和势能，使材料整体均匀加热，材料内部温度梯度很小，加热和烧结速度非常快。在微波电磁能的作用下，材料内部分子或离子动能增加，扩散系数提高，因此可实现低温快速烧结，这使晶粒来不及长大就已经完成烧结，显著提高陶瓷材料的力学性能。此外，微波烧结过程无须热传导，没有热惯性，热源可即时发热或瞬时停止，高效节能，生产周期短，单炉生产量量大，单件生产成本低。微波烧结设备可用于烧结各种高品质陶瓷（氮化硅、碳化硅、氧化铝、氧化锆等）和电子陶瓷器件（PZT 压电陶瓷、压敏电阻等）。

第2部分　共晶陶瓷凝固组织形成理论

第 4 章　共晶陶瓷微观组织特征

共晶陶瓷一般由两相或多相组成，可以看成凝固过程自然形成的“复合材料”。共晶材料的凝固组织往往比单相凝固组织要细小得多，所以具有更为优异的力学性能[117,118]。以氧化物共晶陶瓷材料为例，通过合理地控制凝固工艺参数，使两相或多相从熔体中同时共生复合，可生成抗氧化性能及力学性能优异的共晶自生复合陶瓷单晶体，共晶陶瓷中相与相之间界面匹配良好（通常为半共格界面），相界面之间非常干净，相界面能低、结合强度高[图 4-1（a）]。共晶陶瓷抛弃了传统人工复合材料制备过程中所必需的增强纤维及相应的复合技术，彻底消除了基体与增强相之间的人为界面。相对传统高性能陶瓷而言，共晶凝固技术可以大大降低直至完全消除粉末烧结过程中所产生的孔洞和界面非晶相[图 4-1（b）]，从而提高材料的致密度和织构化程度。

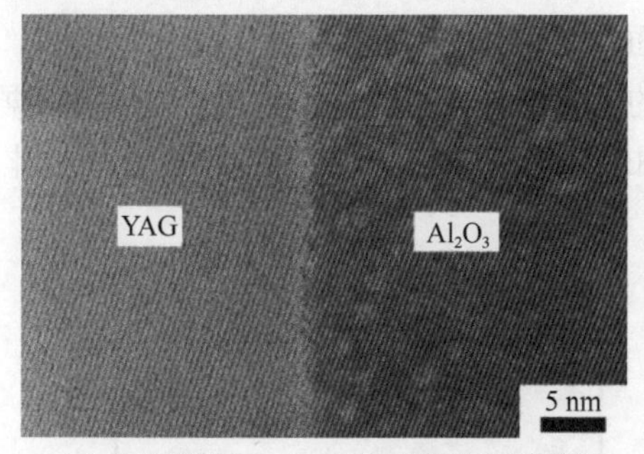

（a）定向凝固Al_2O_3/YAG共晶界面的高分辨像

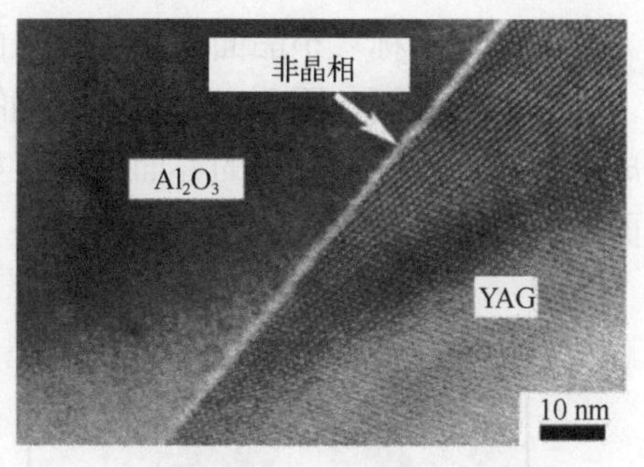

（b）烧结态Al_2O_3/YAG界面的高分辨像

图 4-1　共晶陶瓷相界面的高分辨像[119]

共晶陶瓷各相的化学组成及凝固条件不同，可以形成多种类型的组织形态[120]。分析其组织形态可以从两个角度进行：①宏观形态，即从共晶体的形态和分布的形成原因进行分析。与单相固溶体合金类似，随着结晶条件（结晶动力学因素）的变化，也呈现出从平界面生长到胞状生长再到枝晶生长，从柱状晶（共晶群体）到等轴晶（共晶团）的不同变化。②微观形态，即从共晶体内两相析出物的形状和分布进行分析。微观组织与组成相的结晶特性、结晶过程中的相互作用以及具体凝固条件有关。在众多复杂的因素中，共晶两相生长中的固-液界面在很大程度上决定着微观形态的基本特征[121]。晶体生长动力学也与物质的固-液界面微观结构类型相关，不同物质因界面结构的差异在凝固过程中其晶体生长方式、速度及形貌具有显著差异。因此，有必要首先了解晶体生长中固-液界面的微观结构基础。

4.1　固-液界面微观结构基础

4.1.1　粗糙界面与光滑界面

经典理论认为，晶体生长的形态与液、固两相的界面结构有关。晶体生长是通过单个原子逐个地或以原子团簇形式撞击到已有的晶体表面（固-液界面的固相一侧），附着于晶体表面并按照结晶相晶格点阵规律排布起来，成为晶体新的部分[122,123]。但是在晶体表面上并不是任意位置都可以很容易地接纳这些原子，其接纳原子的难易程度与固-液界面晶体表面的结构类型及位置有关。在晶体表面上有原子空缺位置，或存在台阶的位置，则更容易接纳新的原子，而完全被占满的晶体表面则难以接纳新的原子。

根据 Jackson 理论，固-液界面处的微观（原子尺度）结构可分为两类。

（1）光滑界面：固-液界面固相一侧的点阵位置几乎全部为固相原子所占满，只留下少数空位或台阶，从而形成整体上平整光滑的界面结构，如图 4-2（a）所示。光滑界面也称“小晶面”或“小平面”。

（2）粗糙界面：固-液界面固相一侧的点阵位置只有约 50%被固相原子所占据，形成坑坑洼洼、凹凸不平的界面结构，如图 4-2（b）所示。粗糙界面也称“非小晶面”或“非小平面”。

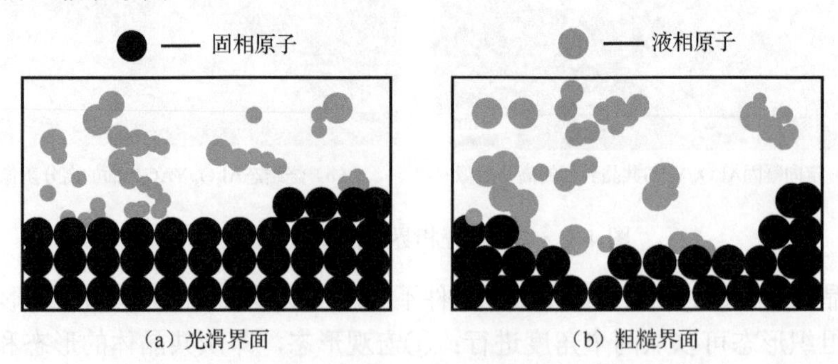

图 4-2　原子尺度下晶体生长的两种微观界面结构类型

需要注意的是，原子尺度的粗糙与光滑界面在微米尺度下显微观察时，生长晶体的形貌却往往相反。如图 4-2 和 4-3 所示的定向凝固（晶体向上推进生长）界面，原子尺度的光滑界面[图 4-2（a）]在微米尺度下观察其生长界面却是不规则的，呈锯齿状高低不平，如图 4-3（a）所示；而原子尺度的粗糙界面[图 4-2（b）]在一定条件（无成分过冷）下，微米尺度下观察其生长界面却是平整的。原子尺度的粗糙界面能够为来自液相的原子提供有利于着落的足够位置，这样的界面生长过程倾向于保持粗糙特征且表现出较低的动力学过冷度。与之相反的是，光滑界面无法提供足够的有利于原子着落的位置，因此其局部可能在一个相对较大的过冷度下进行生长。

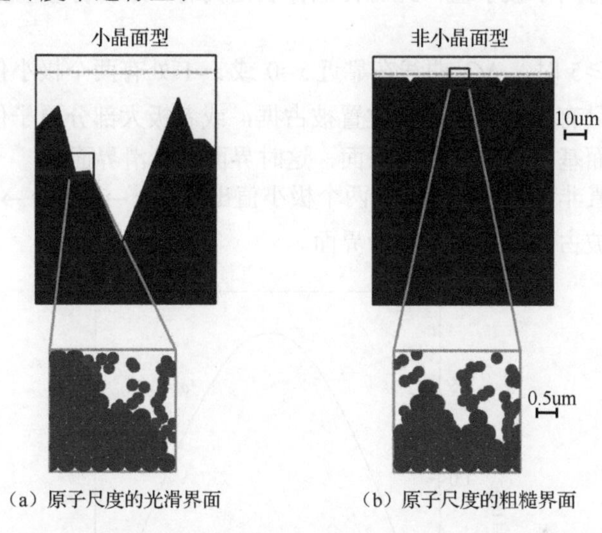

（a）原子尺度的光滑界面　　（b）原子尺度的粗糙界面

图 4-3　微米尺度下晶体生长两种固-液微观界面结构类型

4.1.2　界面结构类型本质与判据

Jackson 提出决定粗糙及光滑界面的定量模型[124]。他假设液-固两相在界面处于局部平衡，故界面构造应是界面能最低的形式。如果有 N 个原子随机地沉积到具有 N_T 个原子位置的固-液界面时，则界面自由能的相对变化 ΔG_S 可由下式表示：

$$\frac{\Delta G_S}{N_T k_B T_m} = \alpha x(1-x) + x\ln x + (1-x)\ln(1-x) \tag{4-1}$$

式中，k_B 为玻尔兹曼常数；T_m 为熔点；x 是界面上被固相原子占据位置的分数（$x = \frac{N_T}{N}$）；α 称为 Jackson 因子；令 $\xi = \frac{\eta}{v}$ 称为界面取向因子，其中，v 为晶体内部的原子配位数，η 为界面原子的平均配位数，ξ 恒小于 1，则有

$$\alpha = \frac{\Delta H_m}{k_B T_m}\left(\frac{\eta}{v}\right) \tag{4-2}$$

将式（4-1）按 $\frac{\Delta G_S}{N_T k_B T_m}$ 与 x 的关系作图，并改变 α 值，得到一系列曲线，如图 4-4 所示。通过分析比较可以得出如下结论。

（1）对于 $\alpha<2$ 的曲线，在 x=0.5 处体系自由能 ΔG_S 具有极小值，即界面的平衡结构应是约有一半的原子被固相原子占据而另一半位置空着，这时界面为微观粗糙界面。

（2）当 $2 \leqslant \alpha < 5$ 时，ΔG_S 在偏离 x 中心位置的两旁（但仍距离 $x=0$ 或 $x=1$ 处有一定距离）有两个极小值，此时在晶体表面尚有一小部分位置空缺或大部分位置空缺。

（3）当 $\alpha \geqslant 5$ 时，ΔG_S 曲线在靠近 $x=0$ 或 $x=1$ 处有两个极小值，说明界面的平衡结构应是只有少数几个原子位置被占据，或者极大部分原子位置都被固相原子占据，即界面基本上为完整的平面，这时界面呈光滑界面。

（4）当 α 值非常大时，ΔG_S 的两个极小值出现在 $x \to 0$ 和 $x \to 1$ 的地方，此时晶体表面已经被占满，界面为光滑界面。

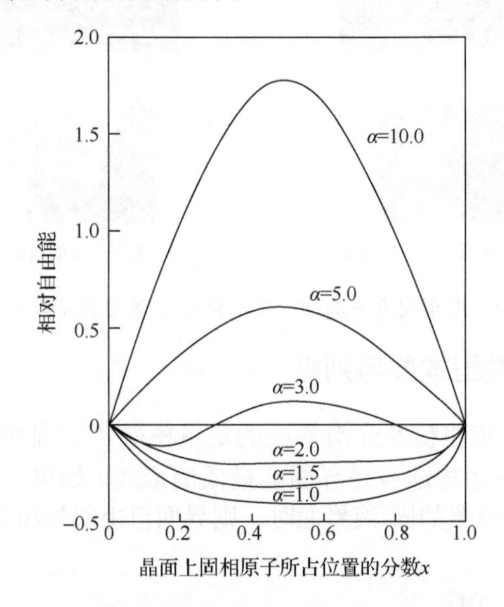

图 4-4　不同 α 值的相对自由能与界面原子占据率

上述分析表明，Jackson 因子 α 值可以作为固-液界面微观结构的判据。$\alpha \leqslant 2$ 的物质在晶体表面有一半空缺位置时自由能最低，此时固-液界面（晶体表面）形态称为粗糙界面，如图 4-2（b）所示；$\alpha \geqslant 5$ 的物质凝固时为光滑界面，如图 4-2（a）所示；$\alpha = 2 \sim 5$ 的物质常为多种方式的混合[117]。根据 Jackson 模型进行的预测，已被一些透明物质的试验观察或同步辐射等新技术所证实，但暂时并不完善。它没有考虑界面推移的动力学因素，故不能解释在非平衡温度凝固时过冷度对晶体形状的影响。尽管如此，此理论对认识凝固过程中影响界面形状的因素仍有重要意义。

4.1.3　界面结构的影响因素

1. 热力学因素

由式（4-1）中可知，$\Delta H_m / T_m = \Delta S_m$ 为单个原子的熔化熵，理想气体常数 R_g 等

于玻尔兹曼常数 k_B 与阿伏伽德罗常数 N_A 的乘积（$R_g = k_B \cdot N_A$），则式（4-1）变为

$$\alpha = \frac{\Delta S_m}{R}\xi \tag{4-3}$$

由式（4-3）可知，从热力学角度来看，物质的熔化熵的高低决定了其凝固界面的结构类型。在不考虑晶面的情况下（或忽略 $\xi = \frac{\eta}{\nu}$ 项），可直接以物质的熔化熵 ΔS_m 的数值来粗略地判断其凝固过程的固-液界面结构：$\Delta S_m < 2R_g$ 的物质为粗糙界面；$\Delta S_m = 2R_g \sim 5R_g$ 的物质，需根据其他条件鉴定其界面类型；$\Delta S_m > 5R_g$ 的物质为光滑界面。表 4-1 给出了部分物质熔化熵 $\Delta S_m / R_g$ 的数据。大多数金属的熔化熵均小于 2，因此，金属及其固溶体在结晶时，固-液界面是粗糙界面。四溴化碳（CBr_4）和丁二腈（$CNCH_2CH_2CN$）的熔化熵与金属相仿，又是低熔点透明体，故可以用它来模拟金属晶体的生长行为。多数的非金属和化合物的熔化熵都比较大，均大于 2，其固-液界面由基本完整光滑的晶面所组成。铋（Bi）、铟（In）、锗（Ge）、硅（Si）等亚金属的熔化熵介于两者之间，其固-液界面往往具有混合结构，此时需考虑晶面属性因素。

表 4-1　不同物质的熔化熵 $\Delta S_m / R_g$ [121]

物质	$\Delta S_m / R_g$	物质	$\Delta S_m / R_g$	物质	$\Delta S_m / R_g$
Li	0.83	Ni	1.23	CaF_2	2.11
K	0.85	Zn	1.26	NiO	2.94
Ca	0.94	Pt	1.28	MgO	3.01
Pb	0.94	Cd	1.22	CoO	3.15
Fe	0.97	Al	1.36	ZrO_2	3.55
Na	1.02	Sn	1.64	Al_2O_3	5.74
Ag	1.14	Ga	2.18	$MgAl_2O_4$	9.82
Cr	1.07	Bi	2.36	$Y_3Al_5O_{12}$（YAG）	14.74
Au	1.07	In	2.57	$C_6H_5COCOC_6H_5$	6.3
W	1.14	Ge	3.15	$C_6H_4(OH)COOC_6H_5$	7.0
Mg	1.14	Si	3.56	CBr_4	1.27
Cu	1.14	H_2O	2.63	$CNCH_2CH_2CN$	1.40
Hg	1.16	$GdAlO_3$	1.98	—	—

2. 晶面属性因素

对于热力学性质一定的同种物质，界面取向因子 $\xi = \eta / \nu$ 值大小与晶体结构及界面处的晶面取向有关，η / ν 值能够反映出晶体在结晶过程的各向异性。对于密排晶面（低指数晶面），η / ν 值较高；对于非密排晶面（高指数晶面），η / ν 值较低。根据式（4-3），η / ν 值越低，α 值越小。这说明非密排晶面作为晶体表

面（固-液界面）时，微观界面结构更容易成为粗糙界面。对于金属类固溶体而言，晶体在熔体中生长时不同晶面族作为表面均为粗糙界面。而晶体生长表面的晶面族（晶面指数）对界面微观结构差异的影响对熔化熵 $\Delta S_m / R = 2 \sim 5$ 的物质[铋（Bi）、铟（In）、锗（Ge）、硅（Si）等亚金属]具有重要意义，此时 η / ν 值的大小对决定界面类型起着决定性作用。例如，硅的 $\{111\}$ 面的取向因子最大 $\eta / \nu = 3/4$，$\alpha = 2.67$，若该面作为生长界面则为光滑界面，而其他情况均为粗糙界面。因此，这类物质其固-液界面往往具有混合结构。

3. *动力学因素*

除了热力学和界面属性因素外，晶体生长的界面结构还受到其他动力学因素的影响，例如凝固过冷度及结晶物质在液体中的浓度等。过冷度大时生长速度快，界面的原子层数较多，容易形成粗糙面结构，而过冷度小时界面的原子层数较少，粗糙度减小。例如磷在接近熔点凝固（1℃范围内），生长速率甚低时，液-固界面为小平面界面，但过冷度增大，生长速率增大到一定值时，则转变为粗糙界面。过冷度对不同物质存在不同的临界值，α 值越大的物质其临界过冷度也就越大。

4.1.4　晶体生长方式

上述界面结构类型的意义在于，它影响凝固过程晶体生长方式及其微观组织形态，如图 4-5 所示。晶体的形状主要由毛细作用（与界面能有关）、热扩散和溶质扩散的相互作用而确定。粗糙界面的物质在通常的凝固条件下按图 4-5（a）所示的典型树枝晶形态生长，不管它们的晶体结构如何，一般都不会出现有棱的小平面凝固界面。对于金属固溶体，无论其密排面还是非密排面均为粗糙界面，在凝固过程中原子可以很容易地迁移着落到界面上，与涉及的晶面（指数）无关。根据上述分析可知，在一些具有熔化熵 $\Delta S_m / R = 2 \sim 5$ 的非金属物质有时也可观察到光滑的枝晶生长形态。例如，Al_2O_3/YSZ 过共晶陶瓷熔体在非平界面生长（单向凝固）条件下，具有弱小平面特征 ZrO_2 领先相（$\Delta S_m / R = 3.55$）生长成了光滑的树枝晶体，如图 4-6（a）所示；同时还观察到了呈圆润的类球形颗粒组织，表现出典型的非小平面特征，如图 4-6（b）所示。

非金属和一些金属间化合物之类的物质属于光滑界面，则以图 4-5（b）所示的形态生长，形成有棱的小平面界面，其晶体生长过程具有强烈的各向异性。例如，Al_2O_3/YSZ 亚共晶陶瓷熔体在非平界面生长（单向凝固）条件下，具有小平面特征 Al_2O_3 领先相（$\Delta S_m / R = 5.74$）生长成了具有复杂的棱面晶体，如图 4-6（c）和图 4-6（d）所示。此类物质的高指数晶面本身相对粗糙，有利于接收原子而生长较为迅速，其结果是这些晶面消失且晶体仍由生长较慢的平面（低指数晶面）包围。此类晶体的生长方向性很强，晶体通常按特定晶体学取向生长，如立方晶体的<100>方向、面心立方的<112>方向、体心正方的<110>方向和密排六方的<1010>方向等。

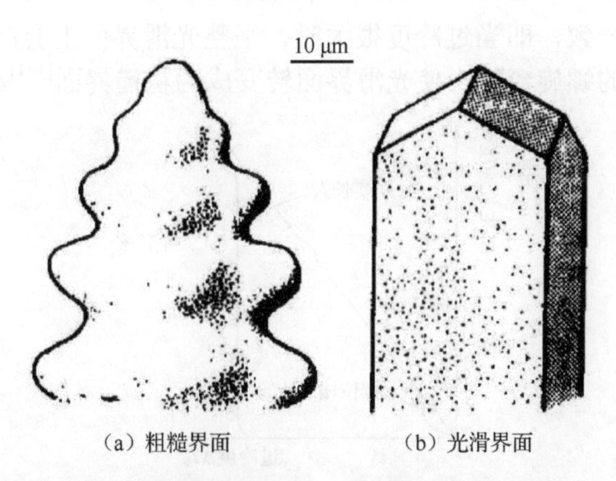

（a）粗糙界面　　（b）光滑界面

图 4-5　粗糙界面和光滑界面的生长形态

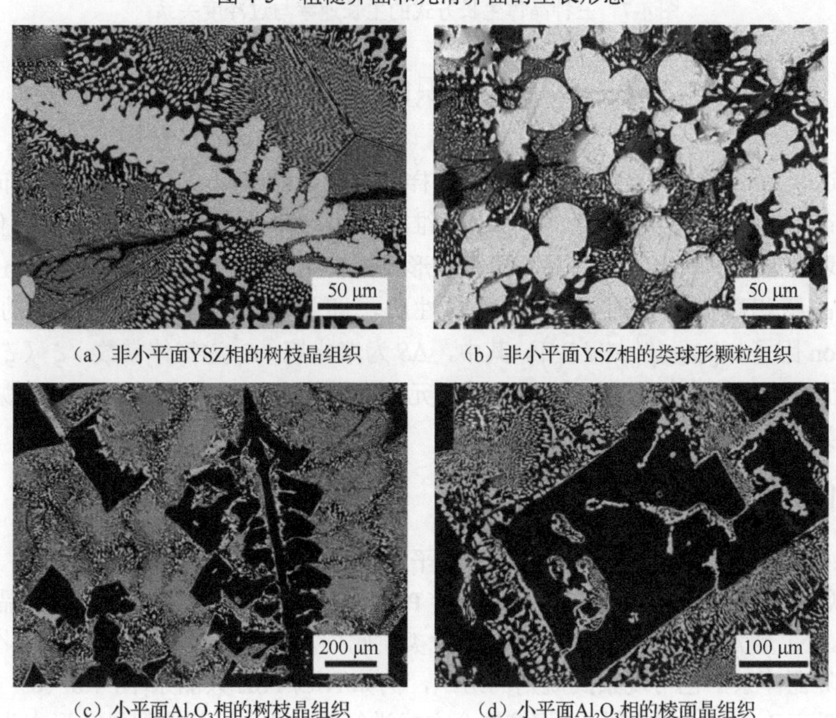

（a）非小平面YSZ相的树枝晶组织　　（b）非小平面YSZ相的类球形颗粒组织

（c）小平面Al_2O_3相的树枝晶组织　　（d）小平面Al_2O_3相的棱面晶组织

图 4-6　Al_2O_3/YSZ 亚共晶与过共晶陶瓷内部的组织形貌[119]

固-液界面微观结构决定了原子被接纳的难易程度，从而决定了晶体的生长方式，因此也决定了其生长速度及其与过冷度的关系。一般地，晶体生长方式可分为粗糙界面的连续生长方式和光滑界面的侧向生长方式（包括二维形核、螺型位错及孪晶面等）[125]，这里不做详述。图 4-7 给出了三种晶体生长方式的生长速率。

可知，当动力学过冷度ΔT_k较小时，粗糙界面的连续生长方式的速率最快，这主要与粗糙界面上存在大量的台阶有关，其次是螺位错生长；而当ΔT_k较大时，三者生长速率趋于一致，即当过冷度很大时，平整光滑界面上会产生大量的二维核心，或产生大量的螺旋台阶，使光滑界面转变成为粗糙界面[121]。

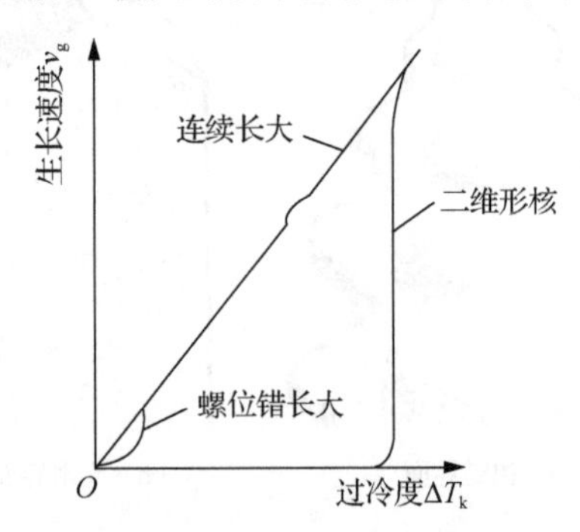

图 4-7　三种晶体生长方式的生长速率与过冷度关系

4.2　共晶组织的分类及特点

迄今为止，人们已经发现了多种多样的陶瓷共晶组织，若按组成相分布的形态大致归类，可分为层片状、棒状（纤维状）、球状、针状和螺旋状等[125]。但是，这种划分无法反映出各类共晶陶瓷组织形成的本质。后来，Hunt 和 Jackson 提出按共晶两相凝固生长时液-固界面的性质，即按反映组成相微观结构的参数 Jackson 因子α [$\alpha = \xi\left(\Delta S / R_g\right)$，其中，$\Delta S$为熔化熵，$R_g$为气体常数，$\xi$（$\xi \leqslant 1$）为界面取向因子[124]]来进行分类，将二元共晶组织分为以下规则共晶和非规则共晶两类[121]。

4.2.1　规则共晶

由粗糙-粗糙界面（非小平面-非小平面）两相组成的共晶为规则共晶，通常的金属-金属（Sb-Pb、Cd-Zn、Zn-Sn 及 Pb-Sn 等）及一些金属间化合物共晶系统[Al-Al_3Ni 及 Al-Al_2Cu（图 4-8）]属于此类。此外，在某些具有相对较低熔化熵的共晶陶瓷体系中也可观察到规则的组织，例如 NiO/YSZ 共晶系[图 4-8（c）]，具体详见表 4-2。此类共晶的两相按耦合方式进行共生生长，其典型显微形态为规则层片状或其中有一相为平行排列的棒状或纤维状（图 4-9）。因此，此类共晶组织又称为规则共晶（regular eutectics）[117]。

规则共晶组织形状会受到生长速率结晶前沿的温度梯度等参数的影响，其中界面能起主导作用。此外，形成层片状共晶还是棒状共晶主要取决于以下两个因素[125]。

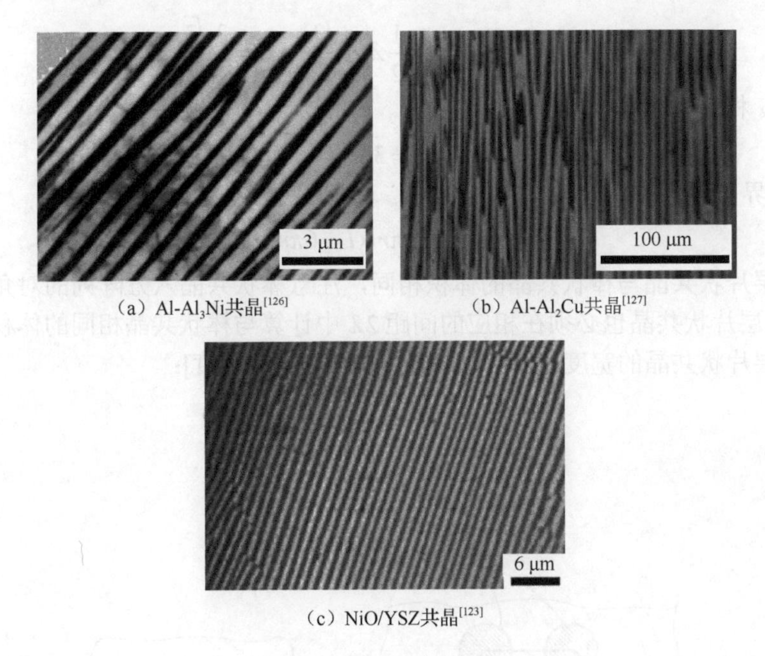

（a）Al-Al_3Ni共晶[126]　（b）Al-Al_2Cu共晶[127]

（c）NiO/YSZ共晶[123]

图 4-8　层片状规则共晶

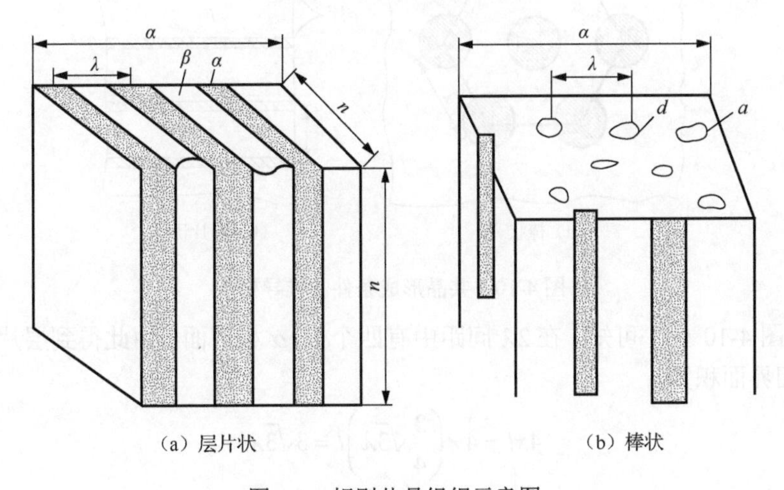

（a）层片状　（b）棒状

图 4-9　规则共晶组织示意图

1. 组成相的体积分数

如果层片之间或棒之间的中心距离λ相同，并且两相中的一相（设为β相）体积小于 27.6%时，有利于形成棒状共晶；反之有利于形成层片状共晶。

具体数学推导如下：推导模型见图 4-10。设棒的半径和片的厚度均为 r，长度为l，根据α相棒状排成六方阵列，可计算出棒状共晶的六边形体积为

$$V_{\alpha+\beta}=V_\alpha+V_\beta=6\times\frac{1}{2}\lambda\times\frac{\sqrt{3}}{2}\lambda\times l=\frac{3\sqrt{3}}{2}\lambda^2 l \tag{4-4}$$

式中，α 相的体积 V_α 可表示为

$$V_\alpha=3\pi r^2 l \tag{4-5}$$

β-α 相界面积为

$$A=3\times 2\pi r\times l=6\pi rl \tag{4-6}$$

设层片状共晶与棒状共晶的体积相同，注意棒状共晶六方阵列的对角线宽为 2λ，故层片状共晶也必须在相应的间距 2λ 中计算与棒状共晶相同的体积，由此可解出层片状共晶的宽度 x[图 4-10（b）水平方向的宽度]：

$$\frac{3\sqrt{3}}{2}\lambda^2 l=2\lambda xl \tag{4-7}$$

$$x=\frac{3}{4}\sqrt{3}\lambda \tag{4-8}$$

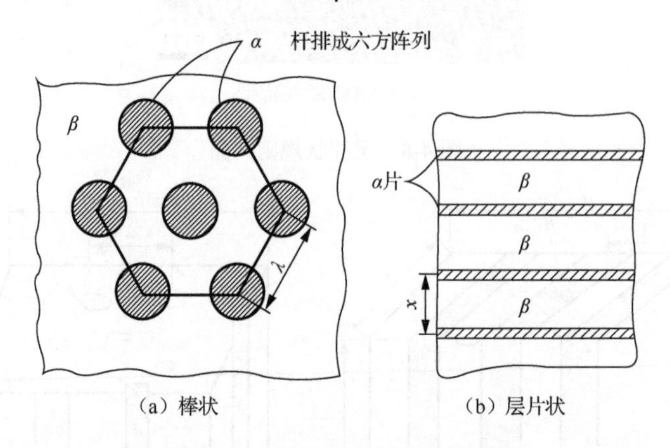

图 4-10　共晶形成条件的推导模型

由图 4-10（b）可知，在 2λ 间距中有四个 β-α 相界面，由此得到层片状共晶 β-α 相界面积为

$$4xl=4\times\left(\frac{3}{4}\sqrt{3}\lambda\right)l=3\sqrt{3}\lambda l \tag{4-9}$$

若棒状共晶组织中 β-α 相界面积小于层片状共晶，即

$$6\pi lr<3\sqrt{3}\lambda l \tag{4-10}$$

得

$$r<\frac{\sqrt{3}}{2\pi}\lambda \tag{4-11}$$

由于 r 也表示层片状共晶中 α 相的间距；反之，说明当 $r>\frac{\sqrt{3}}{2\pi}\lambda$ 时，层片状共晶

中 β-α 相界面积小于棒状共晶。根据上述不等式可得体积分数为

$$\varphi=\frac{3\pi r^2 l}{\frac{3\sqrt{3}}{2}\lambda^2 l}<\frac{3\pi\left(\frac{\sqrt{3}}{2\pi}\lambda\right)^2 l}{\frac{3\sqrt{3}}{2}\lambda^2 l}=\frac{\sqrt{3}}{2\pi}=27.6\% \tag{4-12}$$

式（4-12）表明，当 α 相（或 β 相）体积分数小于 27.6%时，棒状共晶组织中单位体积的 α 相界面积（或相界面的界面能）小于层片状共晶组织，有利于形成棒状共晶；反之，可证明，当 α 相（或 β 相）体积分数大于 27.6%时，有利于形成层片状共晶组织。这一理论计算得到许多试验的证实。例如，ZrO_2（CaO）-NiO 共晶陶瓷体系（熔化熵见表 4-1）中作为增强相 ZrO_2（CaO）相的体积分数约为 44%，远大于 27.6%[128]，故而形成了规则的层片状共晶组织，如图 4-11（a）所示；相对地，ZrO_2-MgO 共晶陶瓷体系（熔化熵见表 4-1）中最小相 MgO 相的体积分数约为 26%，小于 27.6%[129]，因此形成规则的棒状共晶组织，如图 4-11（b）所示。

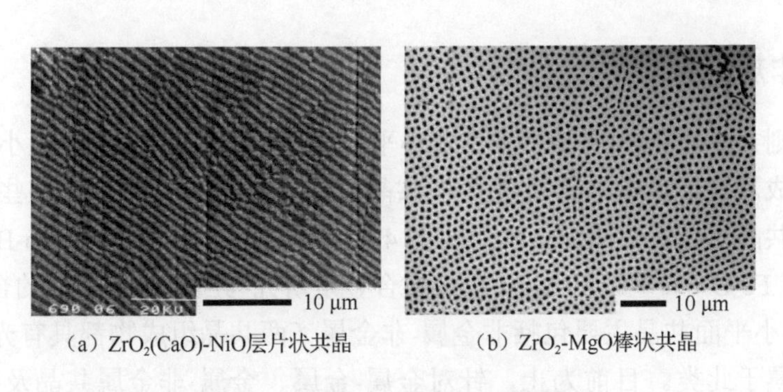

（a）ZrO_2(CaO)-NiO层片状共晶　　（b）ZrO_2-MgO棒状共晶

图 4-11　层片状与棒状共晶实例[130]

2. 组成相的单位面积界面能

当共晶的组成相以一定取向关系互相匹配，例如，在 Al-$CuAl_2$ 共晶中 $(111)_{Al} \parallel (211)_{CuAl_2}$，$(101)_{Al} \parallel (120)_{CuAl_2}$，这种取向关系会使层片相界面上的单位面积界面能降低。要维持这种有利取向，两相只能以层片状分布。因此，当共晶中的一相体积分数在 27.6%以下时，就要视降低界面面积还是降低比界面能更有利于降低体系的能量而定。若为前者，倾向于形成棒状共晶；若为后者，倾向于形成层片状共晶。

3. 第三组元的影响

此外，当第三组元引入至二元共晶体系时，并且其在两相中的分配数相差较大时，其在某一相的固液界面前沿富集，这将阻碍该相的继续长大；而另一相的

固液界面前沿由于第三组元的富集较少，其长大速率较快。于是，由于搭桥作用，落后的一相将被长大快的一相隔成筛网状组织，继续发展则成棒状共晶组织，如图 4-12 所示。通常在层片状共晶的交界处看到棒状共晶组织就是这样形成的。

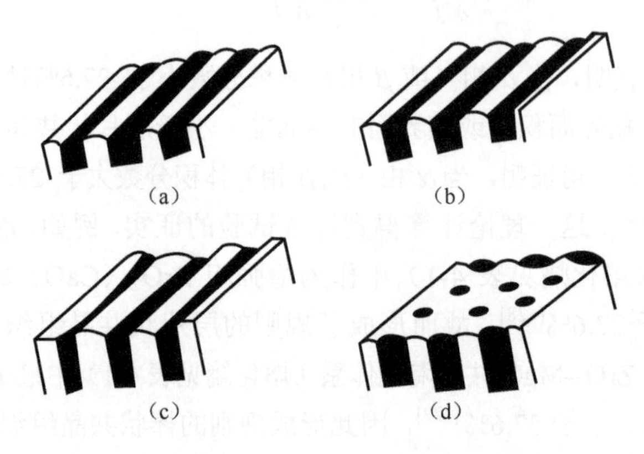

图 4-12　层片状共晶向棒状共晶转变示意图[121]

4.2.2　非规则共晶

非规则共晶由粗糙-光滑界面（非小平面-小平面）和光滑-光滑（小平面-小平面）相组成。其中，非小平面-小平面共晶包括金属-非金属共晶及某些金属-金属间化合物共晶系统，例如 Mg-Mg_2Sn[图 4-13（a）]、Fe-C、Al-Si、Sb-Bi 和 Al-Ge 等，其中，Fe-C（石墨）和 Al-Si 两大类合金是研究与应用最为广泛的合金系[117]；而小平面-小平面共晶主要包括非金属-非金属（两共晶组成物都具有光滑界面）共晶系统属于此类。目前为止，针对金属-金属、金属-非金属共晶及某些金属-金属间化合物等共晶系统的研究相对较多，人类对其生长规律的认识也相对较为成熟，然而却对非金属-非金属（两共晶组成物都具有光滑界面）的研究甚少。对于共晶陶瓷而言，绝大多数陶瓷相的熔化熵均相对较高（表 4-1），因此其普遍形成不规则共晶（irregular eutectics）。其中，对氧化物共晶陶瓷的研究最为普遍。因此，本节重点讨论氧化物共晶陶瓷体系。例如 $Al_2O_3/Y_3Al_5O_{12}$（YAG）的组成相均为小平面相，其强烈的各向异性以及较大的微小相 Al_2O_3 相的体积分数为 46%，大于 26.7%，最终导致形成了复杂的层片状非规则共晶组织，两相相互交织、耦合生长，且界面匹配良好，共晶组织呈现复杂的三维网状结构，如图 4-13（b）和图 4-13（c）所示。表 4-2 给出了其他氧化物共晶的凝固组织形态及共晶相之间的取向关系。

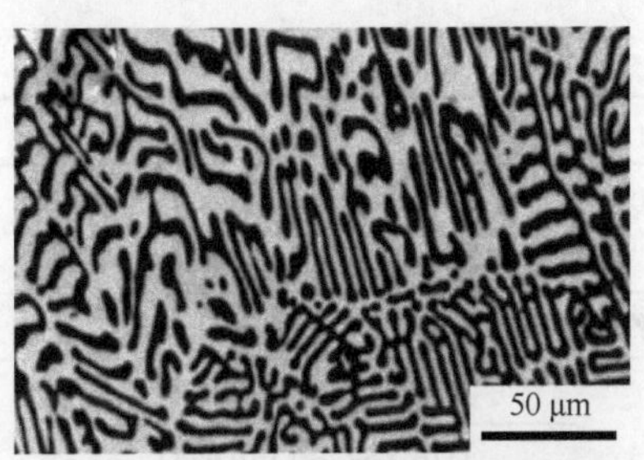

（a）Mg-Mg_2Sn不规则层片状规则共晶组织

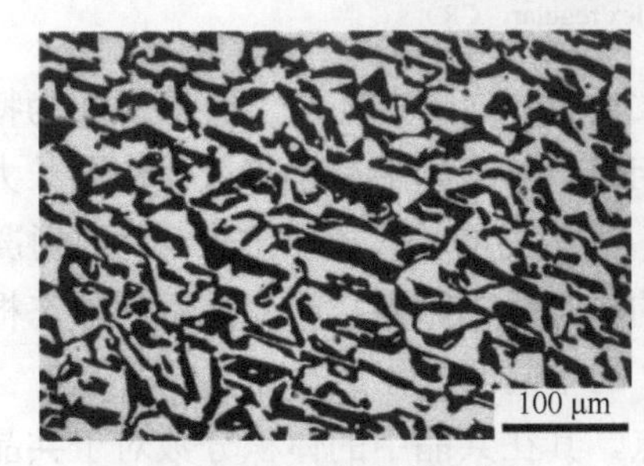

（b）Al_2O_3/YAG共晶不规则组织

（c）Al_2O_3/YAG共晶不规则组织刻蚀面

图 4-13　Mg-Mg_2Sn[131]和 Al_2O_3/YAG[119]不规则层片状共晶组织

表 4-2　氧化物陶瓷共晶组织特征及其典型取向关系 [123]

共熔合金	微观结构	生长方向	定向关系或交界面
YSZ/Al_2O_3	复杂三维网状结构	$(\bar{1}10\bar{2})\ Al_2O_3\parallel(\bar{1}10)\ YSZ$	$(\bar{1}10\bar{2})\ Al_2O_3\parallel\approx(\bar{1}10)\ YSZ$
			$[02\bar{2}1]Al_2O_3\parallel\approx[111]YSZ$
YSZ/Al_2O_3	CR,YSZ 纤维	$[0001]Al_2O_3\parallel[001]YSZ$	
		$[0110]Al_2O_3\parallel[001]YSZ$	$(2110)\ Al_2O_3\parallel[100]YSZ$
		$[0001]Al_2O_3\parallel[011]YSZ$	$(2110)\ Al_2O_3\parallel[100]YSZ$
$Al_2O_3/Y_3Al_5O_{12}$	复杂三维网状结构	$[1\bar{1}00]Al_2O_3\parallel[\bar{1}11]YAG$	$(0001)\ Al_2O_3\parallel(1\bar{1}2)\ YAG$
		$[\bar{1}100]Al_2O_3\parallel[\bar{1}11]YAG$	$[1\bar{1}00]Al_2O_3\parallel[\bar{1}11]YAG$
			$[\bar{1}100]Al_2O_3\parallel[\bar{1}11]YAG$
$CaZrO_3$/CasZ	R,薄片	$\approx[112]CaSZ\parallel\approx[101]CaZO$	$\approx(100)\ CaSZ\parallel(011)\ CaZO$
			$\approx(010)\ CaSZ\parallel(100)\ CaZO$
		$[110]CaSZ\parallel[011]CaZO$	$(\bar{1}10)\ CaSZ\parallel(100)\ CaZO$
			$(100)\ CaSZ\parallel(100)\ CaZO$
		$[112]CaSZ\parallel[100]CaZO$	$(111)\ CaSZ\parallel(100)\ CaZO$
MgO/MgSZ	R,MgO 纤维	$[111]MgO\parallel[111]MgSZ$	$(hkl)_{MgO}\parallel(hkl)\ MgSZ$
		$[1\bar{1}0]MgO\parallel[1\bar{1}0]MgSZ$	$(111)\ MgO\parallel[(111)\ MgSZ$
		$[1\bar{1}0]MgO\parallel[010]MgSZ$	$(111)\ MgO\parallel(100)\ MgSZ$

续表

共熔合金	微观结构	生长方向	定向关系或交界面
$Al_2O_3/GdAlO_3$	复杂三维网状结构	$[01\bar{1}0]Al_2O_3 \| [0\bar{1}0]GdAlO_3$ $\approx[10\bar{1}4]Al_2O_3 \| \approx[111]GdAlO_3$	$[2\bar{1}\bar{1}0]Al_2O_3 \| [112]GdAlO_3$
$MgOAl_2O_4/MgO$	R,MgO 纤维	$[111]MgO \| [111]MgOAl_2O_4$	$(hkl)_{MgO} \| (hkl)_{Spinel}$
YSZ/NiO（CoO）	R,薄片	$[100]YSZ \| \approx[1\bar{1}0]NiO$ $[110]YSZ \| \approx[1\bar{1}0]NiO$	（002）YSZ‖（111）NiO

注：规则组织（regular，R）；复杂规则组织（complex regular，CR）

小平面相的各向异性导致其晶体长大具有强烈的方向性。固-液界面为特定的晶面，在共晶长大过程中，虽然共晶两相也依靠液相中原子扩散而协同长大，但固-液界面不是平整的，而是极不规则的。小平面的长大属二维生长，它对凝固条件的反应极其敏感，因此非规则共组织的形态是多种多样的。其组织形态根据凝条件（化学成分、冷却速度、冶金处理）的不同而变化。

首先，由于小平面相长大机制的特点，其在共晶中的体积分数对于共晶形貌有很大的影响。图 4-14 给出了 Kurz 等 [132]归纳的最小相体积分数 f_β 的和熔化熵对共晶显微形貌的影响情况。如果二元共晶的横截面呈现出规则的或不规则的纤维状或层片状，其中总有一个相是低熔化熵相（图中白色的α相），其α_α<2。如果两个相的熔化熵都很低，它们在所有晶体学方向上都很容易生长，从而倾向于形成规则共晶[即非小平面/非小平面型共晶，如图 4-14（a）和图 4-14（b）所示]。如果体积分数小的相具有高的熔化熵，如半导体相和金属间化合物相，则共晶是非小平面/小平面型的，其微观组织一般是不规则的。在重要的共晶铸造合金 Fe-C、Al-Si 中 C 和 Si 的体积分数很小，是不规则共晶[图 4-14（c）]。一般而言，如果一个相的体积分数很小，特别是在非小平面/非小平面型共晶中，倾向于形成纤维状。这是因为在 A 为常数的情况下，界面面积 A 和界面能随纤维体积分数 f_β 的降低而减小，即 $A\propto\left(f_\beta\right)^{1/2}$，而在层片状时界面面积是不变的。当体积分数低于 27.6%时，纤维的界面面积要小于层片的界面面积。然而，如果两相的比界面能具有很强的各向异性的话，在体积分数很低的情况下也可能形成层片状（例如，$f=0.07$ 的 Fe-C 合金就是这样）。

其次，过冷度、温度梯度及生长速度等动力学凝固条件对共晶组织形态特征产生很大影响。与单相合金晶体相类似，熔体成分（偏共晶成分或第三组元添加）、温度梯度及生长速度等凝固条件控制着共晶凝固界面的形貌。随着过冷度的增加或者 G/v 比值降低（温度梯度 G 降低、生长速度 v 增大），会引起共晶平界面失稳，并且随着成分过冷增加，凝固界面将发生平界面（planar）→胞状（cellular）→枝晶状（dendrite）的形态转变。图 4-15 给出了利用激光区熔定向凝固技术制

备 Al_2O_3/YSZ 二元共晶陶瓷在不同凝固速度下获取的组织形态，可以看到随着凝固速度的增加，平界面生长发生失稳，共晶组织形态发生明显的平界面→胞状界面的形态转变。Lee 等[133]在研究利用微拉法制备 Al_2O_3/YSZ 二元共晶陶瓷时，第三组元 Y_2O_3 的添加会降低引起凝固界面的失稳的临界速率。Fu 等[134]研究发现低 G/v 比值下，随着第三组元 Y_2O_3 浓度的增大，成分过冷增大，观察到明显的胞状→枝晶状共晶组织的形态转变，如图 4-16 所示。

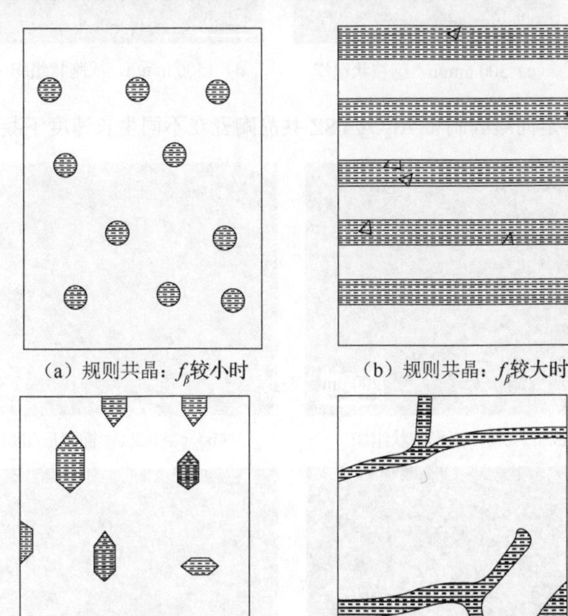

（a）规则共晶：f_β较小时　（b）规则共晶：f_β较大时

（c）不规则共晶：f_β较小时　（d）不规则共晶：f_β较大时

图 4-14　共晶形态的基本类型[132]

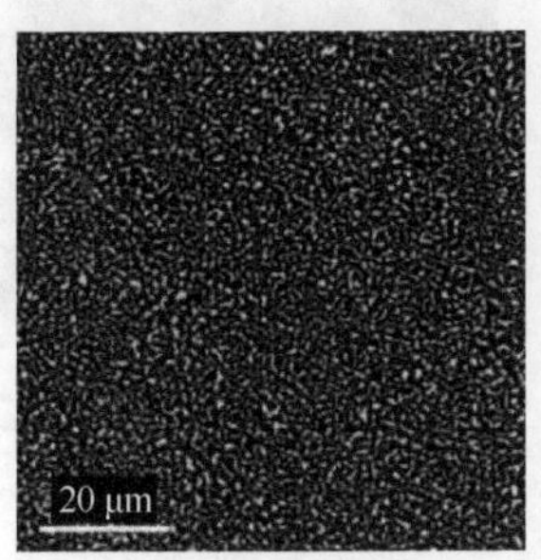

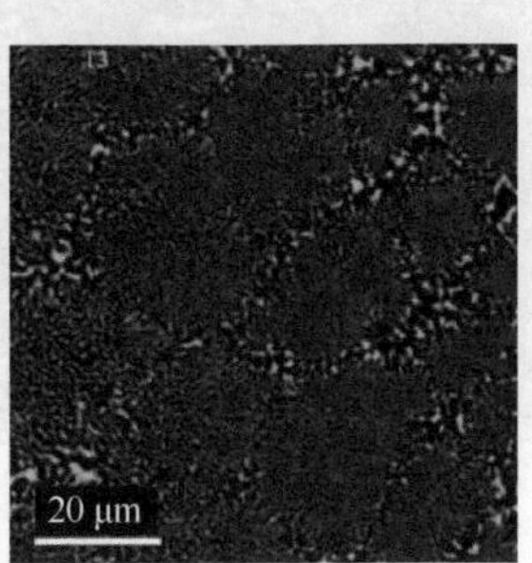

（a）10mm/h，平界面生长原位组织　（b）100mm/h，胞状组织

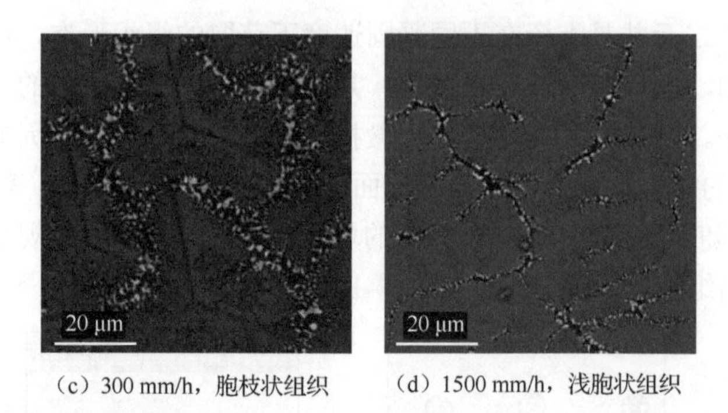

（c）300 mm/h，胞枝状组织　　（d）1500 mm/h，浅胞状组织

图 4-15　激光区熔定向凝固制备 Al_2O_3/YSZ 共晶陶瓷在不同生长速度下凝固组织演变[123,135]

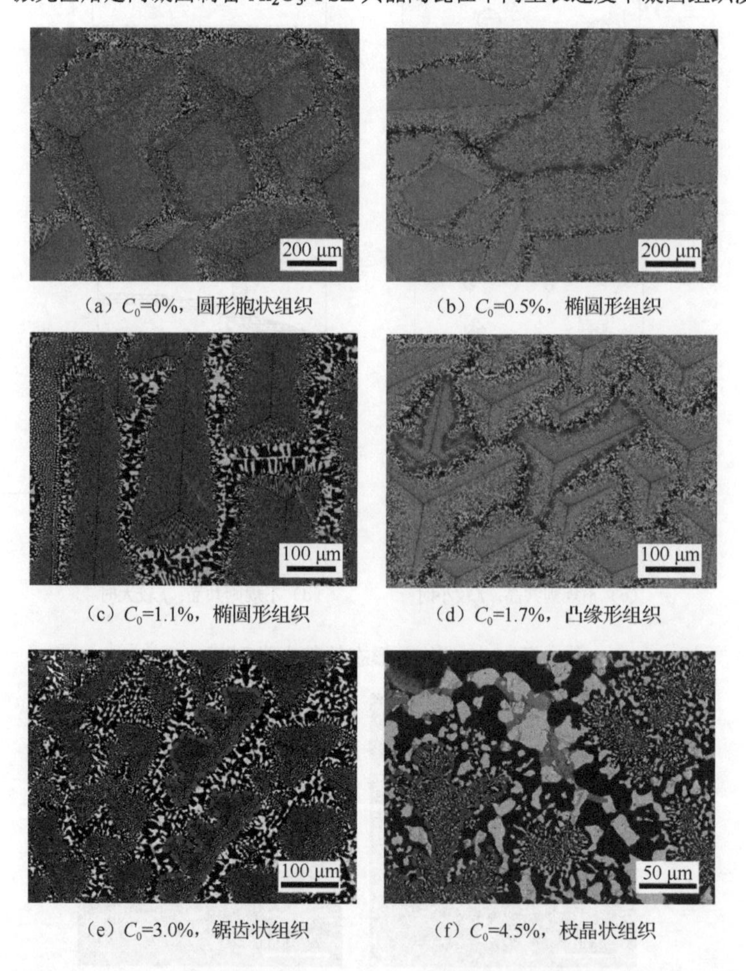

（a）C_0=0%，圆形胞状组织　　（b）C_0=0.5%，椭圆形组织

（c）C_0=1.1%，椭圆形组织　　（d）C_0=1.7%，凸缘形组织

（e）C_0=3.0%，锯齿状组织　　（f）C_0=4.5%，枝晶状组织

图 4-16　不同 Y_2O_3 浓度下 Al_2O_3/YSZ 共晶陶瓷芯部的微观组织形貌[133]

除了影响凝固界面的稳定性外，晶体生长动力学条件还会对晶体凝固界面特性（或晶体生长方式）产生影响。当过冷度较大、生长速度较快时，平整光滑的

凝固界面上会产生大量形核质点或螺旋台阶，使光滑界面转变成为粗糙界面，生长方式转变为连续生长，此时小平面-小平面共晶生长转变为非小平面-非小平面（粗糙界面-粗糙界面）生长，形成规则共晶结构，即利用快速凝固人为地增大过冷度，可以使不规则共晶组织转变为规则共晶组织，如图 4-17 所示。$Al_2O_3/Er_3Al_5O_{12}(EAG)/ZrO_2$ 三元共晶体系中，三相的熔化熵 ΔS 值分别为 $\Delta S_{EAG} \approx \Delta S_{YAG} = 14.74R$，$\Delta S_{Al_2O_3} = 5.74R$ 和 $\Delta S_{ZrO_2} = 3.55R$。其中，Al_2O_3 和 EAG 相的 ΔS 值均大于 $5R$，且两相体积分数较高，在小过冷度低生长速度（v=4μm/s）的情况下，Al_2O_3 和 EAG 相的小平面特征明显，发生优先生长，两相相互缠结网状，凝固组织呈现不规则“中国字”（Chinese characters）形态，两相过度生长在时间和空间上均抑制着具有弱小平面特征的 ZrO_2 相，故 ZrO_2 相的形貌相对规则，表现为棒状或薄片状，分布于 EAG 相内部或 Al_2O_3/EAG 界面之间，如图 4-17（a）所示。当过冷度增大生长速度非常大（激冷情况）时，具有小平面结构的 Al_2O_3 和 EAG 相转变为弱小平面或非小平面相，最终形成粗糙-粗糙界面的规则共晶组织，如图 4-17（b）所示。此外，生长速度还会对共晶内部组织相间距产生影响，研究共晶间距需要建立共晶生长模型，其中描述共晶生长行为的经典模型为 Jackson-Hunt 模型（J-H 模型）。一般来讲，共晶相间距与凝固速率的平方成反比，即凝固速率越大，相间距越小，这已被大量试验数据证实。

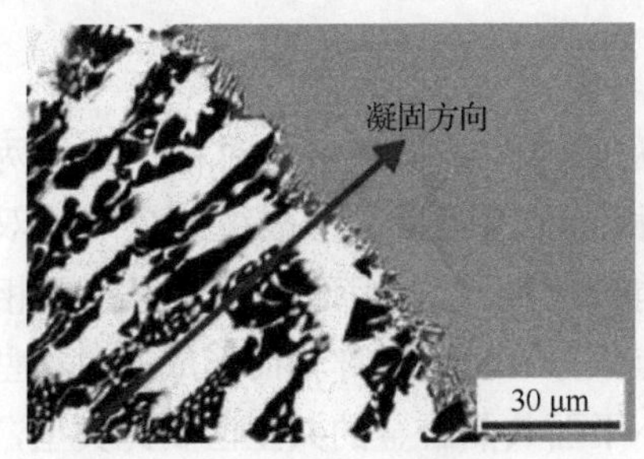

（a）v=4 μm/s，不规则共晶

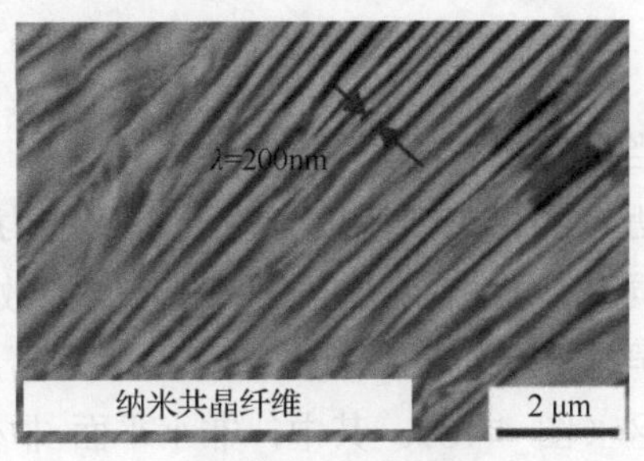

（b）激冷，规则共晶

图 4-17 不同冷却速度下 $Al_2O_3/Er_3Al_5O_{12}/ZrO_2$ 三元共晶体系的组织形态[136]

4.3 共晶共生区——共晶耦合生长

根据相图，在平衡条件下，只有具有共晶成分这一固定成分的合金才能获得100%的共晶组织。但在近平衡凝固条件下，对于非共晶成分的合金，从热力学角度考虑，当其较快地冷却到两条液相线的延长线所包围的影线区域时，液相内两相组元达到过饱和，两相具备了同时析出的条件，但一般总是某一相先析出，然后再在其表面上析出另一个相，于是便开始两相竞相析出的共晶凝固过程，最后获得100%的共晶组织，这样的非共晶成分而获得的共晶组织为伪共晶组织，影线区域称为共晶共生区，如图4-18（a）所示。共生区规定了共晶凝固特定的温度和成分范围。超出此范围，组织上将变为亚共晶或过共晶组织[137]。

若仅考虑热力学因素，则共晶共生区范围如图 4-18（a）所示。然而，共晶凝固过程不仅与热力学因素有关，在很大程度上还取决于两相的动力学因素上的差异。因此，实际共晶共生区范围必须要将热力学和动力学因素进行综合考虑，实际的共晶共生区可分为对称型[图 4-18（b）]和非对称型[图 4-18（c）]两种。

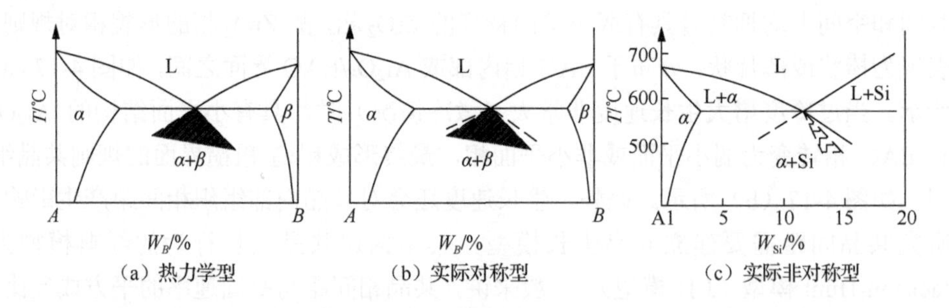

图 4-18　共生区（影线部分）示意图[138]

4.3.1　对称型共晶共生区

当组成共晶的两个组元熔点相近，两条液相线形状彼此对称，共晶两相性质相近，两相在共晶成分附近析出能力相当，因而易于形成彼此依附的双相核心。同时，两相在共晶成分附近的扩散能力也接近，因而也易于保持两相等速的协同生长。因此，其共生区是以共晶点成分 C_E 为对称轴而形成的对称型共晶共生区（图 4-18）。其中，非小平面-非小平面共晶合金的共生区属此类型，氧化物共晶陶瓷中 Al_2O_3-ZrO_2 体系亦属该种类型，如图 4-19 所示。Al_2O_3-ZrO_2 共晶体系中两相具有相近的生长动力学，其共晶共生区呈对称分布。随过冷度或生长速率增加，共晶共生区依次出现平界面共晶共生区（planar eutectic）、晶团共生区（colonies）及胞状共晶共生生长区（cells coupled eutectic），所对应的凝固组织形貌如图 4-20 所示。

对于氧化物/氧化物自生复相陶瓷，共生共晶生长随过冷度或生长速率增加，依次出现层片晶生长区（平界面共晶共生生长）、胞晶生长区（胞状共晶共生生长）及枝晶生长区（小平面共晶枝晶生长）。当共生共晶两相具有相同的生长动力学时，共生共晶生长区为对称分布[141]。

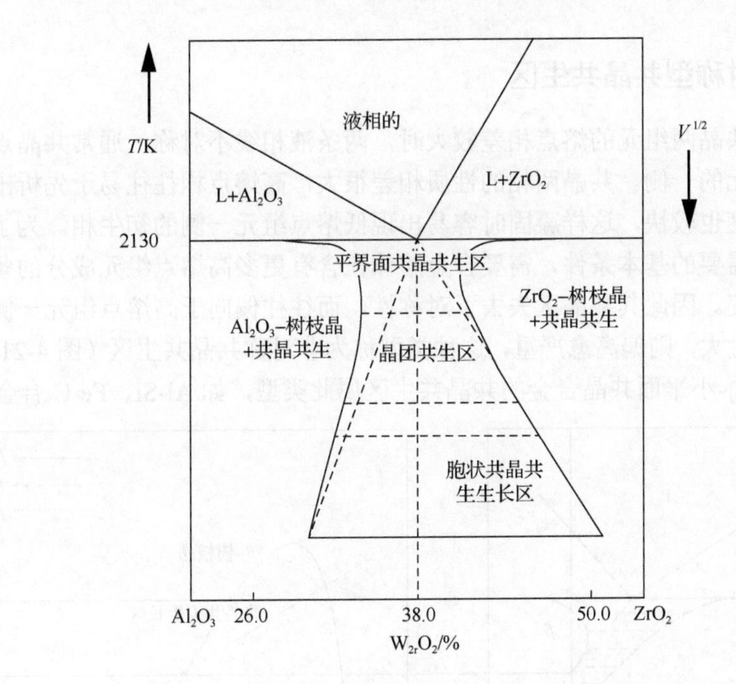

图 4-19　Al_2O_3-ZrO_2 体系的共晶共生区（阴影区域）[139]

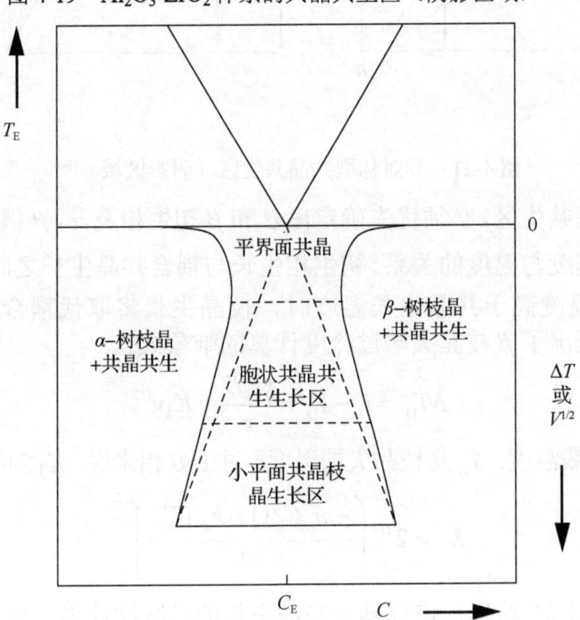

图 4-20　对称型共晶共生区（阴影区域）[140]

4.3.2　非对称型共晶共生区

当组成共晶两组元的熔点相差较大时，两条液相线不对称，通常共晶点会靠近低熔点组元的一侧。共晶两相的性质相差很大，高熔点相往往易于先析出，并且其生长速度也较快，这样凝固时容易出现低熔点组元一侧的初生相。为了满足共生生长所需要的基本条件，需要合金熔体在含有更多高熔点组元成分的条件下进行共晶转变。因此其共晶区失去了对称性，而往往偏向于高熔点组元一侧；两相性质差别愈大，则偏离愈严重，这种类型称为非对称共晶共生区（图 4-21）。大多数非小平面-小平面共晶合金的共晶共生区属此类型，如 Al-Si、Fe-C 合金等。

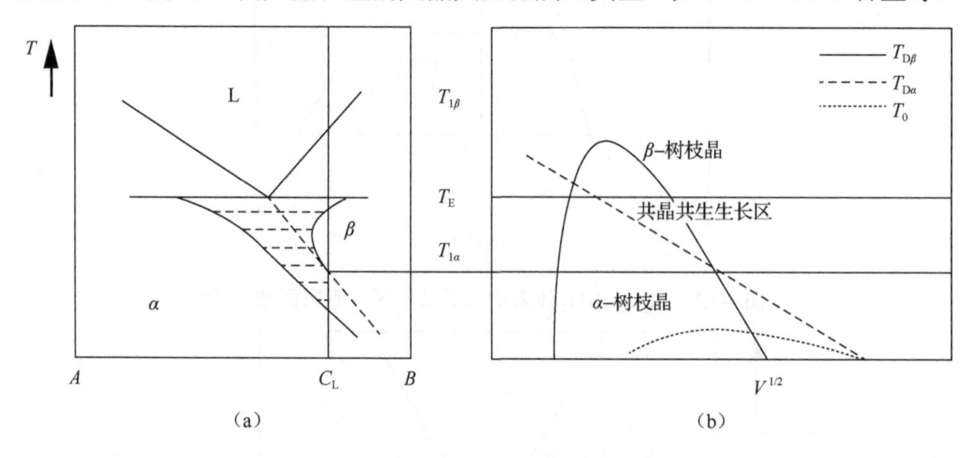

图 4-21　非对称型共晶共生区（阴影区域）[140]

为确定共晶共生区，必须优先确定出 α 和 β 初生相及 α - β 耦合共晶生长中各自的晶体长大速度与温度的关系。初生相生长与耦合共晶生长之间存在竞争关系，当枝晶尖端的温度高于共晶生长温度时，枝晶生长将取代耦合共晶生长 [142]。Burden 等 [143]提出了 β 枝晶尖端过冷度计算的唯象式：

$$\Delta T_{\mathrm{D}} = T_{\mathrm{l}} - T_{\mathrm{D}} = \frac{G_{\mathrm{T}} D}{v} + K_3 v^{1/2} \tag{4-13}$$

式中，T_{l} 是液相线温度；T_{D} 是枝晶尖端温度；对于 β 相来说，K_3 为常数表达式如下：

$$K_3 = 2^{2/3} \left(\frac{-m_\alpha C_{\mathrm{L}} \left(1 - k_\beta\right) \Gamma_\beta}{D} \right)^{1/2} \tag{4-14}$$

其中，C_{L} 由图 4-21 给出，进行耦合共晶生长的过冷度计算式可由 J-H 模型计算式导出[141]：

$$\Delta T_{\mathrm{D}} = T_{\mathrm{E}} - T_0 = \frac{K_2}{\sqrt{K_1}} v^{1/2} \tag{4-15}$$

图 4-21（b）给出了根据式（4-13）和式（4-14）中得出的 T_{D} 和 T_0 随生长速

度的变化情况，可以具体描述进行α、β领先相生长或α/β共晶耦合生长的选择机制——不同生长动力学决定的。将结果整合并添加至共晶相图内部，这样可以清晰地显示出非对称型不规则共晶共生区，如图 4-21 所示，即当共生共晶两相的生长动力学不相同时，材料的共生共晶区将偏向高熔点相。此时，在低生长速率下，因共生共晶生长区已延伸至远离共晶成分的区域，故即使材料成分略偏离共晶成分，材料组织仍为共晶结构。但是，在高生长速率下，共生共晶生长区较窄，故即使材料成分为亚共晶成分，微小的成分也将促进初生相的过多析出，从而出现类似具有亚共晶成分的、初生相枝晶与共晶结构相混杂的凝固组织。

实际上共晶共生区的形状并非像图 4-19 那样简单，它的多样性取决于液相温度梯度、初生相和共晶的长大速度与温度的关系。如图 4-21 所示阴影部分为温度梯度 $G_L>0$，呈铁砧式的对称型金属-金属共晶共生区。可以看出，当晶体长大速度较小时（阴影区的上部），此时为单向凝固的情况，可以获得平直界面的共晶组织、随着长大速度或过冷度的增加，共晶组织将变为胞状、树枝状。

第5章 共晶凝固行为及生长模型

5.1 共晶凝固行为

5.1.1 层片状共晶组织形核过程

层片状共晶组织是非小平面-非小平面共生共晶中最常见的一类组织特征。本节以球状共晶团为例讨论层片状共晶组织的形成过程。共晶相结晶时，并非两相同时出现，而是某一相在熔液中领先形核和生长，称为领先相，如图 5-1 所示。设共晶转变开始时，熔体首先通过独立形核而析出富 A 组元的领先相 α 相固溶体小球。α 相的析出促使界面前沿 B 组元原子的不断富集，且为新相（β 相）的析出提供了有效衬底，从而导致 β 相固溶体在 α 相球面上析出。在 β 相析出过程中，向前方的熔体中排出 A 组元原子，也向与小球相邻的侧面方向（球面方向）排出 A 原子，如图 5-2 所示。由于两相性质相近，从而促使 α 相依附于 β 相的侧面长出分枝。α 相分枝生长又反过来促使 β 相沿着 α 相的球面与分枝的侧面迅速铺展，并进一步导致 α 相产生更多的分枝。如此交替进行，很快就形成了具有两相沿着径向并排生长的球形共生界面双相核心，这就是共晶的形核过程。显然，在领先相表面一旦出现第二相，则可通过图 5-3 所示的“搭桥”方式产生新的层片来构成所需的共生界面进行增殖，而不需要每个层片重新形核，这样就可以由一个晶核长出整整一个共晶团。事实证明，这也是一般非小平面-非小平面共晶共有的形核方式。

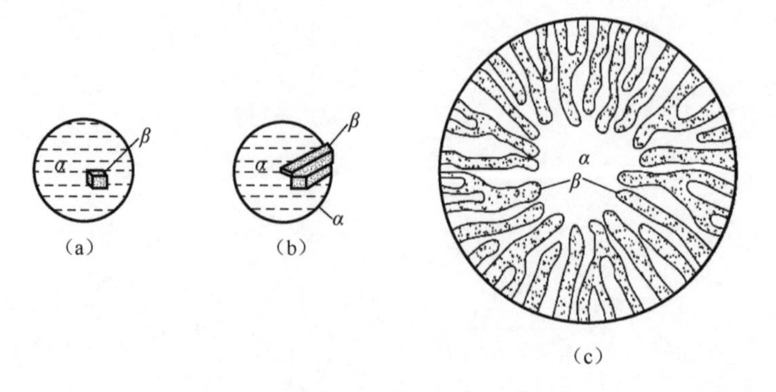

图 5-1 球形共晶的形核与长大[117]

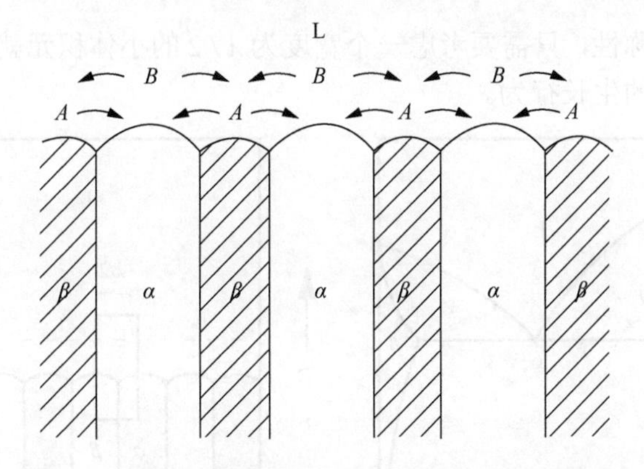

图 5-2　层片状共晶凝固时的原子横向扩散示意图[125]

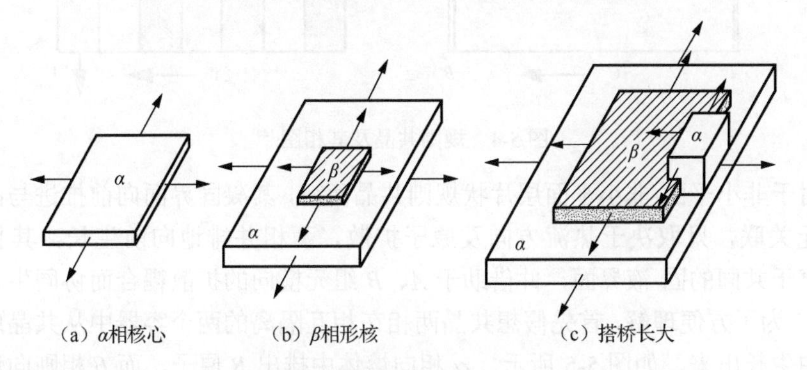

（a）α相核心　（b）β相形核　（c）搭桥长大

图 5-3　层片状共晶搭桥式形核方式[117,125]

5.1.2 层片状共晶组织扩散耦合生长

为了确定共晶两相的生长特性，假定固-液界面具有最简单的形态，即规则的层片状共晶生长时所具有的界面形态，这样可以将问题做简单的二维处理，而且由于对称性，因此只需要对两相单个层片的一半进行组合研究就可以表征整个共晶两相的生长特性。在图 5-4 中，假定合金在一个以速度v'向下垂直运动的坩埚中生长。在热稳态环境中这等同于凝固界面以$v=v'$速度向上推进。共晶成分的晶体生长时，凝固界面基本上是等温面，界面温度$T^*=T_e-\Delta T$，低于平衡共晶温度T_e。α/β相界面垂直于固-液界面，与生长方向平行。为了进一步研究，还需要更多了解涉及的质量传输问题。从相图中可以看到，两个固相的成分截然不同，而熔体成分C_e则介于两者之间。显然，稳态时固相的平均成分应该等于熔体成分。因此，共晶生长在很大程度上是一个质量扩散传输的问题。

图 5-4 中给出了一个简单的二元共晶相图和一个规则的层片状两相共晶形态（它是在正的温度梯度下进行定向凝固生长的）。α相和β相层片沿着垂直于固-液界面的方向并排生长。三相（α相、β相、液相）交界处结点的形状由机械平衡条件来决定。过冷度ΔT驱动着生长前沿以给定速度v进行移动。由于规则组织

具有完整性和对称性，只需要考虑一个宽度为$\lambda/2$的小体积元就可以表征整个界面在稳态条件下的生长行为。

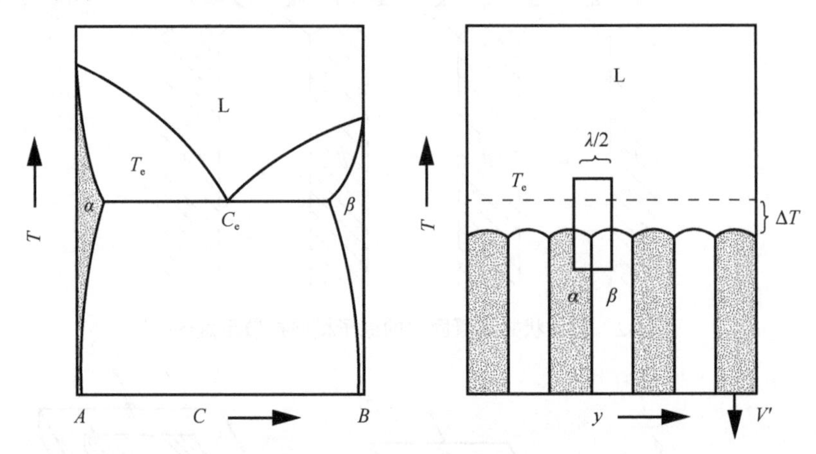

图 5-4　规则共晶及其相图[144]

对于非小平面-非小平面层片状规则共晶而言，其凝固界面向前推进与晶体学方向无关联，只取决于热流方向及原子扩散，两相并排地向前生长，其长大方向垂直于共同的固-液界面，并借助于A、B组元横向的扩散耦合而协同生长，如图 5-2。为了方便理解，首先假想共晶两相在相互隔离的两个容器中从共晶成分的熔体中生长出来，如图 5-5 所示，α相向熔体中排出B原子，而β相则向熔体中排出A原子。由于两个相均以平界面从熔体中独立生长，溶质传输必然沿生长方向进行长程扩散，在稳态下的溶质分布可以利用指数衰减式（图 5-6）来描述，产生了溶质富集程度及范围均很大的溶质边界层，厚度约为$2D/v$。如果两相前都具有成分过冷，它们的固-液界面将会失稳而产生树枝晶，使溶质析出更加

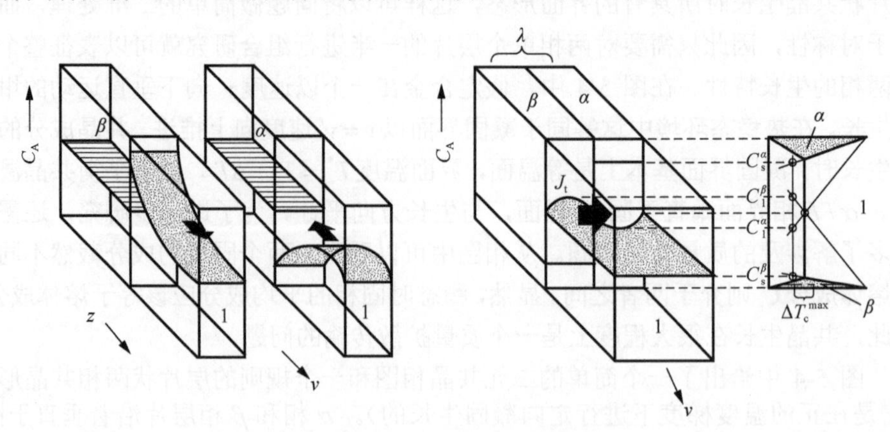

图 5-5　共晶的扩散场[144]

容易。值得注意的是，当浓度以原子分数表示时 $C_B=(1-C_A)$，如此长距离的长程扩散场将引起大范围的溶质聚集，相应的界面生长温度就非常低（远低于共晶温度 T_e）。在稳态生长过程中，每个相的界面温度均可由对应的亚稳态固相线来确定（图 5-6）。

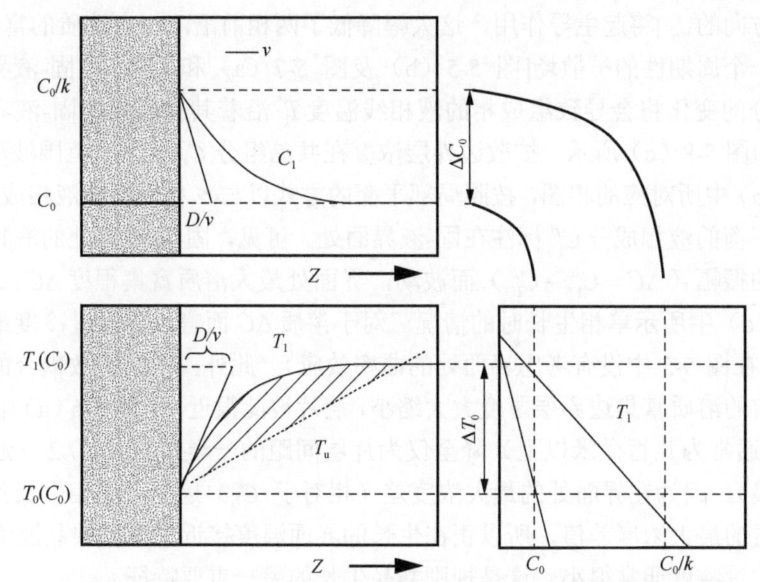

Z 为与固液界面的距离；C_0 为远离固液界面处的液相成分；C_0/k 为固液界面处的液相成分；ΔC_0 为凝固过程液相成分变化；C_l 为液相线成分；$T_0(C_0)$为固液界面处的温度；$T_l(C_0)$为远离固液界面处的温度；T_l 为液相线温度；T_u 为实际温度

图 5-6　合金中的成分过冷

如果设想两个共晶相在两个分开的相邻容器中从共晶成分的熔液中生长出来，见图 5-5（a），那么将会形成（图 5-6）非常大的稳态溶质扩散边界层。如果两个相都存在成分过冷，则其固-液界面将会失稳，形成枝晶结构，进而易于溶质的排出。若将这两个容器合放在一起，并拿掉中间的壁，见图 5-5（b），那么，由于 α/β 界面处浓度的突变，将会发生大范围的侧向混合。图 5-5（a）中平界面前沿的厚边界层（约等于 $2D/v$），将会变成厚度约与相间间距 λ 的相当的非常有限的边界层。边界层厚度的这种明显变化主要归因于扩散通量的变化。该扩散通量存在凝固界面前沿，并与固-液界面相平行，它使一相排出的溶质进入另一相，从而达到平衡（扩散耦）。边界层内的界面成分在共晶成分上下很小的范围内波动。当 v 一定时，波动的幅度随着 λ 的减小而降低。横向浓度梯度产生一个自由能梯度，这对 α/β 相界面施加一个垂直方向的“压缩”力，使 λ 趋向于减小。固-液界面左侧给出了对应的相图，这样可以确定局部的相平衡。可以看出，固-液界画前沿液相成分的变化幅度正比于最大溶质过冷度 ΔT_c^{max}。

现在设想两相是并列排列在一起的，并且两相固-液界面处在同一高度平面上，如图 5-5（b）所示，这相当于层片状规则共晶生长的实际情况，这非常有利于两相的协同生长，因为从其中一相排出的溶质正是另一相生长所需要的。因此，溶质原子沿着与层片垂直的固-液界面前沿所进行的横向扩散[图 5-5（b）中粗箭头所示方向的 J_t]将起主导作用，这大幅降低了两相前沿液相内溶质的富集程度，建立了一个周期性的扩散场[图 5-5（b）及图 5-7（a）和（b）]。固-液界面前沿液相成分的变化将会导致组成相的液相线温度 T_l^* 沿着其相应相的固-液界面发生变化，如图 5-8（c）所示。扩散边界层浓度在共晶组分 C_E 上下小范围波动。根据图 5-5（b）中所对应的相图，按照局部平衡的方式以与 α 相平衡的液相成分 C_l^α 及与 β 相平衡的液相成分 C_l^β 标注在固-液界面处。可见，固-液界面处的液相浓度仅按很小的振幅（ $\Delta C = C_l^\alpha - C_l^\beta$ ）而波动，界面处最大溶质富集程度 $\Delta C/2$ 远低于图 5-5（a）中所示单相生长时的情况。对于溶质 ΔC 而言，界面过冷度最大值为 $\Delta T_c^{\max}$（在图 5-5 中没有考虑界面处的曲率效应）。此外，横向扩散耦合的结果是使界面前的溶质富集边界层厚度大大缩小，层片彼此很近，由图 5-5（a）中约 $2D/v$（实际中通常为数百微米以上）降至仅为片层间距的一半左右（ $\lambda/2$ ，通常仅为微米量级）。因为在界面处的最大浓度差（相对于 C_E）远小于单相生长条件下溶质富集层的最大浓度差值，所以正在生长的界面温度接近于平衡共晶温度 T_e，即其界面的过冷度通常很小，这是规则共晶生长的另一重要特征。

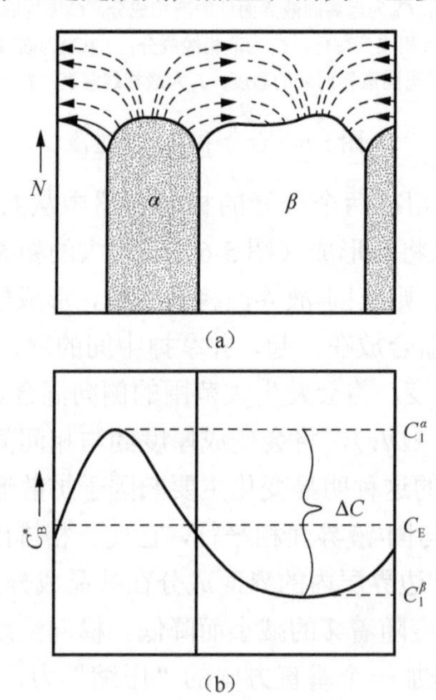

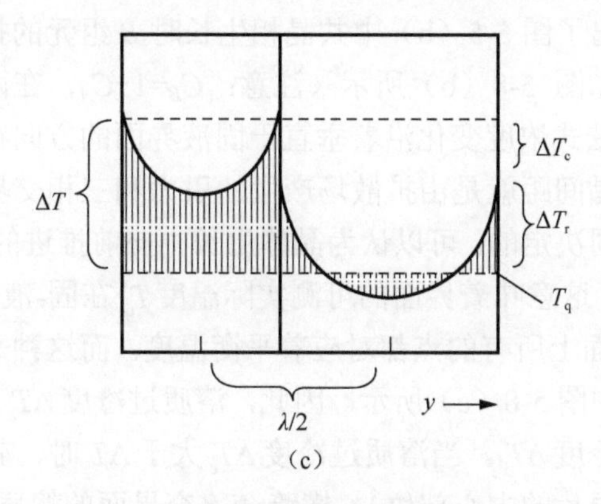

图 5-7　共晶的界面浓度和界面温度[144]

当然，α 及 β 相片层所共有的液-固界面通常并非平面（图 5-8），有 α、β 与熔体三相交界处的界面张力平衡产生的曲率（毛细作用）使共晶生长条件稍许偏离相图中的平衡状态，即毛细效应会致使共晶生长条件发生偏离。

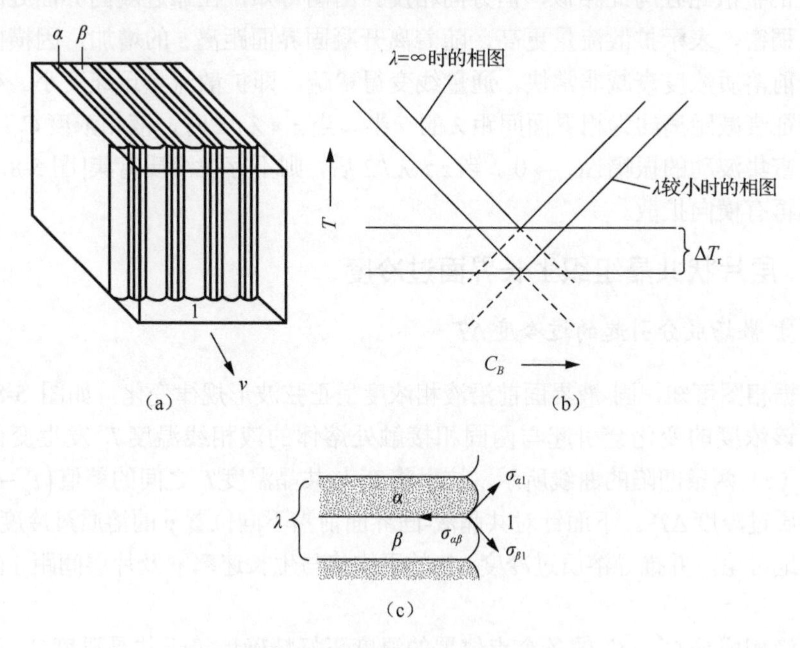

图 5-8　共晶界面曲率的影响[144]

扩散场使共晶组织的 λ 值最小化，致使晶体生长得更快。相反，随着 λ 的减小，固-液界面曲率增大会引起体系能量升高，故而曲率作用又会趋于使 λ 值增大。这种影响可用曲率过冷度 ΔT_r 来表示。如图 5-8 所示，曲率过冷度降低了平衡相图的液相线。与液相接触的固相呈现出正的曲率，是由三相交界处的机械平衡条件（界面张力的力学平衡）所决定的。

图 5-8（a）给出了图 5-5（b）中共晶相生长时 B 组元的扩散路径。界面前沿液相成分变化趋势如图 5-8（b）所示（注意：$C_B=1-C_A$，在两相交界处不一定是共晶成分）。这种正弦式浓度变化沿着垂直于固液界面的方向在一个相界面间距范围内迅速衰减。共晶间距就是由扩散场产生的引力和三相交界处毛细作用所引起的斥力两者平衡共同决定的。可以认为晶体生长中向前推进的固-液界面是处于局部热力学平衡状态。这意味着界面的可测实际温度 T_q^* 在固-液界面 $\lambda/2$ 范围内是常数，并且在固-液界面上所有的点都对应着平衡温度。而这种平衡温度又是局部成分和曲率的函数，如图 5-8（c）所示。因此，溶质过冷度 ΔT_c 和曲率过冷度 ΔT_r 之和必然等于界面过冷度 ΔT。当溶质过冷度 ΔT_c 大于 ΔT 时，就会出现如图中所示的负曲率现象（β 层片的中心部位）。横跨 a/β 交界面的溶质过冷度是不连续的，但也仅仅平衡温度是不连续的，并非实际温度的不连续。

图 5-8 中同时考虑了溶质横向扩散过程与毛细作用对凝固界面过冷度的影响。图 5-8（a）给出了界面处 B 原子的扩散路径（通量线）。需要注意的是：另一种原子 A 的扩散路径与此相似，但方向相反。由图可知，在靠近凝固界面处的通量线最为稠密，表示扩散流量更高，随着离开凝固界面距离 z 的增加，因横向扩散使界面前溶质浓度衰减非常快，通量线变得稀疏，即扩散流量迅速变小。横向扩散的特征衰减距离约为相界面间距 λ 的一半。当 $z \approx \lambda/2$ 时，液相浓度 $C_l \to C_e$，即溶质富集波动的振幅 $\Delta C \to 0$。当 $z > \lambda/2$ 后，则不存在溶质富集[图 5-8（b）]，也就不再有横向扩散。

5.1.3 层片状共晶组织生长界面过冷度

1. 扩散场成分引起的过冷度 ΔT_c

根据相图可知，固-液界面前沿液相浓度呈正弦波形规律变化，如图 5-8（b）所示。该浓度的变化会引起与两固相接触处熔体的液相线温度 T_l^* 发生变化，如图 5-8（c）两条凹陷的曲线所示。这里将 T_l^* 与共晶温度 T_e 之间的差值 $\left(T_e - T_l^*\right)$ 表达为溶质过冷度 ΔT_c。下面针对共晶液-固界面前沿不同位置 y 的溶质过冷度 ΔT_c 进行定性地讨论，并推导溶质过冷度 ΔT_c 的平均值与生长速率 v 及片层间距 λ 的定量关系。

在液相成分 $C_B^* = C_e$ 的各个点位置的温度正好精确地等于共晶温度 T_e，而那些靠近 α/β 相界面 α 相前沿液相的点，由于受到溶质横向扩散过程的影响，B 原子的原子百分数较低（甚至低于 C_E），故其液相线温度 T_l^* 较高（甚至高于 T_e）。另外，β 相前沿的熔体成分熔体中总是富集着比平衡共晶成分 C_E 更高的 A 原子，即 $C_A^* > C_e$。因此，其液相线温度 T_l^* 要低于 T_e，并且 T_l^* 随 C_A 的不断增加而降低（β 相前沿所对应成分的液相线温度 T_l^* 是根据相图上 β 相液相线的延长线来分析）。图 5-8（c）中 T_q^* 表示为界面实际温度，最右侧的 ΔT_c 为该位置（α/β 交界处）紧

靠 β 相的熔体成分引起溶质过冷度，即 $\Delta T_c = T_e - T_l^*$。由于溶质的横向扩散过程，凝固界面前沿各处的成分不同，故而图 5-8（c）中所对应不同位置的溶质过冷度 ΔT_c 也不同。再者，由于 α 及 β 相前的 T_l^* 分别是根据相图上各自的液相线延长线来确定的，所以 ΔT_c 的分布规律也不尽相同。此外，图 5-8（c）中还给出了毛细作用引起的过冷度 ΔT_r（后面将予以讨论）。

精确计算凝固界面前 α 及 β 相前沿不同位置的 ΔT_c，其公式推导及表达非常繁杂（详细推导过程，见 5.2 节）。为了简化分析起见，通常需要确定共晶界面前溶质过冷度 ΔT_c 的平均值，为此需要确定凝固界面前沿的溶质分布，并建立溶质流量平衡关系，即建立界面处的通量平衡式。

1）关于单位时间内由 α 相排出 B 溶质原子的流量 J_r 的计算（z 方向）

在速度为 v 的稳态生长条件下，优先考虑单位时间内因 α 相生长而排出到凝固界面前沿液相中 B 原子的流量 J_r（下标 r 表示排出）。一般地，单位面积固-液界面上在单位时间内所排出溶质的通量等于 $v\left(C_l^* - C_s^*\right) = vC_l^*(1-k)$。对于对称相图而言，两固相体积分数相等（即对称单元中每个相各占一半）的情形，对于 α 片层一半宽度（$\lambda/4$）、厚度为 h 的固-液界面的微小面积为 $h\cdot\lambda/4$ 而言，其在 z 方向 α 片层向前沿液相中所排出的溶质通量为

$$J_r = vC_l^*(1-k)(h\cdot\lambda/4) \tag{5-1}$$

在正常凝固条件下，假定凝固界面前沿液相浓度仅稍微偏离共晶成分（ΔC 典型值约为 1%），而 C_e 成分在 50%左右（即 α 和 β 相约各占一半），此时，溶液浓度偏差 ΔC 远小于 C_e，故 α 片层前沿的液相浓度近似为 $C_l^* \approx C_e$。因此，α 片层向前沿液相中所排出的溶质通量表达式（5-1）变为

$$J_r = vC_e(1-k)(h\cdot\lambda/4) \tag{5-2}$$

2）关于凝固界面前沿 α/β 相界面垂直方向（y 方向）的横向扩散流量 J_t 计算

在现有的数量级计算中，假定生长界面是平面状的，而且图 5-8（b）中界面正弦波形浓度变化可以近似地用锯齿波（浓度梯度恒定）来进行描述，其中该锯齿波的振幅为 $\Delta C = C_l^\alpha - C_l^\beta$，沿 y 方向的扩散距离（扩散长度）为 $\lambda/2$。这样，就可以求出固-液界面前沿 $(z=0)$ 液相中的浓度梯度：$\left(\dfrac{\mathrm{d}C}{\mathrm{d}y}\right)_{z=0} = \Delta C/(\lambda/2)$。值得注意的是：这个浓度梯度在界面前沿（沿 z 轴方向）衰减的极快，即当 $z \approx (\lambda/2)$，$\left(\dfrac{\mathrm{d}C}{\mathrm{d}y}\right)_{z=\lambda/2} \to 0$ 时，振幅 $\Delta C \to 0$。因此，在沿 z 方向 z 在 $0\sim(\lambda/2)$ 的液相带范围内的平均浓度梯度值是凝固界面处 $(z=0$处$)$ 浓度梯度的一半，即 $\mathrm{d}\bar{C}/\mathrm{d}y = -\Delta C/\lambda$，它导致了在厚度 $\lambda/2$ 的狭窄液相带中的横向扩散。因此，单位时间通过凝固界面前沿垂直于 α/β 交界面（沿 y 方向）微小面积（$h\cdot\lambda/2$）液相溶质的横向扩散通量（垂直于生长方向，是驱动浓度低于液相的固相结晶时排出的溶质进行再分布

所需要的）为

$$J_{t}=D\left(\Delta C/\lambda\right)\left(h\cdot\lambda/2\right) \tag{5-3}$$

稳态时，由于通量平衡，$J_{t}=J_{r}$，就可以得

$$\frac{\Delta C}{C_{e}\left(1-k\right)}=\frac{\lambda v}{2D} \tag{5-4}$$

事实上，式（5-4）与半球冠针状晶的扩散生长所导出的式完全相似[144]。该式的左侧对应于过饱合度，而右侧则为共晶生长的 Péclet 数。因此，式（5-4）也可以写成以下形式：

$$\Omega_{c}=P_{e} \tag{5-5}$$

通过式（5-4）中，浓度差ΔC（用于驱动共晶生长中所进行的溶质横向扩散或理解为扩散所需的驱动浓度差）可以确定出一个温度差（过冷度），即为溶质过冷度ΔT_{c}。具体确定过程如下：根据相图（图 5-12）可知，$\Delta C=\Delta C_{\alpha}+\Delta C_{\beta}$，通过借助恒定的液相线斜率，$\Delta C_{\alpha}=\Delta T_{c}/\left(-m_{\alpha}\right)$、$\Delta C_{\beta}=\Delta T_{c}/m_{\beta}$，则有$\Delta C=\Delta T_{c}\left(\frac{1}{-m_{\alpha}}+\frac{1}{m_{\beta}}\right)$，将此代入式（5-4），可以推导出由溶质扩散（或成分）所引起的ΔT_{c}关系式：

$$\Delta T_{c}=\frac{C_{e}\left(1-k\right)}{2D\left(\frac{1}{-m_{\alpha}}+\frac{1}{m_{\beta}}\right)}\lambda v=K_{c}\lambda v \tag{5-6}$$

由式（5-4）和式（5-6）的推导过程可知，这个问题并没有完全解决。因为，就像枝晶生长的情形一样，上面的式对高速生长时的细小共晶或低速生长的粗大共晶适用。式（5-6）所表达的只是一个近似关系，式中，过冷度ΔT_{c}仅为共晶界面处熔体液相线温度的平均值与共晶温度T_{e}之差，如图 5-9（a）所示，即熔体成分所引起的平均过冷度。值得强调的是：①这里所讨论的溶质过冷度ΔT_{c}（共晶温度T_{e}与界面处液相线温度T_{l}^{*}之差）并非传统意义上所涉及的成分过冷概念（即液相线温度T_{l}^{*}与实际温度T之间的差值）；②根据前面的分析可知，相较于单相固溶体凝固而言，共晶界面前沿的成分富集程度及扩散边界层距离均要小很多，因此，共晶界面前沿液相温度T_{l}的变化及其作用距离并不足以引起共晶生长产生胞状或柱状树枝晶组织。

到此为止，问题并没有得到彻底解决，因为尚未考虑一定片层间距情况下的曲率效应对温度的影响。

2. 层片状共晶界面曲率效应（ΔT_{r}的计算）

现在重新回顾一下存在于共晶固-液界面前沿的周期性浓度变化（图 5-8）。可以看出，对应于共晶生长界面的液相线温度T_{l}^{*}是变化的。例如，α相前沿的某

些区域的T_l^*值高于T_e值，而在α相及β相中心区域的T_l^*值低于T_e值，甚至低于实际界面温度T_q^*。然而，由于各相的导热性好及片层尺度小等原因，故而实际界面温度T_q^*为常数，即规则共晶固-液界面为等温面。因此，T_l^*与T_e之间过冷度的差值[图5-8（c）中的阴影部分]必然由局部的曲率（产生曲率过冷度ΔT_r）来补偿，以保持界面处的局部平衡，即

$$\Delta T = \Delta T_c + \Delta T_r = T_e - T_q^* = 常数 \tag{5-7}$$

例如，在某相片层较宽（或相界面间距λ很大）的中心区域（图5-8中的β相）可能会出现负的曲率（凹陷），在此处曲率过冷ΔT_r为负值，以便对受控于溶质的、很高的界面过冷度进行补偿（此处$\Delta T_c > \Delta T = T_e - T_q^*$）。

在图5-7所示的α/β界面与生长界面的交界处，还必须考虑另外一条件，即在三相结合处，α/β界面能$\sigma_{\alpha\beta}$必须与α/l和β/l的界面能（$\sigma_{\alpha l}$和$\sigma_{\beta l}$）的分量之和保持力学平衡。这样，三相交界处的交角即由该处的力学平衡来确定[144]，而与力学平衡相关的$\sigma_{\alpha l}$和$\sigma_{\beta l}$的高低及其方向（角度）决定了α及β片层的曲率。α/l界面（或β/l界面）的曲率是保持三相交界处的交角相匹配必须考虑的，它使平衡温度变化了ΔT_r，该ΔT_r是y的函数[见图5-8（c）]。显然，生长界面不同位置（沿y方向）的曲率有所差别[图5-8（a）]，其中，α/l和β/l界面的平均曲率计算过程相对复杂[144]，为了处理问题的方便，这里假设各处曲率相等，即计算中取平均值曲率K。

利用由毛细作用（曲率效应）所引起熔点温度变化关系式[144]，将曲率效应与液相线温度相关联，即$\Delta T_r = \Gamma K$，式中，Γ为Gibbs-Thomsom系数。由于曲率K与$1/\lambda$成正比，即$K = K'/\lambda$（K'为常数），则有$\Delta T_r = \Gamma K'/\lambda$。对于特定物相而言，其Gibbs-Thomsom系数Γ为常数，于是得

$$\Delta T_r = \frac{K_r}{\lambda} \tag{5-8}$$

式中，K_r为常数。由式（5-6）及式（5-8）确定的ΔT_c及ΔT_r分别标记在图5-9（a）中。但值得注意的是：图5-9（a）中的各个过冷度为确定凝固速度v及特定的层片间距λ'条件下的情况，且均为平均值。

5.1.4 共晶片层间距的最小过冷度准则

利用式（5-6）～式（5-8），可以得到层片状共晶固-液界面处总的过冷度$\Delta T = \left(T_e - T_q^*\right)$为

$$\Delta T = \Delta T_c + \Delta T_r = K_c \lambda v + \frac{K_r}{\lambda} \tag{5-9}$$

由式（5-9）可知，当片层间距λ变化时，两种过冷度以截然相反的方式变化，如图5-9（b）所示。可知，ΔT_c随着λ的增大而线性增大（液相线温度T_l^*下降，

$\Delta T_c = T_e - T_1^* = K_c \lambda v$）；而$\Delta T_r$则按反比例函数随片层间距$\lambda$的增大而减小；总过冷度$\Delta T$（即两项之和）随着$\lambda$变化的关系可以用图 5-9（b）中阴影区域的上缘曲线来进行描述，而图 5-9（a）所给出的是图 5-9（b）中选取任意片层间距λ'为例的情况。显然，从纯数学角度来看，对于ΔT-λ关系，式（5-9）不具有唯一解，而具有很多组ΔT-λ数据可满足该式。即使ΔT确定后，也同时存在两个λ值[图 5-9（b）中的阴影区域的上缘曲线]，且两者可能相差很大。

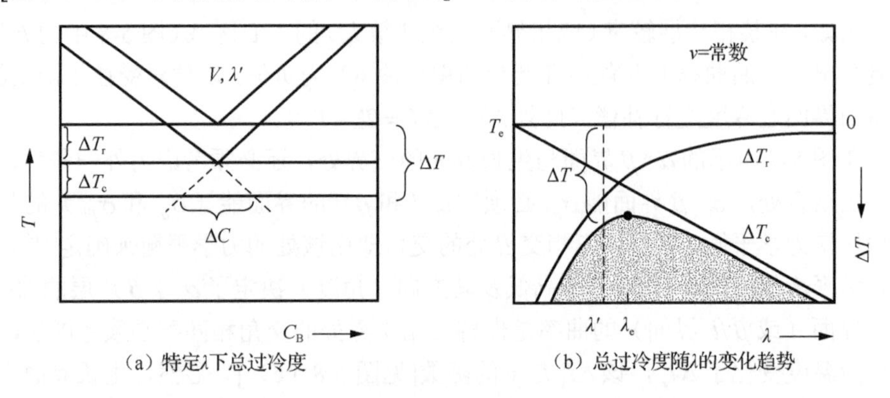

图 5-9　层片共晶生长时总界面过冷度的构成[144]

根据图 5-8（c）可以确定出平均曲率过冷度及平均溶质过冷度。当间距变化时，上述两种过冷度按截然相反的规律变化：由式（5-6）可知，随着间距λ的增大，ΔT_c线性增大；而根据式（5-9），ΔT_r则表现出不断减小的趋势，如图 5-9（b）所示。值得注意的是，ΔT是从T_e向下计量的。溶质横向扩散场和界面曲率两者的综合作用使ΔT-λ曲线上呈现出最小值或T-λ曲线上出现最大值。当间距λ较小时，共晶生长由界面张力效应（毛细作用）控制（$\Delta T_r > \Delta T_c$）；而当间距λ较大时，扩散则为控制过程的主要因素。一般普遍认为，生长是在极值λ_e处发生的。提高生长速率，可增加ΔT_c线斜率的绝对值，但不影响ΔT_r曲线，因而使T-λ曲线的最大值向着间距较小的一端移动。

分析图 5-9（b）可知，当λ较小时，共晶的生长主要受到毛细作用的控制，即曲率过冷ΔT_r的作用大于溶质横向扩散作用ΔT_c；然而，当λ较大时，则溶质横向扩散则成为关键因素，此时ΔT_c占据主导作用。在ΔT-λ关系曲线上存在着一个极值点，即在$\lambda = \lambda_e$时，共晶生长界面的温度最高，换言之，此时界面过冷度ΔT为最小值，如图 5-10 所示。一般认为，对于规则层片共晶而言，共晶生长最可能发生在过冷度最小值处，这即为共晶凝固理论中著名的最小过冷度准则，亦称为极值准则（extremum criterion）。根据该准则可知，过冷度的极小值点所对应的共晶片层间距趋于确定值λ_e。

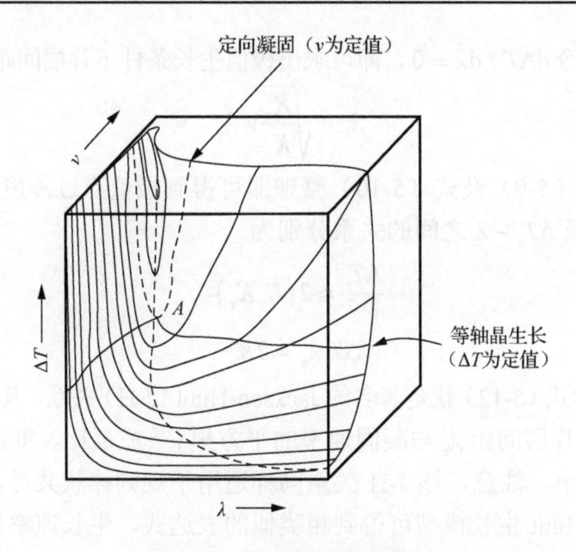

图 5-10　共晶间距最佳化[144]

存在着一系列可能的间距，其中每一个间距都满足局部平衡的要求。这种情况可用该图的 ΔT-v-λ 曲面来表示。这些面形成了一个从图的左后方到图的右前方的沟槽[这里的 ΔT 轴正方向与图 5-9（b）相反]。可以看出，如果限制了生长速率（v 为定值），例如，定向凝固，就可得到 ΔT-λ 关系曲线的最小值 ΔT_{min}（例如 A 点），它相当于图 5-9（b）中 T-λ 曲线中的最大值 v_{max}；如果 ΔT 为定值，例如，等轴晶（等温）生长，v-λ 曲线就在 A 点达到最大值。对应于 ΔT_{min} 和 v_{max}（A 点）的间距称为“极限”或“最佳”间距；对于规则层片共晶而言，这一间距与试验测定的数值非常接近。

对于特定陶瓷在确定的凝固冷却条件下所得到的规则共晶，其片层间距虽然具有一定的分散度，但分散度并不大，共晶片层间距 λ 基本接近，且其平均值略高于 λ_e。大量的研究表明，共晶片层间距处于一定范围[145]，其下限为 λ_e，上限高于 λ_e 约 20%。当然，极值准则所确定的 λ_e 除了与合金性质因素所决定的常数 K_c、K_r 的取值有关外，还受到凝固条件的影响，例如生长速率 v。因此，虽然确定了陶瓷成分，但是由于铸件大小或凝固先后有所差别，晶体的生长速率也会出现差异，故而壁厚不同或同一铸件不同部位所观察到的片层间距也会有较大差别。下面介绍 λ_e 与 v 及 K_c、K_r 的关系。

图 5-9（b）所描述的是共晶生长速率 v 为确定值的情形，如果 v 增大，将会使图中 ΔT_c-λ 线性关系曲线的斜率绝对值增大；然而，v 值的变化并未对 ΔT_r-λ 关系曲线产生影响。因此，v 值增大将会使 ΔT-λ 关系曲线上极值点的位置 λ_e 左移（图 5-10），故而能够获得更小的共晶片层间距。根据式（5-9）可知，ΔT 是有关 λv 乘积的函数，该式是不能单值求解的。为了确定共晶的生长特性，还需要额外的条件。对于规则共晶生长而言，通常选择极值判据来进行描述。根据这个假设，对

式（5-9）求导并令 $\mathrm{d}\Delta T / \mathrm{d}\lambda = 0$，即可求出极值生长条件下片层间距 λ_e 与 v 的关系：

$$\lambda_e = \sqrt{\frac{K_r}{K_c}} v^{-\frac{1}{2}} \tag{5-10}$$

同时，由式（5-9）及式（5-10）整理即可得到极值点过冷度 ΔT_e 与共晶生长速度 $v\left(\Delta T_e - v\right)$ 及 $\Delta T_e - \lambda$ 之间的关系分别为

$$\frac{\Delta T_e}{v^{1/2}} = 2\left(K_c K_r\right)^{\frac{1}{2}} \tag{5-11}$$

$$\Delta T_e \lambda_e = 2K_r \tag{5-12}$$

式（5-11）和式（5-12）就是著名的 Jackson-Hunt（J-H）关系。其中，由式（5-10）可知，规则共晶片层间距 λ_e 与凝固速率的平方根 $v^{1/2}$ 成反比，即凝固速率越大，共晶层片间距越小。注意，该 J-H 关系同样适用于规则棒状共晶，即参照层片状组织的 Jackson-Hunt 生长模型可得到相类似的表达式，生长速率越快，共晶组织越细，材质的性能越好。

这里，可以通过从共晶凝固的物理过程角度来理解式（5-10）所表达的 λ_e - v 关系。同一相界面前沿横向的溶质浓度分布并非均匀。例如，α 相片层前沿的中心处 B 原子扩散的距离比在 α / β 交界处要远，所以在 α 片层中部 B 原子的扩散比 α - β 交界处要困难得多。因此，这很容易造成 B 原子聚集而使浓度升高，而且片层越厚（λ 越大）这种情况越严重。另一方面，生长速度 v 越快，B 原子扩散出去的机会就越少，上述 B 原子聚集的情况就更加严重，这会影响 α 相在此处的继续生长速度，进而形成了凹坑，使 B 原子扩散越发困难。当 B 原子浓度升高至足以使 β 相形核时，新的 β 相片层则在此处形成，这使片层间距得以调整，如图 5-11（a）所示。因此，共晶生长速度 v 越快（共晶阶段冷却速率越大），相应的片层间距 λ 就会越小。如图 5-11（b）所示为 v 增大引起共晶片层间距减小的实例。

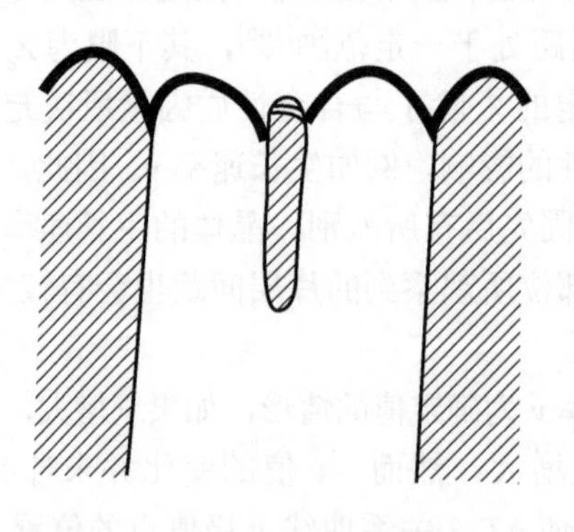

（a）片层间距λ的调整示意图

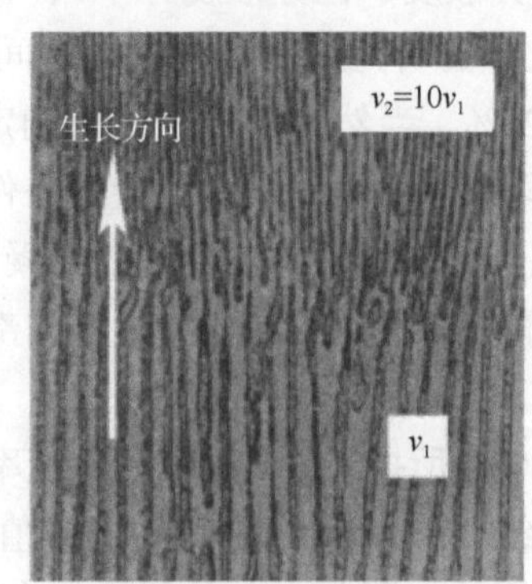

（b）v增大引起λ减小的实例（Pb-Sn共晶）

图 5-11　生长速度 v 增大对共晶片层间距 λ 的影响[117,146]

5.2 共晶生长模型

在共晶陶瓷凝固过程中晶体的生长过程较为复杂，要弄清多种因素之间因果关系并不是一件容易的事。但是，共晶陶瓷在凝固过程中的晶体生长也是受到传热、传质及界面能等因素的控制，通过考虑上述因素人们建立各种数学模型定性描述共晶体生长问题，即建立共晶凝固界面前沿过冷度 ΔT、生长速度 v 及规则共晶层片间距 λ 之间的函数关系。下面对几个常用的理论模型进行介绍。

5.2.1 J-H 模型

当前，描述共晶陶瓷耦合生长的经典模型还是 J-H 模型[147]。为简化起见，假定共晶体两相 α/β 进行规则层状生长，对应相图如图 5-12（a）所示。在长大过程中，沿固-液界面进行横向扩散占主导，建立一个周期性溶质扩散场，如图 5-12（b）所示，浓度呈正弦式规律变化，并在距固-液界面一个相界面间距 λ 的范围内迅速衰减。界面前沿溶质浓度的变化将会产生过冷，称为溶质过冷度 ΔT_c。根据相图[图 5-12（a）]，ΔT_c 大小与浓度差 $\Delta C_C = \left(C_i^l - C_E\right)$ 和液相线斜率 $m_i (i=\alpha,\beta)$ 有关，其表达式为

$$\Delta T_c = -m_i \Delta C_C \tag{5-13}$$

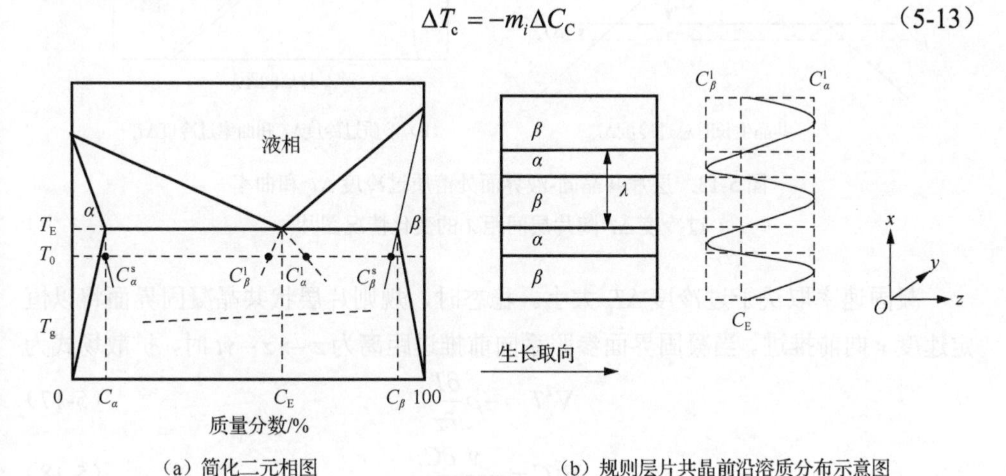

（a）简化二元相图　　（b）规则层片共晶前沿溶质分布示意图

图 5-12 共晶体规则层状生长[141]

除了溶质过冷度 ΔT_c 外，凝固界面温度 T_0 还与曲率过冷度 ΔT_r 和动力学过冷度 ΔT_k 有关。其中，曲率过冷度 ΔT_r 表达式为

$$\Delta T_r = \frac{2\gamma}{r\Delta S_m} \tag{5-14}$$

式中，r 为凝固界面曲率半径；γ 是固-液界面表面能；而 ΔS_m 则表示单位体积的

熔化熵。当凝固界面凸向液相时，曲率过冷度 ΔT_{r} 为正值。研究表明：只有当曲率半径小于 10μm 时，毛细作用或曲率过冷度对于界面温度的影响才会明显。

动力学过冷度 ΔT_{k} 表示界面前沿中液相原子转变成固相需要的驱动力，表达式为

$$\Delta T_{\mathrm{k}} = \frac{v}{\mu_i} \tag{5-15}$$

式中，μ_i 为各共晶相的动力系数；v 是晶体的生长速度。对于金属而言，ΔT_{k} 通常忽略不计，但对于高熔化熵物质（氧化物陶瓷）而言，由于动力系数 μ_i 非常小，因此动力学过冷度不能忽略。

由式（5-13）～式（5-15）可得到层片共晶固-液界面处总过冷度 ΔT_0 [图 5-13（a）]为

$$\Delta T_0 = T_{\mathrm{E}} - T_0 = \Delta T_{\mathrm{c}} + \Delta T_{\mathrm{r}} + \Delta T_{\mathrm{k}} \tag{5-16}$$

式中，T_{E} 为平衡二元共晶点温度；T_0 为凝固界面温度。

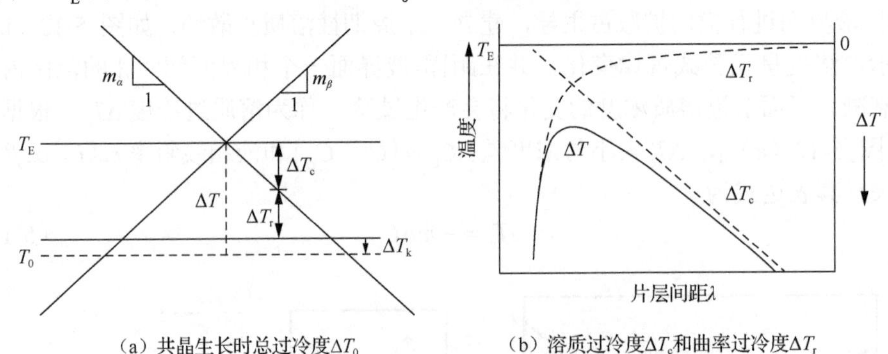

（a）共晶生长时总过冷度ΔT_0　　（b）溶质过冷度ΔT_{c}和曲率过冷度ΔT_{r}

图 5-13　层片共晶固-液界面处溶质过冷度 ΔT_{c} 和曲率过冷度 ΔT_{r} 随片层间距 λ 的变化情况图[141]

凝固速率取决于过冷度 ΔT_0 大小。稳态时，规则片层状共晶凝固界面将以恒定速度 v 向前推进。当凝固界面参照系向前推进距离为 $z \to z - vt$ 时，扩散场式为

$$\nabla^2 T = -\rho \frac{\partial T}{\partial z} \tag{5-17}$$

$$\nabla^2 C = -\frac{v}{D}\frac{\partial C}{\partial z} \tag{5-18}$$

式中，ρ 为热扩散系数；D 为溶质扩散系数；$C = C_i^{\mathrm{l}}(i = \alpha、\beta)$。

忽略固相中的溶质扩散，并假设 $D \ll \rho$，则固相和液相内温度分布可以用恒定的温度梯度 G 来表示：

$$T = T_{\mathrm{E}} + Gz \tag{5-19}$$

假设 α、β 两相的密度相等，片层间距为 $\lambda = t_\alpha + t_\beta$（图 5-14），则式（5-17）的通解为[147]

$$C = C_{\mathrm{E}} + \sum_{n=0}^{\infty} B_n \exp\left\{-\omega_n z \cos\left(\frac{2n\pi x}{\lambda}\right)\right\} \tag{5-20}$$

式中，

$$\omega_n = \frac{v}{2D} + \left[\left(\frac{v}{2D}\right)^2 + \left(\frac{2n\pi}{\lambda}\right)^2\right]^{\frac{1}{2}} \tag{5-21}$$

由式（5-21）可知，溶质浓度沿着 z 方向（生长方向）呈指数衰减，并且沿着 x 方向呈现周期性变化。系数 B_n 是通过界面处的质量守恒定律来确定。为了简化计算，假设共晶凝固界面为平面，则很容易求出平均溶质浓度 $\bar{C}_i$，于是可以计算平均溶质过冷度为

$$\Delta T_{\mathrm{c}} = m_i\left(C_{\mathrm{E}} - \bar{C}_i\right) \tag{5-22}$$

第二个需要考虑的是由 α -l 和 β -l 界面（图 5-14）曲率所引起的平均曲率过冷度。将界面平均曲率代入式（5-14）可得

$$\Delta T_{r,i} = \frac{2a_i}{t_i},\quad i = (\alpha, \beta) \tag{5-23}$$

式中，t_i 是 i 相的片层厚度；$a_i = \Gamma_i \sin\theta_i$，其中，$\Gamma_i = \left(\frac{T_{\mathrm{E}}}{H_{\mathrm{f}}^i}\right)\gamma_i$ 是 Gibbs-Thomson 系数；H_{f}^i 为单位体积的熔化潜热；γ_i 是 i 相的固-液界面能。角度 θ_i 是三相交点处液相和两个固相之间的接触角（图 5-14），存在平衡关系为

$$\gamma_\alpha \cos\theta_\alpha = \gamma_\beta \cos\theta_\beta$$
$$\gamma_\alpha \sin\theta_\alpha + \gamma_\beta \sin\theta_\beta = \gamma_{\alpha\beta} \tag{5-24}$$

式中，$\gamma_{\alpha\beta}$ 是 α/β 相界面能。

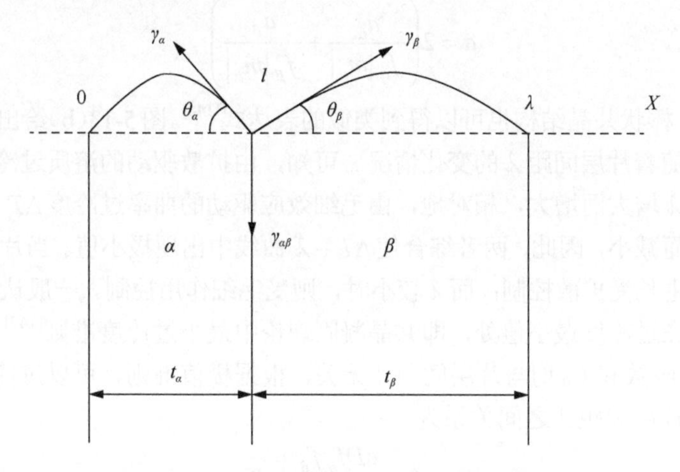

图 5-14　层片状共晶固-液界面处的曲率效应[141]

假设$t_\alpha = t_\beta$，单位体积内α/β界面面积为$\frac{2}{\lambda}$，凝固时吉布斯自由能变化为

$$-\Delta G = \frac{H\Delta T_r}{T_E} - \frac{2\gamma_{\alpha\beta}}{\lambda} \tag{5-25}$$

显然，对于给定的片层间距λ，过冷度取极小值时自由能变化量为零，此时：

$$\Delta T_r = \frac{2\gamma_{\alpha\beta}T_E}{H\lambda} \tag{5-26}$$

为简化计算，忽略动力学过冷度（$\Delta T_k = 0$），将式（5-22）及式（5-23）代入式（5-16），可得界面总过冷度为

$$\Delta T_i = m_i\left(C_E - \bar{C}_i\right) + \frac{2a_i}{t_i} \tag{5-27}$$

共晶相进行耦合生长时，各相前沿的平均过冷度相等，即$\Delta T_\alpha \approx \Delta T_\beta = \Delta T$，则可得出过冷度$\Delta T$与片层间距$\lambda$关系为

$$\frac{\Delta T}{\bar{m}} = \frac{\lambda v}{D}\frac{C_0\prod\left(\lambda, k_i\right)}{f_\alpha f_\beta} + \frac{a}{\lambda} \tag{5-28}$$

注意：式（5-28）中右侧第一项为溶质过冷度ΔT_c项，第二项为曲率过冷度ΔT_r项。C_0为共晶线总长度；$\prod(\lambda, k_i)$为结构函数[148]，它是共晶 Péclet 数（$P_e = \frac{\lambda}{\delta_c} = \frac{\lambda v}{2D}$）、相体积分数$f$以及溶质分配系数$k_i$的函数；$\bar{m}$和$a$均为液相线斜率$m_i$和体积分数$f_i$的函数：

$$\bar{m} = \frac{|m_\alpha||m_\beta|}{m_\alpha + m_\beta} \tag{5-29}$$

$$a = 2\left(\frac{a_\alpha}{f_\alpha|m_\alpha|} + \frac{a_\beta}{f_\beta|m_\beta|}\right) \tag{5-30}$$

同样地，棒状共晶结构也可以得到类似的表达式[148]。图 5-13(b)给出了式(5-28)中，过冷度随着片层间距λ的变化情况。可知，由扩散驱动的溶质过冷度ΔT_c项随着片层间距λ增大而增大，相对地，由毛细效应驱动的曲率过冷度ΔT_r项随着片层间距λ增加而减小，因此，两者综合使$\Delta T - \lambda$曲线中出现极小值。当片层间距λ较大时，共晶生长受扩散控制；而λ较小时，则受毛细作用控制。一般认为共晶生长最可能发生在过冷度最小值处，即共晶凝固理论中最小过冷度准则[147]。

假设$\prod$函数和C_0均与片层间距λ无关，根据极值准则，可以过冷度ΔT、生长速度v及片层间距λ之间关系为

$$v\lambda^2 = \frac{aDf_\alpha f_\beta}{\prod C_0} = K_1 \tag{5-31}$$

$$\lambda \Delta T = 2ma = K_2 \tag{5-32}$$

式（5-32）为 J-H 关系，共晶耦合生长条件下，片层间距 λ 与凝固速率的平方根（$v^{1/2}$）成反比，即凝固速率越大，层片间距越小，组织细化，该 J-H 关系同样适用于规则棒状共晶。注意：J-H 关系（$\lambda^2 v$=常数）只适用于共晶溶质 Péclet 数 $P_e = v\lambda / 2D$ 远小于 1 的情形，此条件只有在慢速凝固下才能满足。目前，J-H 关系已在很多氧化物共晶陶瓷体系中得到证实。图 5-15 给出了利用定向凝固制备 Al_2O_3/YSZ 和 Al_2O_3/YAG 共晶陶瓷时，考察相间距 λ 随生长速率 v 变化情况证实了上述结论，当 v 在 1～1500mm/h 范围变化时，对应 λ 值在 0.2～10μm[133]。

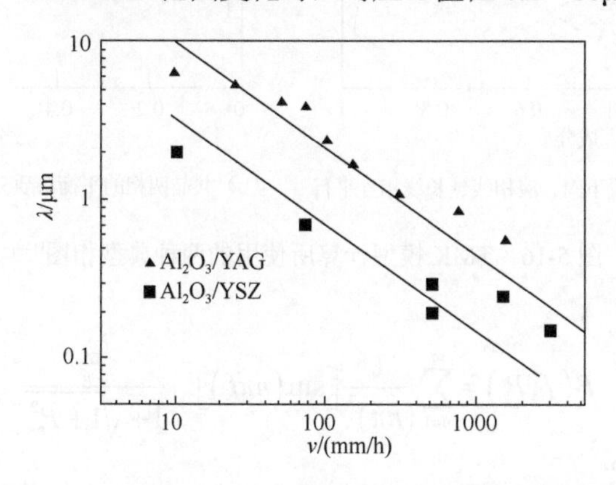

图 5-15　定向凝固 Al_2O_3/YSZ 和 Al_2O_3/YAG 共晶的相间距 λ 与生长速率 v 间定量关系[141]

图中拟合直线对应 $\lambda^2 v$ = constant 关系式

5.2.2　TMK 模型

J-H 模型对稳态条件下规则共晶定向凝固行为的拟合具有非常高的精度，能够很好地描述了过冷度、生长速度与规则共晶层片间距之间的函数关系。但是，J-H 模型只适用于低过冷度（或 Péclet 数 $P_e = v\lambda / 2D$ 远小于 1）情形。当凝固界面过冷度较大、生长速度较快时，J-H 模型会产生较大的误差，已不适合于描述共晶的生长行为。1987 年，Trivedi 等[149]解除了 J-H 模型中关于生长速度远小于溶质扩散速度的基本假设条件，将 J-H 模型扩展到凝固速率较快的共晶生长过程，建立了快速凝固（或较大 Péclet 数）条件下的共晶生长理论模型（TMK 模型）。该模型主要考虑了下述两种相图（图 5-16）情况下共晶生长过程中的溶质扩散场和凝固界面的曲率效应，进而确定过冷度 ΔT、生长速度 v 及规则共晶层片间距 λ 之间的函数关系。

（1）情形Ⅰ：雪茄型相图，即任一共晶相的液相线和固相线在共晶温度下的亚稳延长线相互平行，如图 5-16（a）所示。该类相图下的共晶生长中过冷度 ΔT、

生长速度 v 及层片间距 λ 之间存在以下函数关系：

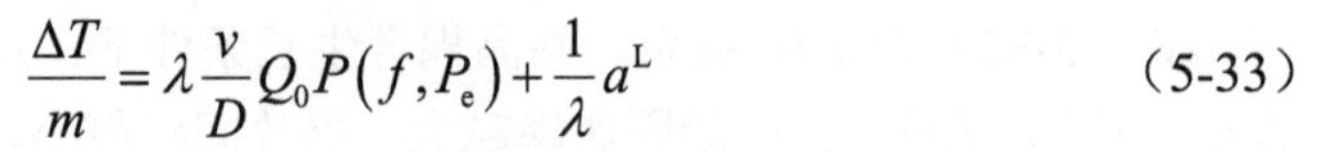

$$\frac{\Delta T}{m}=\lambda\frac{v}{D}Q_0P\left(f,P_{\mathrm{e}}\right)+\frac{1}{\lambda}a^{\mathrm{L}} \tag{5-33}$$

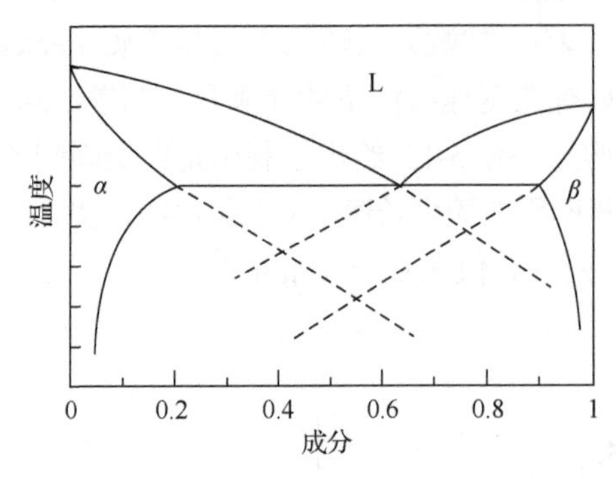

（a）雪茄型，即共晶线下固、液相线延长线相互平行

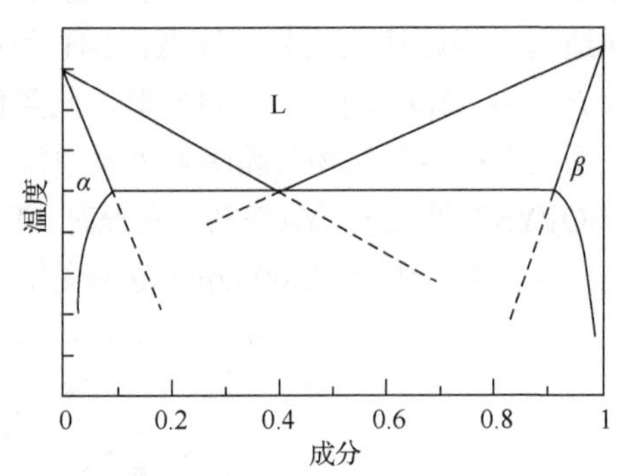

（b）共晶两相的平衡溶质分配系数k相等，即$k_{\alpha}=k_{\beta}$

图 5-16　TMK 模型计算所使用的两种典型相图[149]

又

$$P\left(f,P_{\mathrm{e}}\right)=\sum_{n=1}^{\infty}\frac{1}{\left(n\pi\right)^3}\left[\sin\left(n\pi f\right)\right]^2\cdot\frac{P_n}{1+\sqrt{1+P_n^2}} \tag{5-34}$$

式中， $P_n=2n\pi/P_{\mathrm{e}}$ 。

根据共晶在最小过冷度条件下生长的极限条件，式（5-33）对 λ 求导可得

$$\lambda^2 v=\frac{a^{\mathrm{L}}}{Q_1^{\mathrm{L}}} \tag{5-35}$$

又

$$Q_1^{\mathrm{L}}=\frac{Q_0}{D}\cdot\left[P+\lambda\left(\frac{\partial P}{\partial\lambda}\right)\right] \tag{5-36}$$

式中，

$$P+\lambda\left(\frac{\partial P}{\partial\lambda}\right)=\sum_{n=1}^{\infty}\frac{1}{\left(n\pi\right)^3}\left[\sin\left(n\pi f\right)\right]^2\cdot\left[\frac{P_n}{1+\sqrt{1+P_n^2}}\right]^2\frac{P_n}{\sqrt{1+P_n^2}} \tag{5-37}$$

同时，还可以获得界面过冷度关系式：

$$\Delta T\lambda=ma^{\mathrm{L}}\left[1+\frac{P}{P+\lambda\left(\partial P/\partial\lambda\right)}\right] \tag{5-38}$$

由式（5-33）和式（5-35）可确定出这种雪茄型相图中给定过冷度条件下的晶体生长速度 v 及层片间距 λ 之间单值关系。

（2）情形II：$k_{\alpha}=k_{\beta}$ 型相图，即共晶两相的平衡溶质分配系数 k 值相等，如图 5-16（b）所示。该类相图下的共晶生长中过冷度 ΔT 、生长速度 v 及层片间距 λ 之间存在以下函数关系：

$$\frac{\Delta T}{m}=\lambda\frac{v}{D}Q_0P\left(f,P_{\mathrm{e}},k\right)+\frac{1}{\lambda}a^{\mathrm{L}} \tag{5-39}$$

又

$$P\left(f,P_{\mathrm{e}},k\right)=\sum_{n=1}^{\infty}\frac{1}{\left(n\pi\right)^3}\left[\sin\left(n\pi f\right)\right]^2\cdot\frac{P_n}{\sqrt{1+P_n^2}-1+2k} \tag{5-40}$$

同样，根据共晶在最小过冷度条件下生长的极限条件，式（5-39）对λ求导可得

$$\lambda^2 v=\frac{a^{\mathrm{L}}}{Q_2^{\mathrm{L}}} \tag{5-41}$$

又

$$Q_2^{\mathrm{L}}=\frac{Q_0}{D}\cdot\left[P+\lambda\left(\frac{\partial P}{\partial\lambda}\right)\right] \tag{5-42}$$

式中，

$$P+\lambda\left(\frac{\partial P}{\partial\lambda}\right)=\sum_{n=1}^{\infty}\frac{1}{\left(n\pi\right)^3}\left[\sin\left(n\pi f\right)\right]^2\cdot\left[\frac{P_n}{\sqrt{1+P_n^2}-1+2k}\right]^2\frac{P_n}{\sqrt{1+P_n^2}} \tag{5-43}$$

由式（5-39）和式（5-41）可确定出当前相图情形下特定过冷度条件下的晶体生长速度v及层片间距λ之间单值关系。

下面介绍 TMK 模型的具体推导求算过程：

图 5-17 是在定向凝固条件下稳态下形成的共晶组织的层状结构示意图。液体中的溶质受稳定状态下扩散式的影响。该扩散式在一个参照系中，在Z方向上移动以恒定速度v变化，即

$$\frac{\partial^2 C}{\partial X^2}+\frac{\partial^2 C}{\partial Z^2}+\frac{v}{D}\frac{\partial C}{\partial Z}=0 \tag{5-44}$$

式中，C是溶质浓度；D是溶质在液体中的扩散系数。反映共晶结构周期性的通解由式（5-45）给出：

$$C-C_{\infty}=\sum_{n=0}^{\infty}B_n\mathrm{e}^{-\omega_n Z}\cos\left(b_n X\right) \tag{5-45}$$

其中，C是远离界面的液体的溶质浓度；$b_n=n\pi/l$，其中l是层间距的一半（即$l=\lambda/2$）。

又

$$\omega_n=\left(v/2D\right)+\left[\left(v/2D\right)^2+b_n^2\right]^{1/2} \tag{5-46}$$

对于扩散问题来说，较远场的边界条件是

$$Z=\infty\text{时，}C=C_{\infty} \tag{5-47}$$

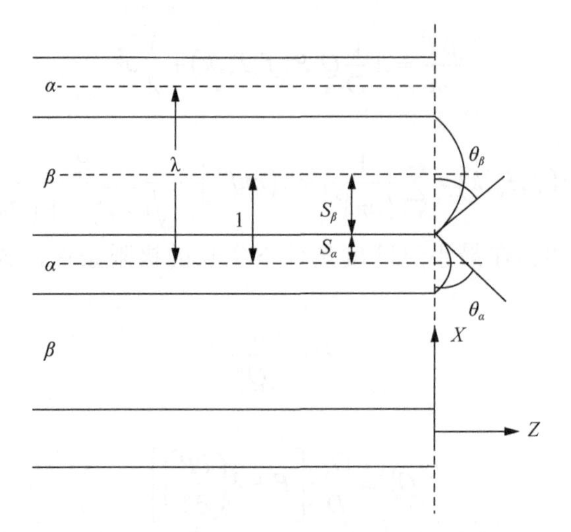

图 5-17　层片状共晶生长界面示意图

式（5-45）给出的解满足这个条件。另一个边界条件，需要评估系数 B_n。该系数由界面处的溶质通量平衡给出。

对于 α 相：

$$-\left(\frac{\partial C}{\partial Z}\right)_{Z=0}=\frac{v}{D}C\left(X,0\right)\left(1-k_\alpha\right) \tag{5-48}$$

对于 β 相：

$$-\left(\frac{\partial C}{\partial Z}\right)_{Z=0}=-\frac{v}{D}\left[1-C\left(X,0\right)\right]\left(1-k_\beta\right) \tag{5-49}$$

式中，$C(X,0)$是沿着 α 相或 β 相的界面浓度。k_α 和 k_β 分别是溶质在 α 和 β 相中的溶质分配系数。我们按照 J-H 模型的定义，将溶质分配系数定义为含量较小组元在固相中与其在液相中的平衡浓度之比。

由式（5-48）、式（5-49）给出式（5-45）在边界条件下的通解是相当复杂的。J-H 模型通过假设式（5-46）中 $\omega_n=b_n$ 以及式（5-49）中 $C\left(X,0\right)\cong C_{\mathrm{E}}$ 来简化处理问题。在本书所提出的数学模型中，解除了这些假设，并得到了两种相图情形的该问题的通解。它们是：①亚稳相图是雪茄形的，在共晶温度以下的固相线和液相线平行；②分配系数是一个任意的常数，但是 $k_\alpha=k_\beta$。

（1）情形I：雪茄型相图。对于这种情况，溶质浓度的差异在液体界面和固体界面的温度是互不影响的。此时，我们可以重写通量平衡式（5-49）。

对于 α 相：

$$-\left(\frac{\partial C}{\partial Z}\right)_{Z=0}=\frac{v\Delta C_\alpha}{D} \tag{5-50}$$

对于 β 相：

$$-\left(\frac{\partial C}{\partial Z}\right)_{Z=0}=\frac{v\Delta C_{\beta}}{D} \tag{5-51}$$

式中，ΔC_{α} 和 ΔC_{β} 分别是在 α/l 和 β/l 液相界面处的液相和固相成分的差异。

对于式(5-50)和式(5-51)给出的边界条件傅里叶系数 B_0 和 B_n 可以由式(5-52)和式（5-53）得到

$$B_0=\left(\Delta C_{\alpha}S_{\alpha}-\Delta C_{\beta}S_{\beta}\right)/l \tag{5-52}$$

$$B_n=\frac{2}{(n\pi)^2}\frac{n\pi}{\omega_n}\frac{v}{D}C_0\sin(n\pi f) \tag{5-53}$$

式中，$C_0=\Delta C_{\alpha}+\Delta C_{\beta}$；$f$ 是 α 相的体积分数，即 $f=S_{\alpha}/l$。

在 α 相和 β 相前端可以采用 J-H 模型来得到液体中的平均组成 $\overline{C_{\alpha}}$ 和 $\overline{C_{\beta}}$，如下：

$$\overline{C_{\alpha}}=C_{\infty}+B_0+\frac{2l^2}{S_{\alpha}}\frac{v}{D}C_0P(f,p) \tag{5-54}$$

$$\overline{C_{\beta}}=C_{\infty}+B_0-\frac{2l^2}{S_{\beta}}\frac{v}{D}C_0P(f,p) \tag{5-55}$$

式中，

$$P(f,p)=\sum_{n=1}^{\infty}\frac{1}{(n\pi)^3}\left[\sin(n\pi f)\right]^2\frac{P_n}{1+\sqrt{1+P_n^2}} \tag{5-56}$$

其中，$P_n=2n\pi/p$，Péclet 数 $p=v\lambda/2D$。值得注意的是，式(5-55)和式(5-56)写成这种形式是为了与对应的 J-H 模型进行比较。两者唯一不同的是关于函数 $P(f,p)$ 的定义，该函数在 J-H 模型中仅仅是关于 f 的函数。对于每个正整数 n 值而言，当 $P_n\gg 1$ 时，该函数越接近 J-H 模型的数值，即当满足 $v\ll \pi D/\lambda$ 时，该模型转化为满足较小 Péclet 数的条件 J-H 模型。但是，在高速生长的情况下，$P(f,p)$ 函数将呈现出明显的差异。图 5-18（a）给出了不同的 p 值下 $P(f,p)$ 函数值随着体积分数 f 变化情况，而图 5-18（b）则给出不同 f 值下，$P(f,p)$ 函数值随着 p 值变化情况。可以看出，给定 f 值下，在较高的生长速度条件下，$P(f,p)$ 函数值急剧下降。

根据上述结果，可以通过使用最小过冷度判据来计算界面过冷度和片层间距，该计算过程与较小 Péclet 数条件下的稳定性判据近乎相同。由于计算过程与 J-H 模型相类似，为了简明起见，这里只给出最终结论：

界面过冷度 ΔT 与层片间距 λ 的关系为

$$\Delta T/m=(v\lambda/D)Q_0P(f,p)+\left(\alpha^{\mathrm{L}}/\lambda\right) \tag{5-57}$$

又有

$$Q_0=\frac{C_0}{f(1-f)} \tag{5-58}$$

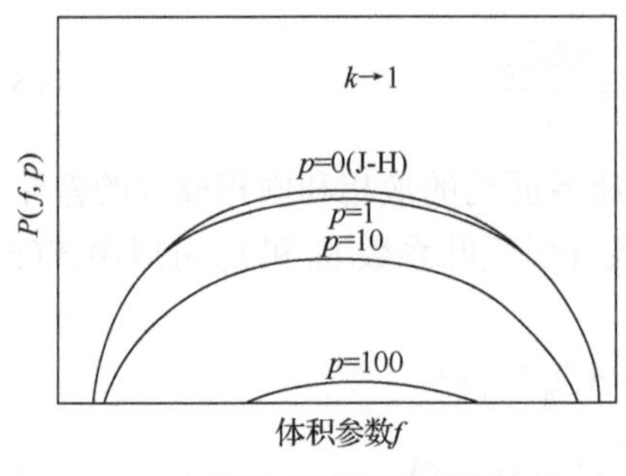

（a）不同p值下P值随f变化

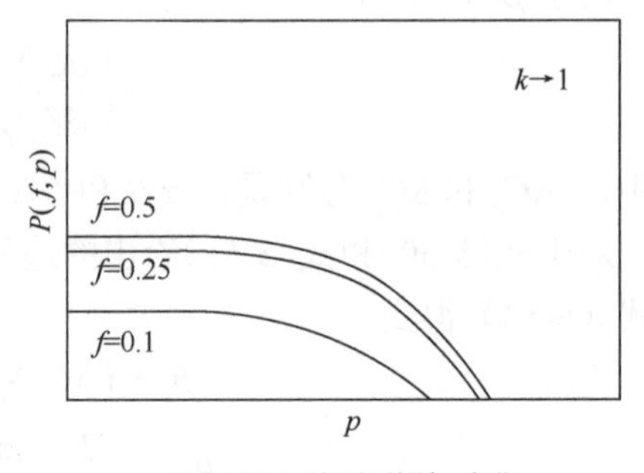

（b）不同f值下P值随p变化

图 5-18　$P(f,p)$函数值的变化情况

$$\alpha^{\mathrm{L}}=2\left[\frac{\alpha_{\alpha}^{\mathrm{L}}}{fm_{\alpha}}+\frac{\alpha_{\beta}^{\mathrm{L}}}{(1-f)m_{\beta}}\right] \tag{5-59}$$

式中，m_{α}和m_{β}分别为α相和β相液相线的斜率（这样定义是为了让它们都为正数），并且$m=m_{\alpha}m_{\beta}/(m_{\alpha}+m_{\beta})$。$\alpha_{\alpha}^{\mathrm{L}}$和$\alpha_{\beta}^{\mathrm{L}}$是由 J-H 模型定义的关于毛细作用的常数（$\alpha_{i}^{\mathrm{L}}=\Gamma_{i}\sin\theta_{i}^{\mathrm{L}}$，$\Gamma$是界面能与熔化熵的比值，$\theta^{\mathrm{L}}$由图 5-21 定义）。

利用最小过冷度准则，可以得到生长速度v与片层间距λ之间的关系：

$$\lambda^{2}v=\alpha^{\mathrm{L}}/Q^{\mathrm{L}} \tag{5-60}$$

式中，$Q^{\mathrm{L}}=(Q_{0}/D)\left[P+\lambda(\partial P/\partial\lambda)\right]$。

对于常数$P(\lambda)$而言，该结果和 J-H 模型相类似（不同的P值）。但是，对于Q^{L}表达式的大括号中的项在高生长速度下将会导致$\lambda^{2}v$项不再是一常数。同样，若D值随着过冷度发生显著变化，$\lambda^{2}v$项不再是常数。大括号中$\left[P+\lambda(\partial P/\partial\lambda)\right]$项的大小可由式（5-61）表示：

$$P+\lambda\left(\frac{\partial P}{\partial\lambda}\right)=\sum_{n=1}^{\infty}\frac{1}{(n\pi)^{3}}\left[\sin(n\pi f)\right]^{2}\left[\frac{P_{n}}{1+\sqrt{1+P_{n}^{2}}}\right]^{2}\frac{P_{n}}{\sqrt{1+P_{n}^{2}}} \tag{5-61}$$

共晶界面前沿的过冷度的表达式为

$$\lambda\Delta T=m\alpha^{\mathrm{L}}\left[1+\frac{P}{P+\lambda(\partial P/\partial\lambda)}\right] \tag{5-62}$$

当$P(\lambda)$项是一个常数时，式（5-62）与 J-H 模型结果式（5-40）相一致。

（2）情形Ⅱ：$k_{\alpha}=k_{\beta}$型相图。这里所考虑k为任意常数，但必须满足$k_{\alpha}=k_{\beta}$的要求。注意，满足这个条件即可，不需要考虑相图对称性。在式（5-48）和式（5-49）中，代入$k_{\alpha}=k_{\beta}$，得到由式（5-45）给出的扩散式通解的边界条件，所得到傅里叶系数为

$$B_0 = \frac{(1-k)}{k}\frac{\left[S_\alpha C_\infty - S_\beta\left(1-C_\infty\right)\right]}{1} \tag{5-63}$$

$$B_n = \frac{2}{(n\pi)^2} l \frac{v}{D}(1-k)\frac{P_n}{2k-1+\sqrt{1+P_n^2}} \times \left[\sin\left(n\pi f\right)\right] \tag{5-64}$$

式中，$k_\alpha = k_\beta = k$。

将式（5-64）的结果代入式（5-45），可以得到浓度场分布，并由此可以计算出 α 相和 β 相界面前沿液相的平均成分。计算结果与式（5-57）相一致，其中，C_0=(1−k)[①]和函数 P 均与 k 值大小有关，P 函数由式（5-65）给出：

$$P\left(f,p,k\right) = \sum_{n=1}^{\infty}\frac{1}{\left(n\pi\right)^3}\left[\sin\left(n\pi f\right)\right]^2 \times \frac{P_n}{2k-1+\sqrt{1+P_n^2}} \tag{5-65}$$

注意，对于 $k\to1$ 的极限情况下，函数 $P(f,p,k)$ 与情形 I 得到的结果相近。再考虑另一极限（k=0）情况，这样就可以对两种极限下 $P(f,p,k)$ 函数进行比较。图 5-19（a）给出了函数 P 在不同 p 下随着 f 的变化情况。对于给定 f 的情况下，P 函数值会随着 p 的增大而增大，如图 5-19（b）所示。该结果与情形 I 恰好相反。图 5-20（a）和图 5-20（b）分别给出了 $f=0.25$ 条件下，$P(f,p,k)$ 函数值随 p（对于不同的 k）和 k（对于不同的 p）的变化情况。注意：在较大的 Péclet 数值下，$P(f,p,k)$ 函数值严重偏离常数值。结合式（5-64）和式（5-65）即可分别求算出层间间距 λ 和界面过冷度 ΔT。则 $P+\lambda(\partial P/\partial\lambda)$ 项的表达式为

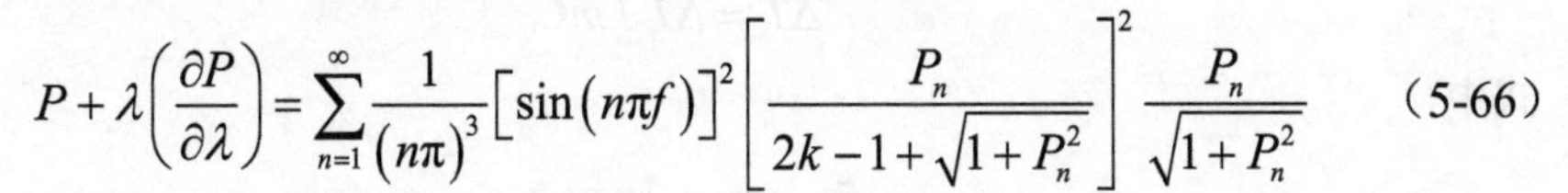

$$P+\lambda\left(\frac{\partial P}{\partial\lambda}\right) = \sum_{n=1}^{\infty}\frac{1}{\left(n\pi\right)^3}\left[\sin\left(n\pi f\right)\right]^2\left[\frac{P_n}{2k-1+\sqrt{1+P_n^2}}\right]^2\frac{P_n}{\sqrt{1+P_n^2}} \tag{5-66}$$

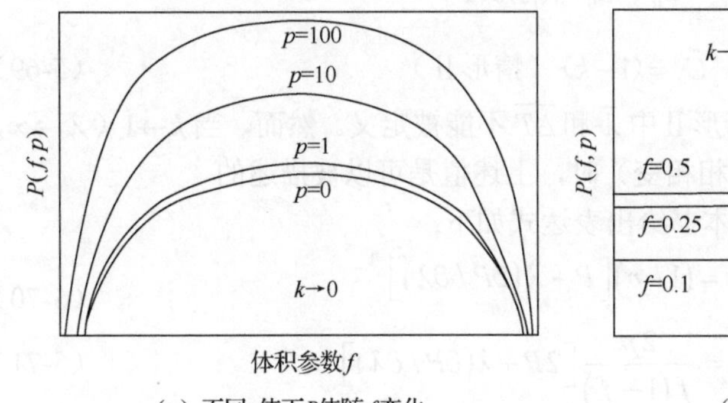

（a）不同p值下P值随f变化

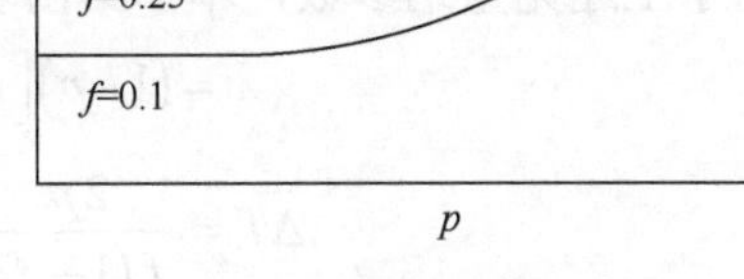

（b）不同f值下P值随p变化

图 5-19　情形II下，在 $k\to0$ 下 $P(f, p)$函数值的变化情况

① 此处 k 为无量纲参数，其值的大小与成分测量的方式有关(质量分数或原子百分数)。因此，对于特定的测量系统，C_0 和 1−k 也均为无量纲参数。

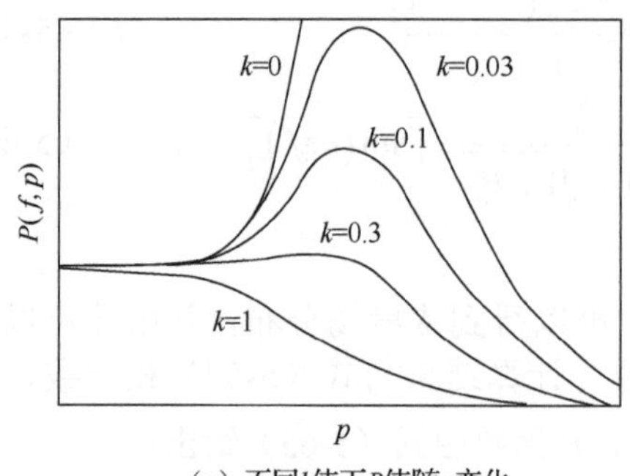

（a）不同k值下P值随p变化

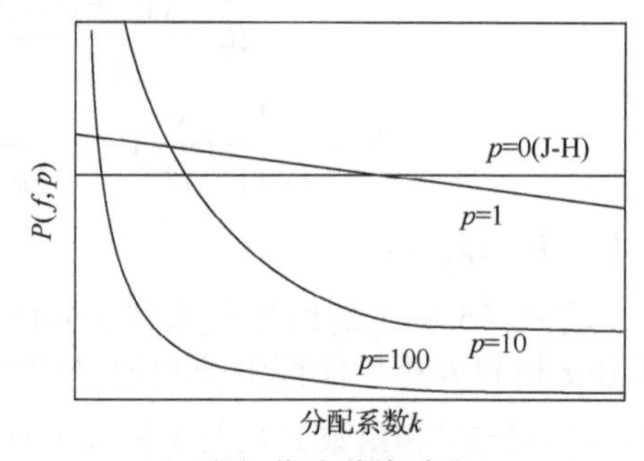

（b）不同p值下P值随k变化（f=0.25）

图 5-20　$k_\alpha = k_\beta$ 情形下，分配系数 k 值对 $P(f, p)$函数值的影响

TMK 模型与 J-H 模型之间的不同之处在于关键参数（溶质 Péclet 数）的处理上。J-H 模型主要考虑了极限 ($p \ll 1$) 的情况。但在较高的速度下，p 值可以大于 1。因此，为了研究高速下共晶间距和界面过冷度之间的定量关系，这里优先考虑定义出恰当的无量纲参数，并用 Péclet 数表征这些参数的变化情况。

无量纲片层间距 $\bar{\lambda}$ 和无量纲过冷度 $\overline{\Delta T}$ 分别定义为

$$\bar{\lambda} = \lambda \tilde{C}_0 \Big/ \left[(1-f)\frac{a_\alpha^{\mathrm{L}}}{m_\alpha} + f\frac{a_\beta^{\mathrm{L}}}{m_\beta} \right] \tag{5-67}$$

$$\overline{\Delta T} = \Delta T / m\tilde{C}_0 \tag{5-68}$$

式中，

$$\tilde{C}_0 = C_0 \text{（情形 I ）}$$

$$\tilde{C}_0 = (1-k) \text{（情形 II ）} \tag{5-69}$$

注意，当 $k=1$ 时，在情形 II 中 $\bar{\lambda}$ 和 $\overline{\Delta T}$ 不能被定义。然而，当 $k \to 1$（$\lambda \to \infty$，$\Delta T \to 0$，对应于无扩散的单相相变）时，上述值是可以被描述的。

对于上述无量纲参数，本书给出表达式如下：

$$\bar{\lambda} = (1/p)\left[P + \lambda(\partial P/\partial \lambda)\right]^{-1} \tag{5-70}$$

$$\overline{\Delta T} = \frac{2p}{f(1-f)}\left[2P + \lambda(\partial P/\partial \lambda)\right] \tag{5-71}$$

图 5-21 和图 5-22 分别给出了在情形 I （或情形 II 中 $k \to 1$ 情况）下和在情形 II 下 $k=0$ 时 $\bar{\lambda}$ 和 $\overline{\Delta T}$ 随着 Péclet 数的变化情况。下面将重点讨论这两种情况下在较大 Péclet 数下出现的巨大差异，并阐述了溶质分配系数 k 值对出现这种转变的影响机制。

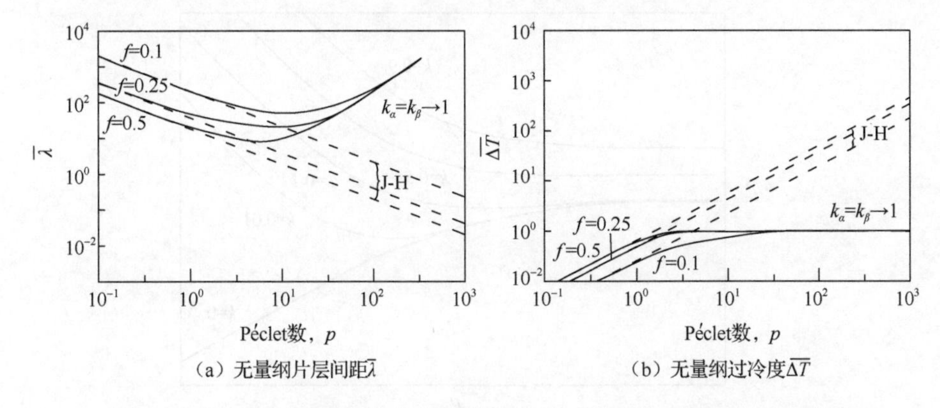

（a）无量纲片层间距$\overline{\lambda}$　　（b）无量纲过冷度$\overline{\Delta T}$

图 5-21　情形Ⅰ（或情形Ⅱ中 k→1 情况）中无量纲片层间距 $\overline{\lambda}$ 和无量纲过冷度 $\overline{\Delta T}$ 随 Péclet 数的变化

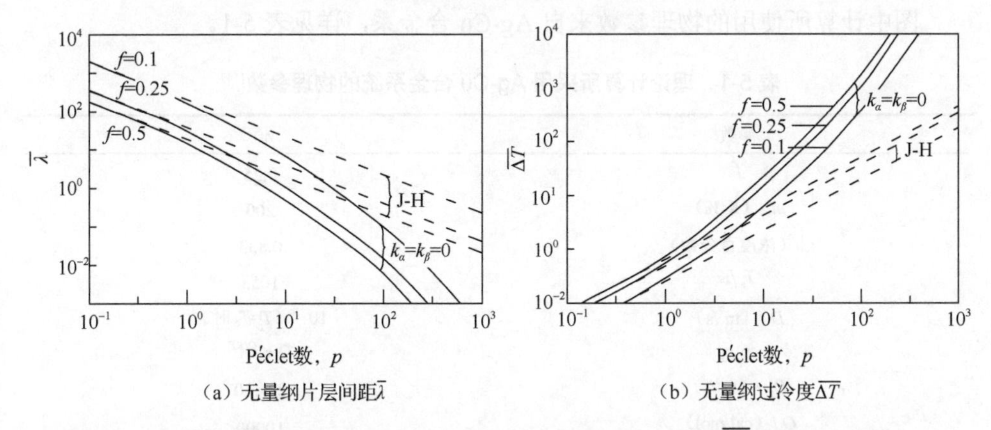

（a）无量纲片层间距$\overline{\lambda}$　　（b）无量纲过冷度$\overline{\Delta T}$

图 5-22　情形Ⅱ中 k=0 情况下无量纲片层间距 $\overline{\lambda}$ 和无量纲过冷度 $\overline{\Delta T}$ 随 Péclet 数的变化

1. 共晶特征

图 5-21（a）和图 5-22（a）表明，片层间距 $\overline{\lambda}$ 在较大 Péclet 数情况下严重偏离 J-H 模型的预测结果。对于情形Ⅰ而言，随着 Péclet 数的增加，片层间距 $\overline{\lambda}$ 逐渐降低至最小值，然后逐渐增大。然而，对于情形Ⅱ中 k=0 时的情况而言，随着 Péclet 数的增加，片层间距 $\overline{\lambda}$ 是单调降低的（仅仅是在 p =1 附近，曲线的斜率发生了一定的变化）。类似地，当 k→1 时，界面过冷度 $\overline{\Delta T}$ 随着 Péclet 数的增加而逐渐趋近某一常数；而当 k=0 时，界面过冷度 $\overline{\Delta T}$ 随着 Péclet 数的增加而发生单调降低变化（曲线斜率同样在 p =1 附近发生变化），如图 5-21（b）和图 5-22（b）所示。

片层共晶在较低生长速度下具有两个重要特征：① $\lambda^2 v$ =常数；② $\lambda\Delta T$ =常数。但该规律在较高生长速度下并不成立。例如，$\lambda^2 v$ 值在较大 Péclet 数情况下并不是一恒定常数，而是随着 Péclet 数发生变化，如图 5-23 所示。同样地，在绘制无量纲 $\lambda\Delta T$ 随着 Péclet 数发生变化情况时也会发现类似的现象。

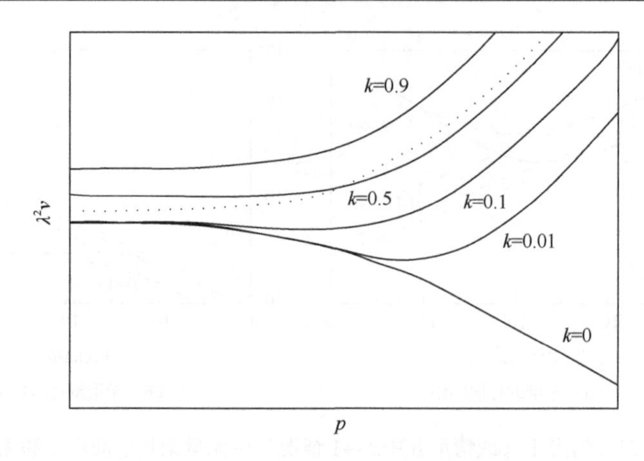

图 5-23　$\lambda^2 v$ 随 Péclet 数的变化

图中计算所使用的物理参数来自 Ag-Cu 合金系，详见表 5-1。

表 5-1　理论计算所采用 Ag-Cu 合金系统的物理参数[149]

参数	值
f	0.25
m /（K/%）	200
C_0（浓度百分数）	0.833
T_e /K	1053
D /（m²/s）	10^{-9}（T=T_e 时）
D /T	$D_0 e^{-Q/RT}$
D_0 /（m²/s）	1.22×10^{-7}
Q /（cal/mol）	10000

2. 相图的影响（k 值不同）

对于溶质分配系数的两种极限情况，片层间距 λ 和界面过冷度 ΔT 存在显著差异。因此，亚稳相图的性质会对共晶生长行为产生显著的影响。图 5-24 为利用表 5-1 所给出的物理参数计算而得出的 λ 和 ΔT 随着溶质分配系数 k 值的变化情况。可知，当 $p \geqslant 1$ 时，可以观察到明显的差异。对于每个 k 值（k=0 除外），均可得到一个对应的最大界面过冷度，该极限过冷度与固体线温度相对应。

3. 扩散系数与温度的相关性

对于较小 k 值而言，在较大的 Péclet 数条件下可观察到相当大的界面过冷度。Boettinger 等[150]发现，在较低的温度条件下，扩散系数 D 将发生显著变化。因此，这会对较高生长速度下的结果产生影响。为了计算扩散系数 D 值，需要确定界面温度。因此，这里需要用到表 5-1 中所涉及的物理常数。

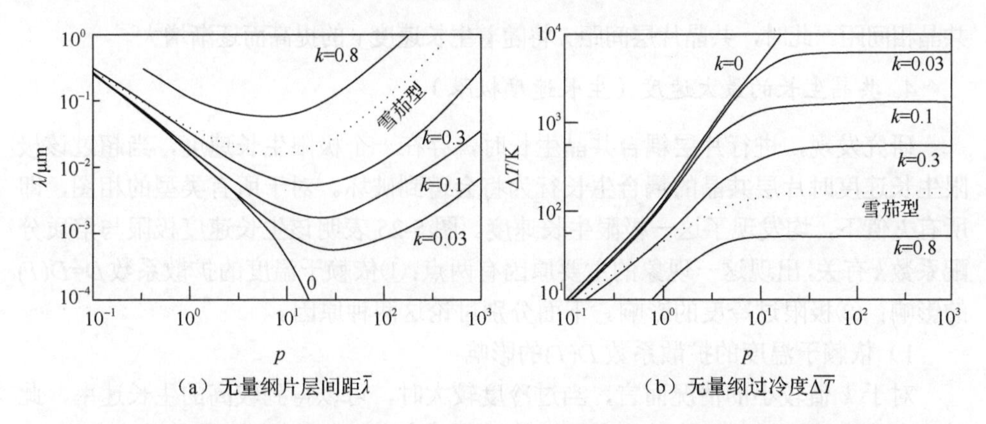

（a）无量纲片层间距$\bar{\lambda}$　（b）无量纲过冷度$\overline{\Delta T}$

图 5-24　不同分配系数 k 值下，片层间距 λ 和界面过冷度 ΔT 随 Péclet 数的变化

图 5-25 给出了分配系数分别为 $k=0$ 和 $k=0.8$ 下共晶片层间距 λ 随着生长速度 v 的变化情况。主要考虑了扩散系数 D 为常数和其是与温度有关的函数 $D=D(T)$ 两种情况。对于较大 k 值而言，与温度相关的扩散系数 $D(T)$ 对 λ-v 曲线变化趋势影响非常小，它只是降低了发生耦合生长的最大速度。出现这种现象的主要原因是：当 $k\to1$ 时，体系的最大界面过冷度 ΔT 逐渐降低，如图 5-24（b）所示。

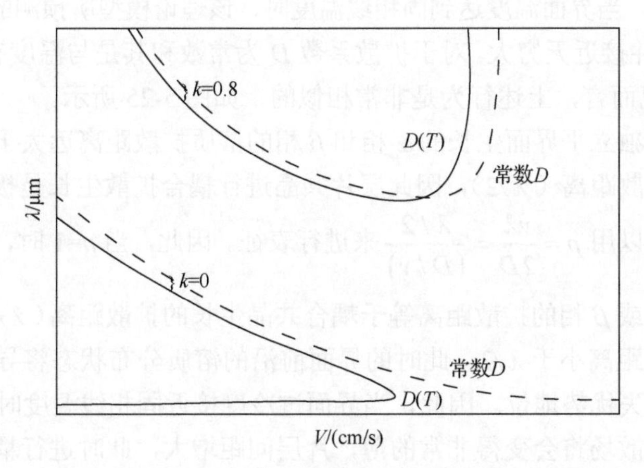

图 5-25　k=0 和 k=0.8 下片层间距 λ 与生长速度 v 之间的相关性

图中计算所使用的物理参数来自 Ag-Cu 合金系，详见表 5-1

对于较小 k 值而言，扩散系数的影响非常显著。当 k=0 时，扩散系数为常数预测得到 λ 将随着速度的增加而单调减小；然而，扩散系数为变量 D=$D(T)$时预测耦合层片生长速度存在一个极限速度，Boettinger 等[150]发现了类似的现象。

当 k 值较大时，扩散系数为温度的函数 D=$D(T)$下所得到的 λ-v 关系曲线是 v 的单值函数；然而，当 k 值较小时，则为 v 的双值函数。因此，若通过加热非晶体合金来获取共晶组织时，对于具有较小 k 值相图而言，可以期望通过降低分叉过程来控制共晶相间距。此时，共晶片层间距 λ 将随着生长速度 v 的提高而逐渐增大。

4. 共晶生长的最大速度（生长速度极限）

研究发现，进行片层耦合共晶生长时，存在一个极限生长速度，当超过该极限生长速度时片层共晶的耦合生长行为将会遭到破坏。对于所有类型的相图，即所有 k 值下，均发现了这一极限生长速度。图 5-25 表明该生长速度极限与溶质分配系数 k 有关，出现这一现象的主要原因有两点：①依赖于温度的扩散系数 $D=D(T)$ 的影响；②极限过冷度的影响。下面分别讨论这两种原因。

1）依赖于温度的扩散系数 $D(T)$ 的影响

对于 k 值较小的情况而言，当过冷度较大时，可以得到较高的生长速率，此时具有较小的片层间距共晶体在较高的界面过冷度下向前推进。随着过冷度增大，界面温度会降低，这使依赖于温度的扩散系数对凝固行为的影响变得越来越重要。注意，在一定的速度（或过冷度）下，$D(T)$ 对片层间距 λ 的影响非常显著。

2）极限过冷度的影响

当 $k \to 1$ 时，在局部平衡条件下，由于界面温度受到相图的约束，其大小不能低于固相线温度。当界面温度达到某一给定的固相线温度时，该扩散场将会与独立平面界面生长时的扩散场相同，此时将不需要通过耦合扩散作用来进行有效的溶质再分配。因此，当界面温度达到固相线温度时，该理论模型所预测的片层间距 λ 值将不断增大，并接近无穷大。对于扩散系数 D 为常数和其是与温度有关的函数[$D=D(T)$]两种情况而言，上述行为是非常相似的，如图 5-25 所示。

由于进行独立平界面生长的 α 相和 β 相的溶质扩散距离远大于两者进行耦合共晶生长的扩散距离（$\lambda/2$），因此层片共晶进行耦合扩散生长是极有可能的。这种相对距离可以用 $p=\dfrac{v\lambda}{2D}=\dfrac{\lambda/2}{(D/v)}$ 来进行表征。因此，当 $p=1$ 时，进行独立平界面生长的 α 相或 β 相的扩散距离等于耦合共晶生长的扩散距离（$\lambda/2$）。当 $p>1$ 时，独立相的扩散距离小于 $\lambda/2$，此时的界面前沿的溶质分布状态将导致进行共晶耦合扩散生长丧失优势地位。因此，当界面过冷度接近固相线温度时，α 相和 β 相之间的耦合扩散场将会变得非常的薄，片层间距增大，此时进行耦合共晶生长已不具优势了。在此生长速度下，片层间距 λ 值迅速增大，故而致使再次存在一个最大生长速率，该极限速率仅仅略高于 $k=0$ 情况下的速度极限 v_{max}。

图 5-25 主要考虑了两种极端情况（$k=0$ 和 $k \to 1$）下，依赖于温度的扩散系数 $D(T)$ 和极限过冷度两作用机制中到底哪一个处于主导支配地位。然而，如果极限过冷度所处的状态为恰好在观察到极限过冷度之前，而扩散系数 $D(T)$ 的作用占据主导时，此时两种作用机制均起作用。图 5-26 给出了上述现象的验证情况。

需要注意的是，当 $k=0.1$ 时，扩散系数 $D(T)$ 机制的影响是占据支配地位的；而当 $k>0.4$ 时，转变为极限过冷度机制控制着共晶耦合的最大生长速度（极限速率）。但是，对于 k=0.3 而言，首先扩散系数效应变得重要，但在进一步过冷时，将逐步达到极限过冷度，这会使 λ-v 曲线的下分支仅在特定温度范围内有解。同时，上述竞争关系也可以从图 5-26（b）中观察到，研究表明当温度低于 750K 时，扩散系数发生急剧降低。因此，当界面温度高于此温度时，极限过冷度机制控制 v_{max}；而当界面温度较低时，则由扩散系数效应机制控制 v_{max}。

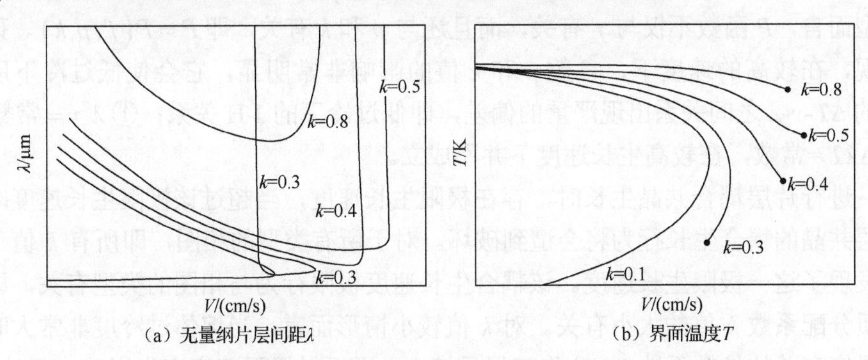

（a）无量纲片层间距λ　　　　（b）界面温度T

图 5-26　不同 k 值下，片层间距 λ 和界面温度 T 随生长速度 v 的变化

图中计算所使用的物理参数来自 Ag-Cu 合金系，详见表 5-1

图 5-27 归纳总结了上述作用机制的讨论结果，并给出了共晶耦合生长极限速率 v_{max} 与分配系数 k 值之间的相关性。对于当前系统所考虑使用的参数而言，最大耦合生长速率 v_{max} 的控制机制由扩散控制转变为过冷度控制发生在 k=0.38 处。当极限过冷度因素控制着最大速度 v_{max} 时，总的过冷度通常可能会很小，因此对于这种系统而言，不可能形成非晶相。而当由扩散机制控制着最大速度 v_{max} 时则极有可能形成非晶相，例如，当前体系中 k<3 属于这种情况。

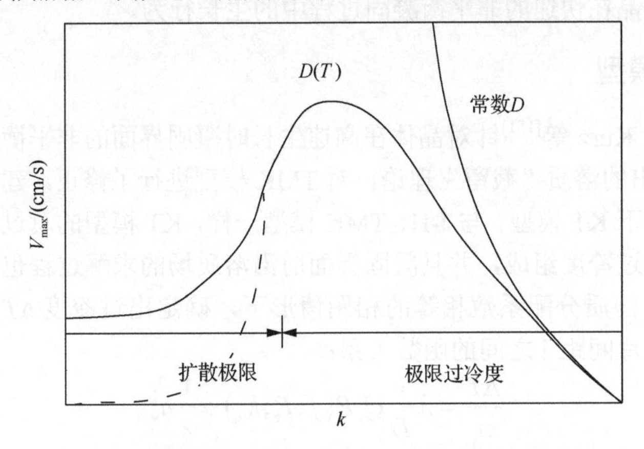

图 5-27　共晶耦合生长的极限速度 v_{max} 与分配系数 k 值的相关性（实线），虚线表示最大过冷度下的生长速率

图中计算所使用的物理参数来自 Ag-Cu 合金系，详见表 5-1

TMK 模型将层状共晶生长理论推广至快速凝固过程（或较大 Péclet 数条件下）。为了清晰地显示出高生长速度下存在的差异，当前模型的表达方式与 J-H 模型相一致，这样便于两者进行直观比较。TMK 模型与 J-H 模型之间最大的差异是关于 P 函数的定义：对于描述低生长速率近似的 J-H 模型而言，P 函数仅仅是关于组成相体积分数 f 的函数，即 $P=P(f)$。而对于描述快速凝固的 TMK 模型而言，P 函数不仅与 f 有关，而且还与 p 和 k 有关，即 $P=P(f,p,k)$。研究发现，在较高的速度下，参数 p 和 k 值的影响非常明显，它会使低过冷下所确定的 ΔT-v-λ 之间关系出现严重的偏差，即低过冷下的 J-H 关系：① $\lambda^2 v=$常数；② $\Delta\lambda T=$常数，在较高生长速度下并不成立。

进行片层耦合共晶生长时，存在极限生长速度，当超过该极限生长速度时，片层共晶的耦合生长行为将会遭到破坏。对于所有类型的相图，即所有 k 值下，均发现了这一极限生长速度。该耦合生长速度极限行为与相图的类型有关，即与溶质分配系数 k 值的大小有关。对 k 值较小情形而言，当熔体过冷度非常大时，与温度有关的扩散系数 $D(T)$ 将变得足够小，进而对极限速度产生影响。而对于 k 值较大的情况，由于此时体系的凝固范围较小，其限制了在局部平衡条件下可以获得的最大过冷度，故而引起这种极限行为发生。

TMK 模型将 J-H 模型扩展至快速凝固过程，并获得广泛的应用。然而，TMK 模型仍然是建立在局域平衡的基本假设之上的。但是，随着大量先进快速凝固技术（激光重熔、熔体快淬、深过冷技术等）的不断涌现，可以获得更高的晶体生长速度，最高可达到每秒数百毫米甚至更高的数值，共晶凝固的固液界面将会偏离平衡条件，处于非平衡凝固的状态。此时，TMK 模型不再适用，需要建立新的模型来描述共晶在快速的非平衡凝固过程中的生长行为。

5.2.3 KT 模型

1991 年，Kurz 等[151]针对晶体在高速生长时凝固界面的非平衡性特征，借鉴 Aziz[152]所提出的溶质“截留”理论，对 TMK 模型进行了修正，建立了适用于非平衡凝固条件下 KT 模型。与 J-H、TMK 模型一样，KT 模型的总过冷度仍由溶质过冷度和曲率过冷度组成，并且凝固界面前沿溶质场的求解过程也是相同的。该模型主要探讨溶质分配系数相等的相图情形下，确定出过冷度 ΔT、生长速度 v 及规则共晶层片间距 λ 之间的函数关系：

$$\frac{\Delta T}{m_{\mathrm{v}}}=\lambda\frac{v}{D}Q_{\mathrm{v}}P(f,P_{\mathrm{e}},k_{\mathrm{v}})+\frac{1}{\lambda}a_{\mathrm{v}}^{\mathrm{L}} \tag{5-72}$$

又有

$$P(f,P_{\mathrm{e}},k_{\mathrm{v}})=\sum_{n=1}^{\infty}\frac{1}{(n\pi)^3}\left[\sin(n\pi f)\right]^2\cdot\frac{P_n}{\sqrt{1+P_n^2}-1+2k_{\mathrm{v}}} \tag{5-73}$$

$$\frac{1}{m_{\mathrm{v}}}=\frac{1}{m_{\alpha}^{\mathrm{v}}}+\frac{1}{m_{\beta}^{\mathrm{v}}} \tag{5-74}$$

$$Q_{\mathrm{v}}=\frac{1-k_{\mathrm{v}}}{f(1-f)} \tag{5-75}$$

$$a_{\mathrm{v}}^{\mathrm{L}}=2\left[\frac{\Gamma_{\alpha}\sin\theta_{\alpha}}{fm_{\alpha}^{\mathrm{v}}}+\frac{\Gamma_{\beta}\sin\theta_{\beta}}{(1-f)m_{\beta}^{\mathrm{v}}}\right] \tag{5-76}$$

式中，带有角标“v”的参数是与非平衡凝固效应相关的参数。

根据共晶在最小过冷度条件下生长的极限条件，式（5-73）对λ求导得

$$\lambda^{2}v=\frac{a_{\mathrm{v}}^{\mathrm{L}}}{Q_{\mathrm{v}}^{\mathrm{L}}} \tag{5-77}$$

式中，$Q_{\mathrm{v}}^{\mathrm{L}}=Q_{\mathrm{v}}P/D$。

由式（5-72）和式（5-77）可确定出特定过冷度条件下的晶体生长速度 v 及层片间距λ之间单值关系。

下面介绍 KT 模型的具体推导求算过程：

在片层共晶结构进行稳态生长过程中，共晶界面前沿液相内部所进行的溶质扩散过程是两相之间溶质再分配所必需的过程。KT 模型所使用的片层状共晶的示意图与 TMK 模型相似，如图 5-20 所示，图中标注了本模型中所需的相关长度和角度。二维片层状共晶生长过程中，凝固界面前沿液相的溶质场 C 可利用稳态扩散式来表达：

$$\frac{\partial^{2}C}{\partial x^{2}}+\frac{\partial^{2}C}{\partial z^{2}}+\frac{V}{D}\frac{\partial C}{\partial z}=0 \tag{5-78}$$

式中，D为液体中溶质的互扩散系数。

上述扩散式的周期性通解为

$$C-C_{\infty}=\sum_{n=0}^{\infty}B_{n}\mathrm{e}^{-\omega_{n}Z}\cos(b_{n}x) \tag{5-79}$$

式中，C_{∞}为远离凝固界面的液相的溶质成分（即$Z\to\infty$），$b_{n}=n\pi/l$。又有

$$\omega_{n}=(v/2D)+\left[(v/2D)^{2}+b_{n}^{2}\right]^{1/2} \tag{5-80}$$

式（5-79）中系数B_{n}可由界面处的边界条件求得

α相：
$$-\left(\frac{\partial C}{\partial z}\right)_{z=0}=(v/D)C(x,0)\cdot\left(1-k_{\alpha}^{\mathrm{v}}\right) \tag{5-81}$$

β相：
$$-\left(\frac{\partial C}{\partial z}\right)_{z=0}=-(v/D)\left[1-C(x,0)\right]\cdot\left(1-k_{\beta}^{\mathrm{v}}\right) \tag{5-82}$$

在快速凝固条件下，界面温度下两相的溶质分布系数k_{α}^{v}和k_{β}^{v}均为速度v的函

数。本书主要考虑$k_\alpha^{\mathrm{v}} = k_\beta^{\mathrm{v}} = k_{\mathrm{v}}$的情况。此外，界面处的成分$C(x,0)$并不是通过由界面温度下所对应的相图浓度给出，而是通过非平衡热力学进行修正所得到的。由于在给定生长速度的稳态条件下，$C(x,0)$和k_{v}均为定值，因此式（5-78）中的傅里叶系数的大小可由下式给出：

$$B_0 = \frac{(1-k_{\mathrm{v}})}{k_{\mathrm{v}}} \frac{\left[S_\alpha C_\infty - S_\beta (1-C_\infty)\right]}{l} \tag{5-83}$$

$$B_n = \frac{2}{(n\pi)^2} l \frac{v}{D} (1-k_{\mathrm{v}}) \cdot \frac{P_n}{\sqrt{1+P_n^2} - 1 + 2k_{\mathrm{v}}} \left[\sin(n\pi f)\right], n \geqslant 1 \tag{5-84}$$

式中，$P_n = 2n\pi / p$，Péclet 数$p = v\lambda / 2D$。

根据 J-H 和 TMK 的推导过程，可以得出共晶界面处的平均过冷度ΔT与片层间距λ之间的函数关系，表达式如下：

$$\Delta T = K_1 v\lambda + K_2 / \lambda \tag{5-85}$$

式中，在高生长速率下，参数K_1和K_2不再是常数，其表达式分别为

$$K_1 = \frac{m_{\mathrm{v}} \Delta C_0^{\mathrm{v}} P}{D f_\alpha f_\beta} \tag{5-86}$$

$$K_2 = 2m_{\mathrm{v}} \sum_i \left(\frac{\Gamma_i \sin\theta_i}{m_i^{\mathrm{v}} f_i} \right); i = \alpha, \beta \tag{5-87}$$

又有

$$P = \sum_{n=1}^{\infty} \left(\frac{1}{n\pi} \right)^3 \left[\sin(n\pi f)\right]^2 \frac{P_n}{\sqrt{1+P_n^2} - 1 + 2k_{\mathrm{v}}} \tag{5-88}$$

$$\Delta C_\infty^{\mathrm{v}} = 1 - k_{\mathrm{v}} \tag{5-89}$$

式中，m_{v}是液相线的有效平均斜率，它是生长速率的函数；ΔC_0^{v}是共晶生长温度下，α和β两相间两组元A和B之间成分范围（共晶线的总长度）；角度θ_i是三相交点处液相和两个固相之间的接触角（图 5-20）；Γ_i是表面张力常数（表面能与单位体积熔融熵的比值）；f_i为各相的体积分数；m_i^{v}为两相的有效液相线斜率。关于P函数表达式$\left[P = P(f, P_{\mathrm{e}}, k_{\mathrm{v}})\right]$中，其右侧的前两个因素$(f, P_{\mathrm{e}})$是由 J-H 模型优先定义的；后来，TMK 模型将第三个因素k_{v}引入，其主要考虑了快速凝固条件（即 Péclet 数$p > 1$情形）下扩散场的变化情况。值得注意的是，在快速凝固条件下，m_{v}、ΔC_0^{v}、P和D等参数项均是生长速率v或界面过冷度ΔT的函数，上述参数的数值与 J-H 模型给出的值相比，可能会出现较大的偏差。由于界面处的非平衡效应会改变固相的成分大小，其是速度v的函数，因此，为了保证质量守恒，片层的体积分数f也应该是速度的函数。注意，即使没有

非平衡效应的影响，当平衡固相成分随温度变化时，两相的体积分数也可能随着速度或过冷度的增加而发生变化。这种现象已经得到证实，如图 5-28 所示，该图为 Al-Al_2Cu 相图，图中给出了稳态和亚稳态平衡线，以及附加在相图上的动力学效应。

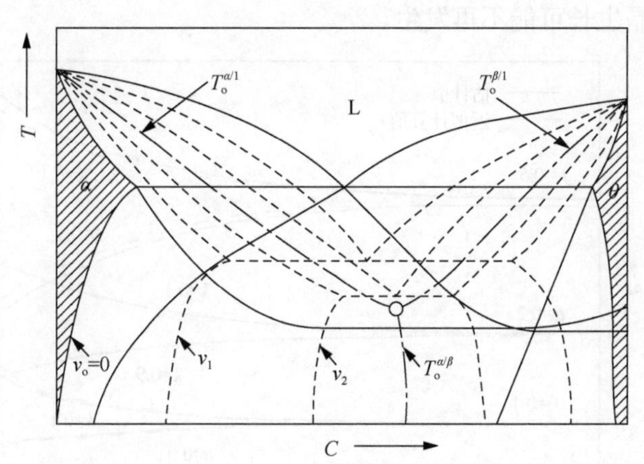

图 5-28　不同生长速度下 α-Al/θ-Al_2Cu 相图以及 k_v=1 时的退化共晶系统

1. 快速凝固的影响

下面具体讨论快速凝固效应对上述参数的影响，并建立各参数与生长速率 v 之间的近似定量关系。这里重点讨论了一些关于单相非平衡凝固方面的重要知识，以便明确快速凝固的影响机制。

1）P 函数

在描述共晶生长模型中，J-H 模型优先提出了关于 P 函数的概念，并指出该函数仅仅是组成相体积分数 f 的函数，即 $P=P(f)$。后来，TMK 模型证实，P 函数与共晶 Péclet 数 p 值、组成相体积分数 f_i 及溶质分配系数 k 值等有关，即 $P=P(f,p,k)$，并且 P 函数的大小在快速凝固条件下会发生急剧变化。TMK 模型给出了关于 P 函数的无穷级数表达式形式[式（5-88）]，但该级数收敛速度相对较慢。因此，这里设法将 P 函数级数式进行简化处理，并确保在一定重要的共晶生长范围内合理有效。对于层状共晶而言，该级数可以通过式（5-90）做近似处理：

$$P \sim 0.335(f_\alpha f_\beta)^{1.65}\xi_e \tag{5-90}$$

式中，ξ_e 函数前面的因子与 J-H 模型所给出的数值十分相近。快速生长效应对 P 函数的影响可由 ξ_e 函数来表达，ξ_e 的近似表达式为

$$\xi_e = \frac{2.5\pi/p}{\left[1+\left(2.5\pi/p\right)^2\right]^{1/2}-1+2k_v} \tag{5-91}$$

将由式（5-90）给出 P 函数的近似值与其无穷级数形式[式（5-88）]给出的估

算值进行比较，其结果如图 5-29 所示。可知，当共晶 Péclet 数 $p<2$ 时，可以看出两者关于 P 函数值的计算结果近乎一致；当 $p\leqslant 5$ 时，对于 f_i 值较小的情况，两者也表现出了较好的一致性，甚至于当 $f_i=0.5$，$p=5$ 时，两者的计算误差也不超过 10%。当 $p\geqslant 5$ 时，P 函数的估算出现极大的误差，此时由于扩散场的局域化，耦合共晶生长可能不再发生。

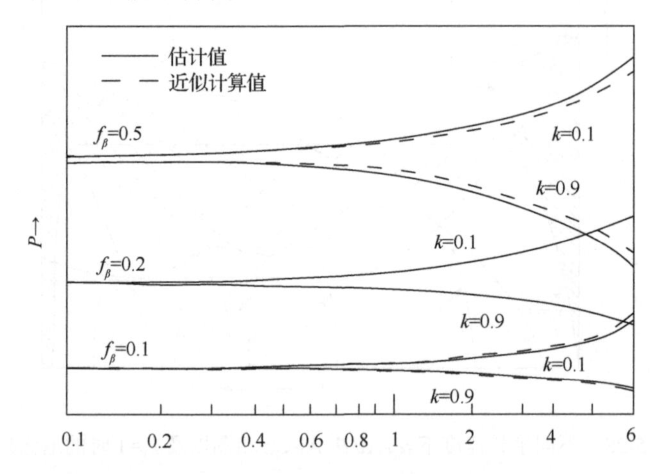

图 5-29 P 函数的式（5-90）近似计算值与无穷级数形式式（5-88）估算值比较

2）界面处的非平衡效应

通过自由能-成分相图，可以对二元合金凝固过程中界面处所有可能存在的液、固相成分进行表征。这里只考虑其中一相的非平衡条件，但是对于共晶的另一相也适用。图 5-30 给出了界面温度为 T_1 时的 Baker-Cahn 型相图。图中 $E(C_1^e, C_s^e)$ 点代表局部平衡条件；而无阴影区域内的任意点所对应的可能固相和液相成分下所组成的系统，在凝固时，系统总自由能是降低的。$B(C_1=C_s)$ 点处固相和液相的成分相同，因此它对应于 T_0 线上的点。注意：在由原点至曲线内部给定点的直线连线的斜率表示溶质分配系数 k 值的大小。因此，OE 线的斜率为 k_e，而 OB 线的斜率则等于 1。若利用图 5-30 中 X 点代表界面处的非平衡成分，则此时所对应的分配系数值为 k_v，其值的大小满足 $k_e\leqslant k_v<1$。

图 5-31 给出了三种不同过冷度的 Baker-Cahn 型相图。在过冷度较小 ΔT_1 时，生长速率很小，此时局部平衡条件很容易满足。在这种情形下，界面平衡成分为 E_1 点。随着凝固速度的增加，界面处的过冷度增加至 ΔT_2。若生长速率足够大时，会引起局部偏离平衡条件，此时生长界面处的成分与局域平衡成分点 E_2 产生了一定的偏差，例如，图 5-31 中 X_2 点。随着界面生长速度的进一步增加，界面温度将变为原始成分 C_∞ 所对应的界面温度 T_0，此时，发生凝固液相的成分不发生变化。这种情况对应于图 5-31 中过冷度为 ΔT_3 的情形，此时凝固界面处的成分对应于 B_3 点。随着速度或过冷度的增加，界面处的成分将沿着图 5-31 中虚线变化。注意：

当虚线偏离局部平衡线 OE_3 时，溶质分配系数由其初始值 k_e 逐渐增加，并且当界面成分逼近 B_3 点时，溶质分配系数最终逼近 1。因此，为了定量表征快速生长速率对凝固组织的影响，需要确定：① k_v 和 v 之间的关系；②快速凝固条件下，非平衡效应在界面处所引起的驱动力。

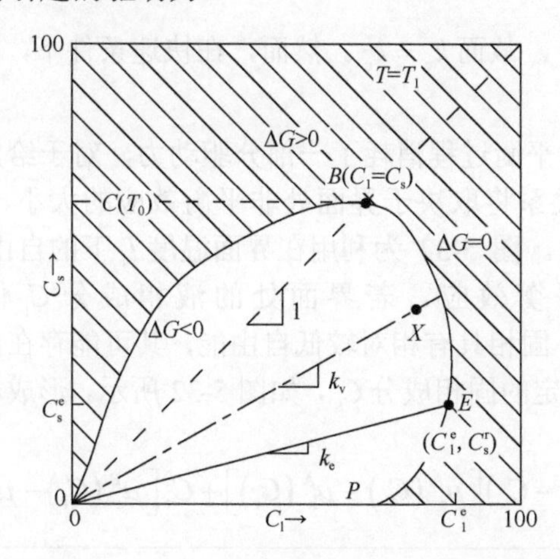

图 5-30　在界面温度 $(T = T_1)$ 下，不同液相成分下所形成固相成分的可能区域

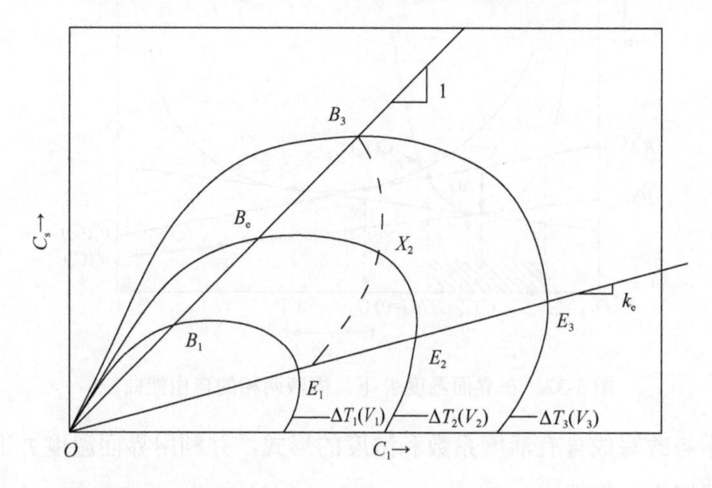

图 5-31　凝固界面成分随过冷度 $(\Delta T_3 > \Delta T_2 > \Delta T_1)$ 的变化轨迹 $(0 \to E_1 \to X_2 \to B_3)$

由于界面成分位于 OE 线以上的区域（图 5-30），此时体系的热力学条件为化学势满足 $\mu_B^s > \mu_B^l$，此时溶质分配系数 k_v 值会随速度增加，这种现象称为溶质截留效应。现有文献报道中已经提出了几种关于描述分配系数 k 与生长速度 v 关系的模型，这些理论模型均是以将反应速率理论应用于描述在界面上由固-液相之间所进行的原子运动为基础的。研究发现[132,152,153]：与速度有关的溶质分配系数 k_v 与平衡溶质分配系数 k_e 存在以下关系：

$$k_v = (k_e + P_i)/(1 + P_i) \tag{5-92}$$

式中，P_i 为溶质分布的界面 Péclet 数，$P_i = a_0 v / D_i$；a_0 为界面的特征宽度。其中，$\frac{a_0}{D_i}$ 为界面扩散速率（即在原子间距离的界面扩散系数）。注意：在低速生长条件下，P_i 远小于 1 或 k_e，故而 $k_v = k_e$。然而，在快速条件下，P_i 将远大于 1 或 k_e，故而 $k_v = 1$。

由于界面处的非平衡过程消耗了一部分驱动力，对于给定的速度，界面温度和界面成分之间的关系将取决于界面处非平衡效应的大小，该定量关系优先由 Boettinger 等[150]给出。图 5-32 为利用在界面温度 T_1 下的自由能-成分曲线来说明某一共晶相的非平衡效应。若界面处的液相成分 C_1 偏离局部平衡成分 C_1^e（$C_1 \neq C_1^e$），此时，固相具有相对较低自由能，其可能存在的成分区域由阴影区域表示。对于任意给定的固相成分 C_s，如图 5-32 所示，形成单位摩尔固相时体系的自由能变化量为

$$\Delta G = (1 - C_s)\left[\mu_s^A(C_1) - \mu_1^A(C_1)\right] + C_s\left[\mu_s^B(C_1) - \mu_1^B(C_1)\right] \tag{5-93}$$

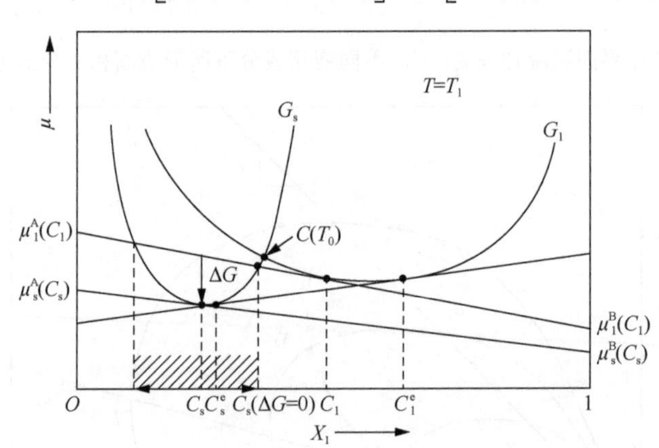

图 5-32　在界面温度 T_1 下，固液两相的自由能曲线

将化学势改写成含有活度系数和浓度的形式，并利用界面温度 T_1 下的平衡条件将常数项消去，可得

$$\frac{\Delta G}{RT} = (1 - C_s)\cdot\left[\ln\left\{\frac{(1 - C_s)(1 - C_1^e)}{(1 - C_1)(1 - C_s^e)}\right\}\right] + C_s\left[\ln\left\{\frac{C_s C_1^e}{C_1 C_s^e}\right\}\right]$$
$$+ (1 - C_s)\left[\ln\left\{\frac{\gamma_s^A \gamma_1^{A^e}}{\gamma_1^A \gamma_s^{A^e}}\right\}\right] + C_s\left[\ln\left\{\frac{\gamma_s^B \gamma_1^{B^e}}{\gamma_1^B \gamma_s^{B^e}}\right\}\right] \tag{5-94}$$

上述自由能变化是界面处必要的动力学过程，因此可以通过合适的动力学定律来描述界面推进过程中生长速度与界面成分之间的关系。对于金属体系而言，

通常遵循线性动力学定律，具体关系如下：

$$v = \left(\mu_k / \Delta S\right) \Delta G \tag{5-95}$$

式中，μ_k 为线性动力学系数；ΔS 为熔化熵变。式（5-94）和式（5-95）给出了液、固两相中非平衡界面成分与生长速度之间的关系。现在可以根据以下定义式独立地得到界面成分随着生长速度变化关系：

$$C_l = k_v C_l = \left[\left(k_e + P_i\right) / \left(1 + P_i\right)\right] C_l \tag{5-96}$$

这里已将 k_v 项由式（5-92）代替。

通过式（5-94）～式（5-96）可以求算出界面处的非平衡成分随着生长速度的变化情况。注意：即使界面处的动力学过程非常快，即 $\mu_k = \infty$，快速生长条件下的非平衡效应也是存在的。这种情况下，$\Delta G = 0$，因此，此时固相成分对应于液相成分的切线与固相自由能曲线的交点成分，如图 5-32 中 $C_s(\Delta G = 0)$ 点所示。

对于共晶生长而言，式（5-94）～式（5-96）并不适用于稀溶液情形，对其进行数值求解需要获取该系统的热力学参数数值。然而，目前针对深入理解非平衡效应所做的相关研究还是在稀溶液条件下进行的。Boettinger 等[150]对这一限制做了充分的考虑，并得出了平面界面温度的表达式：

$$T_I = T_m + m_l C_l + m_l C_l f\left(k\right) - v / \mu_k \tag{5-97}$$

又有

$$f\left(k\right) = \frac{k_e - k_v \left[1 - \ln\left(\dfrac{k_v}{k_e}\right)\right]}{1 - k_e} \tag{5-98}$$

在上述稀溶质近似中，Boettinger 等[150]还假设固相线和液相线是线性的，其中液相线的斜率等于 m_l，T_m 为纯材料的熔点。式（5-97）右侧中前两项代表局部平衡条件下的界面温度，而第三、四项则代表非平衡效应对界面温度的影响。式（5-97）可简化为

$$T_I = T_m + m_l^v C_l - v / \mu_k \tag{5-99}$$

式中，液相线斜率 m_l^v 可等效为

$$m_l^v = 1 + f\left(k\right) \tag{5-100}$$

在不考虑界面动力学效应的情况下，式（5-96）具有与局域平衡态情况相同的形式，其液相线斜率 m_l 则由有效非平衡斜率 m_l^v 来代替。

2. 非平衡效应对共晶生长的影响

在共晶生长过程中，需要考虑两相的非平衡效应。为了简化分析，这里假设

共晶两相的溶质分配系数及界面 Péclet 数 $P_{\rm i}$ 均相等。由于任意一相的液相线斜率 $\left[m_{\rm l}^{\rm v}\right]_{\rm i}$ 可以通过式（5-100）与相应的平衡液相线斜率 $m_{\rm i}$ 相关联，两相的液相线斜率可表示为

$$m_{\rm v}=m\left[1+f\left(k\right)\right] \tag{5-101}$$

式中，

$$m=\frac{m_\alpha m_\beta}{m_\alpha+m_\beta} \tag{5-102}$$

其中，m_α 和 m_β 分别为共晶温度下 α 和 β 两相的液相线斜率。

由式（5-99）所给的关于界面温度表达式并不包含界面能量效应项，它表明：在快速生长条件下，非平衡效应可以有效地改变共晶温度。对于 $\mu_{\rm k}=\infty$ 的情况，这里定义有效共晶温度 $T_{\rm E}\left(v\right)$ 为

$$T_{\rm E}\left(v\right)=T_{\rm e}-m_\alpha C_{\rm E}f\left(k\right) \tag{5-103}$$

共晶温度与生长速度之间的相关性与 $f(k)$ 值的大小有关，而该项是与 $k_{\rm v}$ 有关的函数。

式（5-103）给出了界面过冷度 ΔT 、片层间距 λ 及生长速度 v 之间的函数关系。其中，快速生长效应由以下各个参数值的表达式来体现：①$m_{\rm v}$ 项由式（5-101）给出；②P 函数由式（5-96）给出；③大过冷条件下，扩散系数是界面温度的函数 $D=D\left(T_{\rm I}\right)$；④假设共晶两相具有相同的溶质分配系数，并且该共晶是由纯溶质相和纯溶剂相形成，则两固相之间的成分差异为 $\Delta C_0^{\rm v}=\left(1-k_{\rm v}\right)$。

式（5-103）所给出的扩散模型中所得出的计算结果表明：对于任一给定生长速度，界面过冷度 ΔT 与共晶间距 λ 之间的关系存在着无数种不同的解。在共晶界面的稳态分析中，通常认为规则共晶会在接近最小过冷度的极限条件下进行生长（极值准则）[154]。因此，运用极值准则（其是对试验中所观察到的平均生长行为所进行合理表征），通过对式（5-103）求算一阶导数，并令其等于零，可得①

$$\lambda^2 v=K_2/K_1 \tag{5-104}$$

$$\Delta T/\sqrt{v}=2\sqrt{K_1K_2} \tag{5-105}$$

$$\lambda\Delta T=2K_2 \tag{5-106}$$

对于不规则共晶而言，其生长环境通常与极值条件产生很大的偏差。当将一参数并入常数项（其作用是增加片层间距 λ 和过冷度 ΔT ）时，即可得到一组与式（5-104）～式（5-106）相类似的表达式。这里将共晶的平均间距与极值间距的比值定义为 $\phi=\lambda/\lambda_{\rm extr}$ ，可以得

① 这里假设 $\frac{\partial \ln K_1}{\partial \ln\lambda}\ll 1$，参考 TMK 模型。

$$\lambda^2 v = \phi^2 K_2 / K_1 \tag{5-107}$$

$$\Delta T / \sqrt{v} = \left(\phi + \frac{1}{\phi}\right)\sqrt{K_1 K_2} \tag{5-108}$$

$$\lambda \Delta T = \left(\phi^2 + 1\right) K_2 \tag{5-109}$$

联立式（5-104）和式（5-109），可以得出生长共晶的界面温度为

$$T_{\mathrm{I}} = T_{\mathrm{e}} - mC_{\mathrm{E}} f(k) - \left[\left(\phi + \frac{1}{\phi}\right)\sqrt{K_1 K_2}\right]\sqrt{v} \tag{5-110}$$

将关于 K_1 和 K_2 的式（5-104）和式（5-105）代入式（5-110），可得

$$T_{\mathrm{I}} = T_{\mathrm{e}} - mC_{\mathrm{E}} f(k) - m\left[1 + f(k)\right]\left(\phi + \frac{1}{\phi}\right)\left(8\Delta C_0^{\mathrm{v}} P \sum \frac{\Gamma_i \sin\theta_i}{m_i^{\mathrm{v}} f_i} v / D\right)^{\frac{1}{2}} \tag{5-111}$$

因此，利用式（5-110）或式（5-111）可以得出共晶界面温度 T_{I} 随着生长速率 v 的变化情况。

共晶片层间距 λ 的变化规律则由式（5-107）给出，其最终形式为

$$\lambda = \phi\left[\frac{2D}{P\Delta C_0^{\mathrm{v}} v}\sum_i\left(\frac{\Gamma_i \sin\theta_i}{m_i^{\mathrm{v}} f_i}\right)\right]^{\frac{1}{2}} \tag{5-112}$$

这里以 A1-Cu 溶液近似为稀溶液为例，重点讨论关于 KT 模型中所涉及的重要方面。图 5-33 给出了快速生长对共晶温度的影响情况，其产生的主要原因是由界面处的非平衡效应引起的，具体由式（5-103）给出。计算发现，只有当生长速率 v 大于 0.1m/s 时，非平衡效应才会产生明显的作用，该效应的影响程度主要取决于式（5-92）中 D_i / a_0 比值的大小。图 5-33（b）给出了有效共晶温度 $T_{\mathrm{E}}(v)$ 和共晶界面温度 T_{I} 随生长速度 v 的变化情况。可以看出，以 m/s 量级的速率进行生长时，共晶温度发生了相对较大的变化，可达几十度。注意，这些计算结果仅仅是为了深入了解高速度对共晶生长的影响。在针对 Al-Al_2Cu 合金体系（图 5-32）所进行的精确数值计算过程中，则需要考虑以下因素。

（1）平衡分配系数是界面温度的函数。

（2）需要获取关于浓溶液的精确热力学关系，以便获得适当的函数 $f(k)$。

（3）当 k_{v} 逼近 1 时，应确保有效平均液相线斜率 m_{v} 逼近 T_0 线。

（4）体积分数 f_β 是随着过冷度变化的函数。

图 5-33 中所涉及的相关计算仅仅是简化假设后的分析模型。该假设认为两共晶相的 k_{v} 值以及 k_{v} 与 m_{v} 之间的关系是相同的，故而共晶成分不随生长速度发生变化。而图 5-32 表明在 Al-Al_2Cu 合金体系的亚稳态 α-L 界面平衡态中，上述假设并不成立。由于两相的亚稳液-固平衡态表现出强烈的不对称性，这

将引起 T_0 线发生强烈弯曲，并且该曲线在 α-L 两相平衡态最小值处的斜率为零，并且随着温度的降低，θ 相的体积分数趋近于零。在体系达到 α 相的绝对稳态之前，随着温度的降低可能会引起发生共晶→胞状生长转变的趋势。对于 $k_v=1$ 的极限情况，相图中的 T_0 线由三条线表示，即 $T_0^{\alpha/L}$、$T_0^{\theta/L}$ 和 $T_0^{\alpha/\theta}$，此时将会形成的退化共晶组织。

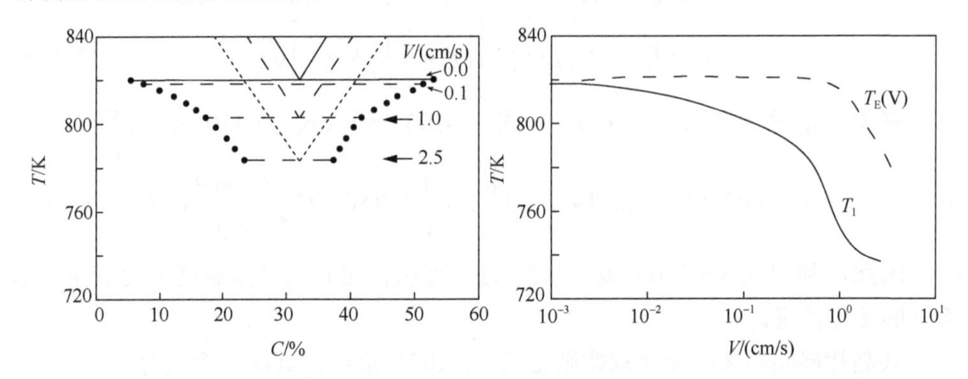

图 5-33　快速凝固对有效共晶温度 $T_E(v)$以及界面成分和界面温度的影响

KT 模型描述了共晶快速凝固条件下的生长行为，其简化了 P 函数的表达形式，可实现在较宽生长速度范围内对共晶界面温度和共晶间距进行理论预测。在快速生长条件下，一些物理因素会对凝固产生显著影响，在 KT 模型中充分考虑了上述因素，研究表明：在快速生长条件下，局部平衡的破坏会对界面过冷度产生重要影响。而界面过冷度的变化将会显著改变共晶耦合生长区域。

本书借助线性化相图来证实快速生长效应。但是，对于绝大多数的实际体系而言，运用该模型进行定量理论预测时，还须考虑非线性稳态和亚稳态平衡。

5.2.4　LZ 模型

尽管 TMK 模型及 KT 模型对 J-H 模型做了进一步完善，解除了生长速度的限制，并将 J-H 模型扩展至快速凝固的情况。但是，上述模型仍没有考虑界面动力学过冷因素的影响。在凝固过程中，共晶相的结构类型会随着动力学特性（因晶格构造、界面结构的不同）在非常宽的范围内变化[155]，并且随着生长速度的提高，界面动力学过冷将变得越来越重要。针对上述模型的不足，李金富等[156]把界面生长动力学因素和液相热扩散过程引入 TMK 模型中，建立了更为全面的共晶生长理论模型（LZ 模型）。该模型探讨了不同晶体结构类型相在形成共晶时的动力学效应的影响，研究发现动力学项的引入扩大了共晶耦合生长的过冷度范围，降低了共晶生长速度。

界面动力学过冷直接为液相原子向固相表面的附着提供驱动力，可表示为

$$\Delta T_{\rm k} = \frac{v}{\mu} \tag{5-113}$$

式中，动力学参数 μ 与相结构的熔化热、熔点温度、界面温度以及特征生长速度等因素有关。

忽略热过冷的影响，当相图为雪茄型[图 5-16（a）]时，过冷度 ΔT、生长速度 v 及规则共晶层片间距 λ 之间变量相互关系式为

$$\frac{\Delta T}{m} = \frac{\Delta T_{\rm c} + \Delta T_{\rm R} + \Delta T_{\rm k}}{m} = \lambda \frac{v}{D} Q_0 P\left(f, P_{\rm e}\right) + \frac{1}{\lambda} a^{\rm L} + \frac{v}{\mu} \tag{5-114}$$

又有

$$\frac{1}{\mu} = \frac{1}{m_\alpha \mu_\alpha} + \frac{1}{m_\beta \mu_\beta} \tag{5-115}$$

式中，μ_α 和 μ_β 分别是 α 和 β 相的界面动力学系数。

根据共晶在最小过冷度条件下生长的极限条件，式（5-114）对 λ 求导可得

$$\lambda^2 v = \frac{a^{\rm L}}{Q_1^{\rm L}} \tag{5-116}$$

由式（5-114）和式（5-116）可确定出这种雪茄型相图中给定过冷度条件下的晶体生长速度 v 及层片间距 λ 之间单值关系。

对于共晶两相的平衡溶质分配系数 k 值相等 $\left(k_\alpha = k_\beta = k\right)$ 型相图[图 5-32(b)]。过冷度 ΔT、生长速度 v 及规则共晶层片间距 λ 之间变量相互关系式为

$$\frac{\Delta T}{m} = \frac{\Delta T_{\rm c} + \Delta T_{\rm R} + \Delta T_{\rm k}}{m} = \lambda \frac{v}{D} Q_0 P\left(f, P_{\rm e}, k\right) + \frac{1}{\lambda} a^{\rm L} + \frac{v}{\mu} \tag{5-117}$$

利用共晶在最小过冷度条件下生长的极限条件，式（5-117）对 λ 求导可得

$$\lambda^2 v = \frac{a^{\rm L}}{Q_2^{\rm L}} \tag{5-118}$$

由式（5-117）和式（5-118）可确定出当前相图中给定过冷度条件下的晶体生长速度 v 及层片间距 λ 之间单值关系。当动力学参数 μ 趋于无穷大时，上述结果回归到 TMK 模型。

此外，在过冷合金凝固时，热过冷在一定程度上影响晶体的生长行为，依据 Ivancov 分析得到共晶枝晶尖端的热过冷度 $\Delta T_{\rm t}$ 为

$$\Delta T_{\rm t} = \frac{\Delta H_{\rm f}}{C_{\rm P}} I\left(P_{\rm t}\right) \tag{5-119}$$

式中，$\Delta H_{\rm f} = f H_{\rm f}^\alpha + \left(1 - f\right) H_{\rm f}^\beta$。

采用临界稳定性分析并借鉴 LKT 模型[157]，可以获得热枝晶尖端的曲率半径为

$$r=\frac{\Gamma/\sigma^*}{\dfrac{\Delta H_\mathrm{f}}{C_\mathrm{P}}\cdot P_\mathrm{t}\xi_\mathrm{t}} \tag{5-120}$$

式中，$\Gamma=f\Gamma_\alpha+(1-f)\Gamma_\beta$；$\xi_\mathrm{t}=1-1/\sqrt{1+\dfrac{1}{\sigma^*P_\mathrm{t}^2}}$；$\sigma^*=1/(4\pi^2)$。

根据式（5-114）、式（5-116）、式（5-117）、式（5-118）及式（5-120）可以计算出不同过冷度下共晶合金凝固时的生长速度、枝晶尖端曲率半径以及层片间距等参数。但该模型并没有考虑快速凝固非平衡条件下的溶质截留效应，只有应用在近平衡凝固的情况下比较合理。

下面介绍 LZ 模型的具体推导求算过程[155,156]：

假设由α和β两相组成的层片共晶以速度v向液相稳定推进，共晶层片与固液界面垂直。选取固液界面处某α相层片的中心为坐标原点，x轴与层片垂直，y轴与层片平行，z轴与晶体生长方向平行，如图 5-34 所示，其中S_α和S_β分别表示α和β相层片的半宽度，则y向的溶质扩散可忽略。界面前液相的溶质浓度C可表示为

$$\frac{\partial^2 C}{\partial x^2}+\frac{\partial^2 C}{\partial z^2}+\frac{v}{D}\frac{\partial C}{\partial z}=0 \tag{5-121}$$

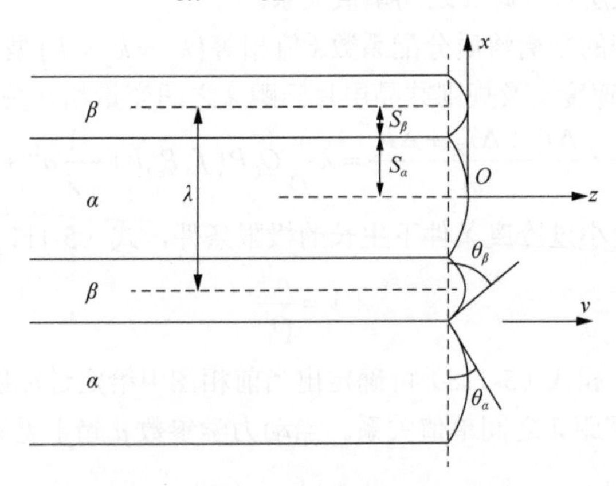

图 5-34 共晶结构及坐标选择示意图[156]

其周期性通解已由 J-H 模型给出：

$$C-C_\infty=\sum_{n=0}^{\infty}B_n\mathrm{e}^{-\omega_n z}\cos(b_n x) \tag{5-122}$$

式中，C_∞为远离凝固界面的液相的溶质成分（即$z\to\infty$）；$b_n=n\pi/(S_\alpha+S_\beta)$；$\omega_n=(v/2D)+\left[(v/2D)^2+b_n^2\right]^{1/2}$。

系数B_n可由界面处的边界条件求得

$$\alpha \text{ 相：} \quad -\left(\frac{\partial C}{\partial z}\right)_{z=0} = (v/D)C(x,0)\cdot(1-k_\alpha) \tag{5-123}$$

$$\beta \text{ 相：} \quad -\left(\frac{\partial C}{\partial z}\right)_{z=0} = -(v/D)\left[1-C(x,0)\right]\cdot(1-k_\beta) \tag{5-124}$$

式中，$C(x,0)$ 是界面处液相沿 x 方向的浓度；k_α 和 k_β 是 α 和 β 相的平衡分配系数，此处规定各项中含量少的组元为溶质，k_α 和 k_β 因此恒小于 1。

为获得式（5-121）的数学解，如同 TMK 一样，进一步限制共晶生长于两类相图：①任一共晶相的液相线和固相线在共晶温度下的亚稳延长线相互平行；②共晶两相的平衡分配系数相等，即 $k_\alpha = k_\beta$。此时，式（5-122）中的系数以及 α 相和 β 相前液相的平均浓度 $\bar{C}_\alpha$ 和 $\bar{C}_\beta$ 已被 TMK 导出，其结果如下：

在 α 相和 β 相前端可以采用 J-H 模型来得到液体中的平均组成 $\bar{C}_\alpha$ 和 $\bar{C}_\beta$：

$$\bar{C}_\alpha = C_\infty + B_0 + \frac{2\left(S_\alpha + S_\beta\right)^2}{S_\alpha}\frac{v}{D}C_0 P \tag{5-125}$$

$$\bar{C}_\beta = C_\infty + B_0 - \frac{2\left(S_\alpha + S_\beta\right)^2}{S_\beta}\frac{v}{D}C_0 P \tag{5-126}$$

对于雪茄型相图，有

$$B_0 = \frac{\Delta C_\alpha S_\alpha - \Delta C_\beta S_\beta}{S_\alpha + S_\beta} \tag{5-127}$$

$$B_n = \frac{2}{(n\pi)^2}\frac{n\pi}{\omega_n}\frac{v}{D}C_0\cdot\left[\sin\left(n\pi f_\alpha\right)\right], n \geqslant 1 \tag{5-128}$$

式中，ΔC_α 和 ΔC_β 分别表示界面处固液相的浓度差，在第一类相图中为定值，而 $C_0 = \Delta C_\alpha + \Delta C_\beta$，$f_\alpha = S_\alpha / \left(S_\alpha + S_\beta\right)$ 是 α 相在共晶组织中占有的体积分数。严格来说，共晶两相的体积分数在非对称相图中随界面温度而变化，但为简便将其视为定值。函数 P 为 f_α 和共晶 Péclet 数 P_e 的函数：

$$P\left(f_\alpha, P\right) = \sum_{n=1}^{\infty}\frac{1}{(n\pi)^3}\left[\sin\left(n\pi f_\alpha\right)\right]^2\cdot\frac{P_n}{1+\sqrt{1+P_n^2}} \tag{5-129}$$

式中，$P_n = 2n\pi / P_e$；D 为溶质在液相中的互扩散系数。

对于第二类相图，令 $k_\alpha = k_\beta = k$，有

$$B_0 = \frac{2(1-k)}{k}\frac{S_\alpha C_\infty - S_\beta\left(1-C_\infty\right)}{\lambda} \tag{5-130}$$

$$B_n = \frac{1}{(n\pi)^2}\lambda\frac{v}{D}(1-k)\frac{P_n}{\sqrt{1+P_n^2}-1+2k}\sin\left(n\pi f_\alpha\right), n \geqslant 1 \tag{5-131}$$

此时，$C_0 = 1-k$；P 为 f_α，P_e 及 k 的函数，即

$$P\left(f_{\alpha},P_{\mathrm{e}},k\right)=\sum_{n=1}^{\infty}\frac{1}{\left(n\pi\right)^{3}}\left[\sin\left(n\pi f_{\alpha}\right)\right]^{2}\cdot\frac{P_{n}}{\sqrt{1+P_{n}^{2}}-1+2k} \tag{5-132}$$

由式（5-132）就可求得α和β相前溶质过冷度的平均值：

$$\Delta T_{\mathrm{c}}^{\alpha}=m_{\alpha}\left[C_{\infty}-C_{\mathrm{E}}+B_{0}+\frac{2\left(S_{\alpha}+S_{\beta}\right)^{2}}{S_{\alpha}}\frac{v}{D}C_{0}P\right] \tag{5-133}$$

$$\Delta T_{\mathrm{c}}^{\beta}=m_{\beta}\left[C_{\mathrm{E}}-C_{\infty}-B_{0}+\frac{2\left(S_{\alpha}+S_{\beta}\right)^{2}}{S_{\beta}}\frac{v}{D}C_{0}P\right] \tag{5-134}$$

式中，m_{α}和m_{β}分别为α和β相的液相线斜率，规定取正值。

溶质扩散促使共晶以尽可能小的片间距向前生长，但这受到片间距减小后固液界面曲率上升带来的凝固点下降的制约。根据 J-H 模型，界面曲率过冷可表示为

$$\Delta T_{\mathrm{r}}^{i}=\frac{a_{i}^{\mathrm{L}}}{S_{i}} \tag{5-135}$$

式中，曲率常数$a_{i}^{\mathrm{L}}=\Gamma_{i}\sin\theta_{i}$；$\Gamma_{i}$为 Gibbs-Thomson 参数；$\theta_{i}$为接触角；$i$代表$\alpha$相或$\beta$相。

界面动力学过冷直接为液相原子向固相表面的附着提供驱动力，可表示为

$$\Delta T_{\mathrm{k}}^{i}=\frac{v}{\mu_{i}} \tag{5-136}$$

式中，动力学参数μ_{i}和相关相的熔化热、熔点温度、界面温度以及特征生长速度等有关，见表 5-2。

表 5-2　计算使用的参数[156]

相图序号	$\mu_{\alpha}(\mu_{\beta})$ / [m/(s·K)]	极值条件	$\overline{\Delta T}$ 的位置	V / (mm/s)	λ / m	$\frac{\Delta T_{\mathrm{k}}}{\Delta T}$ / %
1	∞（∞）	片间距极小	0.84	60.3	1.038×10^{-7}	0
	1.5（1.5）		0.84	60.0		0.19
	0.15（0.15）		0.86	60.9		1.89
	0.015（0.015）		1.00	59.7		15.92
	0.0015（0.0015）		2.28	53.9		63.08
2	1.5（0.015）	片间距极小	0.92	59.8	2.075×10^{-8}	8.75
	∞（∞）		0.84	228.3		0
	1.5（1.5）		0.84	227.5		0.14
	0.15（0.15）		0.86	229.5		1.43

续表

相图序号	$\mu_\alpha(\mu_\beta)$/[m/(s·K)]	极值条件	$\overline{\Delta T}$ 的位置	V/(mm/s)	λ/m	$\frac{\Delta T_k}{\Delta T}$/%
2	0.015（0.015）	片间距极小	0.96	218.3	2.075×10^{-8}	12.15
	0.0015（0.0015）		1.66	154.1		49.38
	1.5（0.015）		0.90	224.4		6.69
3	∞（∞）	片间距极小	0.84	122.7	4.151×10^{-9}	0
	1.5（1.5）		0.84	122.6		0.02
	0.15（0.15）		0.84	121.8		0.15
	0.015（0.015）		0.85	115.3		1.44
	0.0015（0.0015）		0.92	78.9		9.08
	1.5（0.015）		0.85	118.9		0.76
4	∞（∞）	生长速度极大	0.63	147.3	4.744×10^{-9}	0
	1.5（1.5）		0.63	147.2	4.745×10^{-9}	0.02
	0.15（0.15）		0.63	146.5	4.761×10^{-9}	0.25
	0.015（0.015）		0.64	139.4	4.790×10^{-9}	2.33
	0.0015（0.0015）		0.68	98.5	5.077×10^{-9}	15.41
	1.5（0.015）		0.63	143.1	4.786×10^{-9}	1.22

由于热扩散速度远大于溶质扩散速度，共晶生长时固液界面处α相和β相应处于相同的温度，即具有相同的过冷度：

$$\Delta T_c^\alpha+\Delta T_r^\alpha+\Delta T_k^\alpha=\Delta T_c^\beta+\Delta T_r^\beta+\Delta T_k^\beta \tag{5-137}$$

将上述有关项代入式（5-133），消去B_0后得

$$\Delta T=T_E-T_i=m\left[\left(Q_0^L\lambda+\frac{1}{\mu}\right)v+\frac{1}{\lambda}a^L\right] \tag{5-138}$$

式中，T_i为界面温度；m，Q_0^L，μ及a^L的表达式如下：

$$\frac{1}{m}=\frac{1}{m_\alpha}+\frac{1}{m_\beta} \tag{5-139}$$

$$Q_0^L=\frac{1}{f_\alpha f_\beta}\frac{C_0P}{D} \tag{5-140}$$

$$\frac{1}{\mu}=\frac{1}{m_\alpha\mu_\alpha}+\frac{1}{m_\beta\mu_\beta} \tag{5-141}$$

$$a^L=2\left(\frac{a_\alpha^L}{m_\alpha f_\alpha}+\frac{a_\beta^L}{m_\beta f_\beta}\right) \tag{5-142}$$

其中，$f_\beta=S_\beta/\left(S_\alpha+S_\beta\right)$是$\beta$相在共晶组织中占有的体积分数。

利用最小过冷度原则，得出片层间距和生长速度间的关系为

$$\lambda^2 v = \frac{a^{\mathrm{L}}}{Q^{\mathrm{L}}} \tag{5-143}$$

$$Q^{\mathrm{L}} = \frac{1}{f_\alpha f_\beta} \frac{C_0}{D} \left(P + \lambda \frac{\partial P}{\partial \lambda} \right) \tag{5-144}$$

式中，P 作为 λ 的函数；括号中的值非常数。对第一类相图合金可表示为

$$P + \lambda \frac{\partial P}{\partial \lambda} = \sum_{n=1}^{\infty} \left(\frac{1}{n\pi} \right)^3 \left[\sin\left(n\pi f_\alpha \right) \right]^2 \left(\frac{P_n}{1 + \sqrt{1 + P_n^2}} \right)^2 \frac{P_n}{\sqrt{1 + P_n^2}} \tag{5-145}$$

对第二类相图合金，则为

$$P + \lambda \frac{\partial P}{\partial \lambda} = \sum_{n=1}^{\infty} \left(\frac{1}{n\pi} \right)^3 \left[\sin\left(n\pi f_\alpha \right) \right]^2 \left(\frac{P_n}{\sqrt{1 + P_n^2} - 1 + 2k} \right)^2 \frac{P_n}{\sqrt{1 + P_n^2}} \tag{5-146}$$

共晶生长时的过冷度 ΔT 因此可表示为

$$\Delta T = m \frac{a^{\mathrm{L}}}{\lambda} \left[1 + \frac{P}{P + \lambda\left(\partial P / \partial \lambda \right)} + \frac{1}{\mu Q^{\mathrm{L}} \lambda} \right] \tag{5-147}$$

又有

$$\Delta T_{\mathrm{c}} = m \frac{a^{\mathrm{L}}}{\lambda} \left[\frac{P}{P + \lambda\left(\partial P / \partial \lambda \right)} \right] \tag{5-148}$$

$$\Delta T_{\mathrm{r}} = m \frac{a^{\mathrm{L}}}{\lambda} \tag{5-149}$$

$$\Delta T_{\mathrm{k}} = m \frac{a^{\mathrm{L}}}{\mu Q^{\mathrm{L}} \lambda^2} \tag{5-150}$$

式中，ΔT_{c}、ΔT_{r} 和 ΔT_{k} 分别为 α 和 β 两相溶质过冷度、曲率过冷度和动力学过冷度的加权平均值。将式（5-142）和式（5-146）相结合，即可求得特定过冷度下的共晶生长速度和片间距。当动力学参数 μ 趋于无穷大时，上述结果回归到 TMK 模型。

第 6 章 液固界面稳定性及枝晶生长

当陶瓷熔体获得一定过冷度时，由于自发形核或人为触发形核，熔体的亚稳状态将会被破坏，晶体发生快速生长。晶体的最终组织形态与生长界面形态密切相关，主要取决于固-液界面的稳定性情况。

6.1 定向凝固共晶生长

6.1.1 共晶陶瓷制备技术

共晶自生复合陶瓷的制备方法主要为高温熔凝工艺，其中最为常见的是定向凝固技术。其基本合成原理与单晶的制备过程相类似，图 6-1 给出了共晶陶瓷的制备原理示意图，选取具有共晶成分的氧化物，采用定向凝固工艺，通过合理地控制工艺参数，消除熔体生长中的对流效应及成分过冷现象，以保证获取共晶相间均匀耦合地进行平界面生长，此时共晶体中的双相将同时从熔体中进行共生复合生长，该过程彻底消除了传统复合材料制备中基体与增强相之间的人为界面，同时还可以极大地降低甚至完全消除传统烧结材料中的孔洞及界面非晶相，这可显著提高材料的致密度和织构化程度。

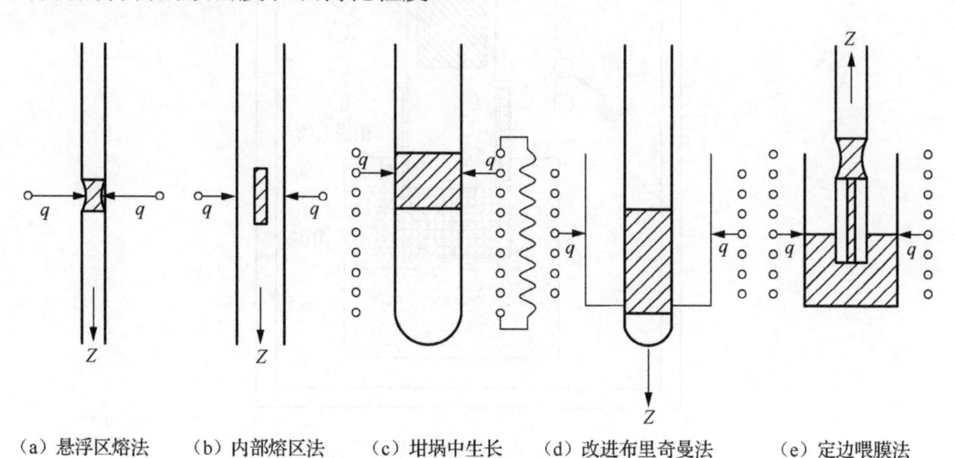

图 6-1 共晶陶瓷制备原理示意图[158]

因此，共晶自生复合陶瓷表现出极为优异的室温及高温力学性能，使其成为潜在的新一代超高温结构材料，进而在航空航天领域超高温结构件方面有着重大应用前景[118]。为了实现微结构的优化控制，获得性能更佳的共晶自生复合陶瓷，科研工作者开发了多种先进制备技术，主要包括改进的布里奇曼法（bridgman method，BM）、激光加热浮流区法（laser-heated floating zone method，LFZ）、微拉法（micro-pulling down，μ-PD）、电子束区域熔炼法（electron beam floating zone melting technique，EBFZM）、定边喂膜法（edge-defined film-fed growth，EFG）又称导模法。随着对共晶自生复合陶瓷研究的不断深入，其他制备技术也在不断被开发出来，例如激冷合成法、激光近净成型法等。本节拟对共晶自生复合陶瓷的制备技术进行回顾，简述不同工艺方法的制造原理和特点。

1. 布里奇曼法

布里奇曼法又称坩埚下降法，其工作原理为：将晶体生长所需要的物料置于圆柱形的坩埚内部，在具有一定温度梯度的炉膛内部缓慢下降，炉温控制在略高于材料的熔点，根据材料的特性可选用电阻炉或高频炉。在坩埚通过加热区域时，其内部的物料被融化，随着坩埚的持续下降，坩埚底部的温度率先降低至熔点温度以下，并开始结晶，晶体随坩埚下降而不断地长大，如图 6-2 所示。

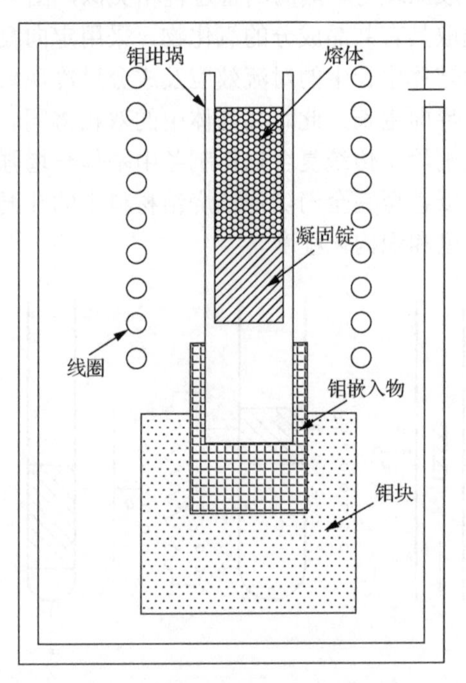

图 6-2　布里奇曼法装置示意图[159]

布里奇曼法作为传统的定向凝固制备技术，被广泛应用于共晶陶瓷的合成，其最大优势在于适合制备大尺寸块体，而样品尺寸取决于坩埚尺寸[141]。例如，Nakagawa 等[160]选用大尺寸钼制坩埚，以布里奇曼法成功合成了具有较大尺寸（53mm×70mm）的 Al_2O_3/GAP 共晶陶瓷；同样地，Otsuka 等[161]利用布里奇曼法成功制备出了 40mm×70mm 的 Al_2O_3/YAG 共晶陶瓷。但是，布里奇曼法的凝固界面前沿的温度梯度相对较低（$<10^2$K/cm），生长速度相对较低，所获得共晶组织较为粗大，力学性能相对较低。Waku 等[162,163]、Hirano[164]、Ochiai 等[165]及 Nakagawa 等[166]采用布里奇曼法分别合成了 Al_2O_3/YAG、Al_2O_3/GAP、Al_2O_3/EAG 等二元共晶及 Al_2O_3/YAG/ZrO_2 三元共晶，并对其组织与力学性能进行了研究。其中，Al_2O_3/YAG 和 Al_2O_3/EAG 共晶陶瓷的组织较为粗大，相间距 λ 为 20～30μm，弯曲强度为 300～400MPa，断裂韧性为 3MPa·$m^{1/2}$；Al_2O_3/GAP 共晶陶瓷组织相对较细（$\lambda \approx 5$μm），弯曲强度约为 600MPa；相对地，Al_2O_3/YAG/ZrO_2 三元共晶陶瓷组织也较为细小（$\lambda \approx 5 \sim 6$μm），其弯曲强度（650～860MPa）和断裂韧性（5.2MPa·$m^{1/2}$）明显高于 Al_2O_3/YAG 二元共晶陶瓷。

2. 激光加热浮流区法

激光加热浮流区法是以激光作为定向凝固加热源，激光具有高能密度，快速凝固时固-液界面的温度梯度高达 $10^3 \sim 10^4$K/cm，远高于常规凝固技术（约 10^2K/cm）[141]，这为实现高熔点难熔共晶陶瓷较宽速率下的快速凝固提供了一个非常有力的途径。

图 6-3 给出了 LFZ 法的工作原理：具体是通过调节激光输出功率和光斑离焦量，进而获取具有一定直径和功率密度的激光束，待加工样品在工作台驱动下进行定向运动，利用该激光束以设定的扫描速率定向扫过待加工样品将其加热熔化。局部熔化的试样发生急冷凝固，形成表面光滑内部组织致密的棒状共晶自生复合陶瓷。除了温度梯度高、凝固速率控制精度高等优点外，LFZ 技术还具有无坩埚避免污染、高效率及材料与环境适应性广泛等一系列优点而受到国内外众多学者的高度重视。然而，受到激光束斑直径尺寸的限制，同时考虑避免样品表面开裂，LFZ 技术所制备陶瓷样品的直径或厚度较小（仅为数毫米），这极大地限制了 LFZ 技术在工程领域的应用。目前为止，LFZ 技术还主要是被广泛用于学术领域研究，主要集中于力学性能、组织特征形成、生长特性以及凝固机理方面的考察。美国 Sayir 和 Farmer 团队[168,169]利用 LFZ 技术主要用于 Al_2O_3/ZrO_2（Y_2O_3）共晶陶瓷纤维的制备，并对其组织与力学性能进行了系统的研究，该陶瓷纤维的室温抗拉强度高达 1GPa。法国 Mazerolles 团队[170-173]利用 LFZ 技术制取 Al_2O_3/ZrO_2(Y_2O_3)、Al_2O_3/$LnAlO_3$（Ln=Gd，Eu）及 Al_2O_3/$Ln_3Al_5O_{12}$（Ln=Y，Er，Dy）等体系共晶陶瓷，主要集中于共晶相界面及各相间的取向关系等方面研究，并对其高温蠕变变形微观机制进行分析[174]。西班牙 Orera 和 Llorca 团队[175-182]对 LFZ 技术所制备的 Al_2O_3/YAG、Al_2O_3/ZrO_2、Al_2O_3/ZrO_2（Y_2O_3）、Al_2O_3/EAG、Al_2O_3/YAG/ZrO_2、Al_2O_3/EAG/ZrO_2 等共晶的组织、力学性能等进行了系统地研究，其中，所制备的 Al_2O_3/YAG/ZrO_2 纳米共晶纤维的弯曲强度高达 4.6GPa[175]；棒状 Al_2O_3/YAG 共晶在 1900K 下的弯曲强度高达 1.53GPa[183]。同样地，我国西北工业大学凝固技术国

家重点实验室苏海军团队[184-188]采用 LFZ 技术制备上述共晶体系，并对其组织特征及力学性能进行了系统的研究，并达到了国际同类研究水平，所制备的 Al_2O_3/YAG/ZrO_2 共晶陶瓷的最高断裂韧性高达 8MPa · $m^{1/2}$；此外，该团队[189-191]还利用 LFZ 技术对 Al_2O_3/GAP 和 Al_2O_3/GAP/ZrO_2 共晶系的组织形成机制进行了研究。

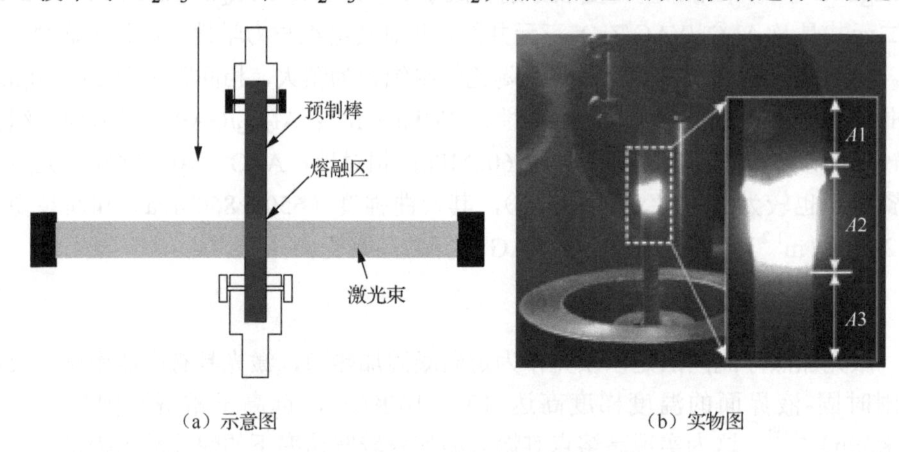

（a）示意图　　（b）实物图

图 6-3　激光浮流区熔定向凝固示意图及实物图[167]

3. 微拉法

微拉法适用于制备具有同种性质和界面间距控制在微米范围的共晶组织。图 6-4 给出了微拉法的工作原理：坩埚底部存在一个细小的孔洞，通过加热使坩埚内物料被融化成熔体时，在底部孔洞处由籽晶作引导，使晶体沿坩埚底部向下的方向进行生长。通过调整坩埚的形状可以获取不同直径尺寸的共晶纤维或棒材，例如，Lee 等[192]尝试通过变更坩埚底部形状的大小得到了直径为 0.3～5mm，长度为 80～500mm 等不同尺寸的共晶纤维或棒晶。然而，微拉法所能制取的共晶样品的尺寸仍然非常有限（直径在毫米以下），并且形状较为简单。微拉法所能够提供温度梯度高达 3×10^3～5×10^3K/cm [193]，同样远高于常规凝固技术（10^2K/cm），可在相对较宽的凝固速率范围内对微观组织进行有效控制。相较于传统方法制备的大块晶体，μ-PD 法所制备的共晶陶瓷样品的力学性能得到大幅提高，表现出更高的强度。Epelbaum 团队 [194-198]采用 μ-PD 法分别成功合成了不同尺度（直径、长度）的 Al_2O_3/YAG、Al_2O_3/ZrO_2、Al_2O_3/ZrO_2(Y_2O_3)等二元共晶及 Al_2O_3/YAG/ZrO_2 三元共晶纤维或棒材，主要针对微拉法的工艺参数（熔体成分、抽拉速度等）、组织微结构及力学性能之间的相关性进行了系统的研究。Lee 等[192]利用 μ-PD 法通过调节抽拉速率分别制取直径为 0.3～2mm，长为 500mm 的 Al_2O_3/YAG/ZrO_2 三元共晶纤维或棒材，高速率下获得共晶纤维的室温抗拉强度高达 1730MPa，在 1200℃下强度仍可维持在 1100MPa，但在 1500℃下的强度骤降至 350MPa；而低生长速率下获取的共晶棒材在 1500℃下的强度高达 1400MPa。同样地，Lee 等[197]

利用 μ-PD 法对 Al_2O_3/ZrO_2（Y_2O_3）共晶进行制备，低 Y_2O_3 浓度（ZrO_2 相中 Y_2O_3 的相对物质的量分数约为 3%）添加下抽拉速率为 15mm/min 下所获取的共晶纤维的室温抗拉强度高达 2000MPa，在 1500℃下的强度仍可维持在 560MPa。

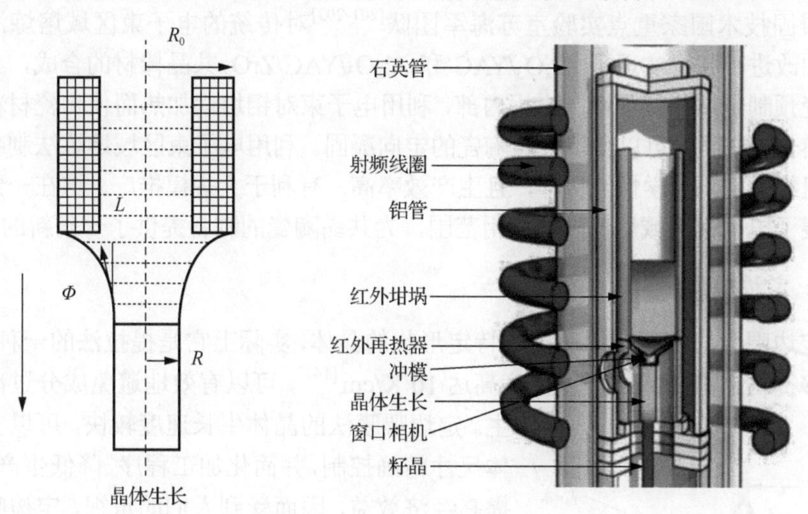

图 6-4　微拉法装置示意图[199]

4. 电子束区域熔炼法

电子束区域熔炼法具有能量密度高、无坩埚污染、电热转换效率高、控制简单、精度高等一系列优点，它可以用于提纯难熔金属，同时还可以用于合成具有理想组织结构的单晶体，因此成为制备高纯难熔金属的重要方法[200]。电子束区域熔炼法的工作原理是：通过电子枪发射出电子，电子在外加电场作用下实现加速，并使该高能电子束轰击到物料表面，通过将高速运动电子的动能转换成热能，使材料局部区域熔化，进而实现定向凝固，如图 6-5 所示。

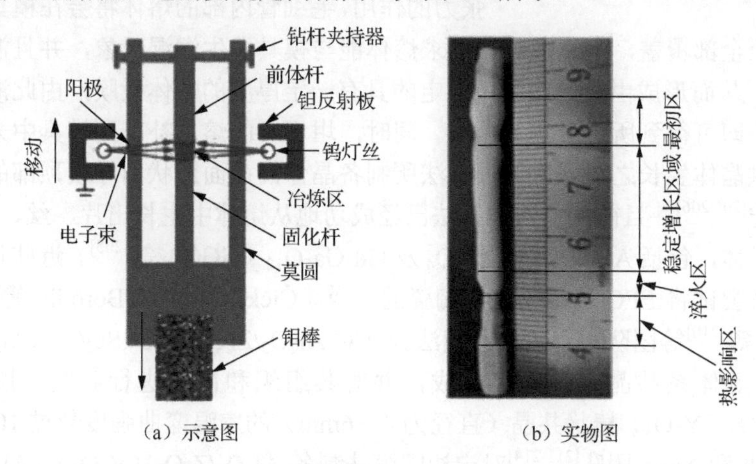

（a）示意图　　　　　　　　（b）实物图

图 6-5　电子束区熔炼法原理示意图及其制备 $Al_2O_3/YAG/ZrO_2$ 样品实物图[201]

电子束区域熔炼法能够提供的温度梯度较高（350～500K/cm），凝固速率范围宽，且温度梯度和凝固速率可实现单独控制[202]。然而，电子束区域熔炼法只能用于制备导体材料，对于陶瓷等非导体材料却并不适用。近期，我国西北工业大学凝固技术国家重点实验室苏海军团队[201-203]对传统的电子束区域熔炼法做出一定的改进，并已实现了 Al_2O_3/YAG 和 Al_2O_3/YAG/ZrO_2 共晶棒材的合成，具体是将陶瓷预制烧结体置于钼制坩埚内部，利用电子束对钼坩埚加热而使陶瓷材料发生区域熔化，这同样可以实现共晶陶瓷的定向凝固。利用电子束区域熔炼法制备共晶陶瓷组织致密、力学性能优异，且生产效率高，有利于大规模推广。这在一定程度上拓展了电子束区域熔炼法的应用范围，为共晶陶瓷的制备提供了一条新的途径。

5. 定边喂膜法

定边喂膜法主要应用于生长特定形状的晶体，实际上它是提拉法的一种变形，它能够提供的凝固界面温度梯度高达 10^3K/cm [141]，可以有效地避免成分过冷的发生。定边喂膜法的晶体生长速度较快，可以实现晶体尺寸精确控制，并简化加工程序、降低生产成本、提高经济效益，因而受到人们的重视。定边喂膜法的工作原理（图 6-6）：将物料置于坩埚中，通过高频感应加热元件使之熔化，将一特制高熔点模具放入熔体中，借助毛细作用使熔体自毛细管底部上升至顶部，控制导模顶部的温度，使其略高于拟生长晶体的熔点；然后将一特定取向的籽晶放下，使之与模具顶部的熔体液面接触，籽晶端部发生熔化并与毛细管中的熔体熔为一体；随后开动提拉机构，通过借助熔体与新生晶体的亲合力及熔体表面张力的作用，毛细管内部的熔体将会在模具顶部展开，直至全部覆盖，定边喂膜法要求熔体能与模具发生润湿现象，并且润湿角小于 90°，从而形成由模具边缘所限定的具有一定厚度的熔体液膜，由此液膜中缓慢提拉，即可得到所需形状的晶体。同时，坩埚中的熔体补充到模具中来，持续喂料以供晶体生长之用。定边喂膜法所制备晶体的截面形状由导模顶部的外形和尺寸决定[205,206]。目前，定边喂膜法已经成功地从熔体中生长出片、丝、管、棒、板状等晶体，包括 Al_2O_3、Si、YVO_4 及 $Gd_3Ga_5O_{12}$（GGG）等[205]。近些年来，科研工作者尝试将 EFG 法用于共晶陶瓷的合成。Čička 等[207]和 Borodin 等[208,209]、Starostin 等[210]等团队利用定边喂膜法分别对 Al_2O_3/ZrO_2（Y_2O_3,Sc_2O_3）、Al_2O_3/ZrO_2（Y_2O_3）等体系共晶陶瓷进行合成，并对其组织和性能进行研究，所制备的 Al_2O_3/ZrO_2（Y_2O_3）棒状共晶（直径为 4～6mm）的室温弯曲强度超过 1000MPa。美国 Park 和 Yang 团队[211-214]对定边喂膜法制备 Al_2O_3/ZrO_2（Y_2O_3）、Al_2O_3/YAG

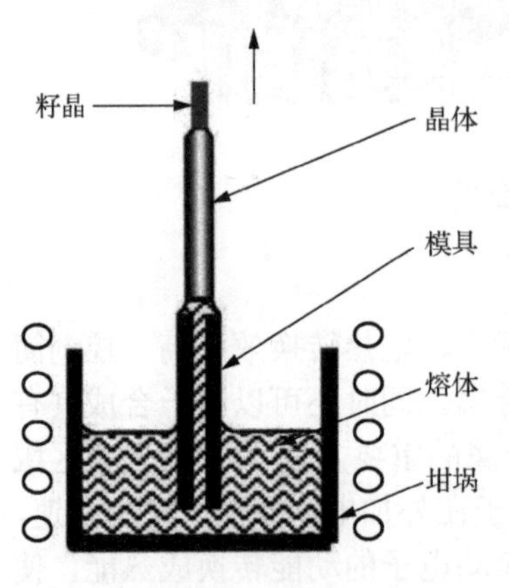

图 6-6　定边喂膜法原理示意图[204]

及 Al_2O_3/YAG（CeO_2,Pr_2O_3）共晶陶瓷进行了相关研究，包括组织特征、断裂特征行为、高温组织稳定性行为及高温力学性能等。其中，所制备的 Al_2O_3/ZrO_2（Y_2O_3）共晶纤维的室温抗拉强度高达 1.2GPa，并且此强度可保留至 1500℃，制备的 Al_2O_3/YAG 共晶纤维的室温抗拉强度高达 1.93GPa。相似地，美国 Matson 团队[215,216]对定边喂膜法制备 Al_2O_3/YAG 共晶纤维的高温组织稳定性及高温蠕变变形行为进行研究，该纤维在 1700℃下仍保留一定的抗蠕变强度。定边喂膜法也存在一定的不足：生长条件的控制要求非常严格（生长速率和温度场参数等）、模具易引起熔体污染、所能制取的共晶样品的尺寸也非常有限等。因此，要推进其工程化应用，还有待于进一步努力。

6. 其他制备技术

1）激冷快速凝固+退火法

日本 Harada 团队[217-220]尝试开发利用激冷快速凝固+退火法合成 Al_2O_3/YAG、Al_2O_3/GAP 共晶陶瓷等。具体工作原理为：首先，将合成的固定共晶成分的纳米粉体烧结成体，并将其融化成液相；然后，将熔融状态的共晶熔体喷射到高速旋转的双冷却轧辊上（图 6-7），利用冷却轧辊快速的导热能力将液态陶瓷上的热量迅速导出，实现快速凝固，即激冷法（该凝固过程熔体获取极大的过冷度，可以得到极细的晶体组织，甚至于获得非晶组织）；最后，将获得非晶组织进行加热退火处理，即可获得超细的共晶组织。

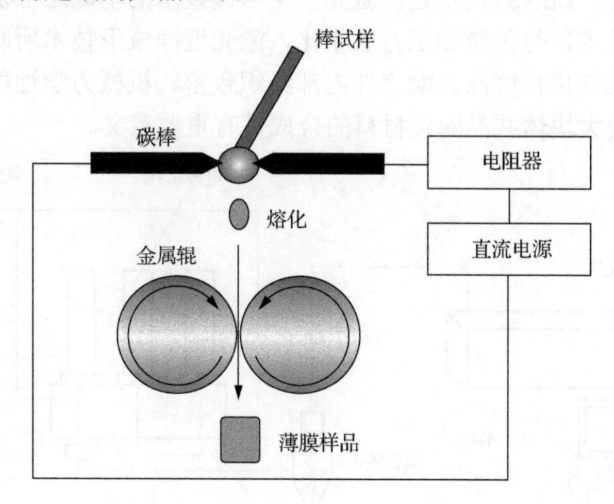

图 6-7 快速淬火激冷设备示意图[220]

2）超重力燃烧合成法

国内，中国人民解放军陆军工程大学先进材料研究所赵忠民团队研发了一种制备氧化物自生复合陶瓷的新技术——超重力燃烧合成法（combustion synthesis melt-casting under ultra-highgravity）。该技术完全摒弃了传统的熔体铸造工艺路线，是集铝热反应、燃烧合成、陶瓷/金属液相分离技术于一体的快速凝固技术。具体原理是：首先，利用铝热反应所释放出的热量使物料温度大幅升高以致熔化，凭借超重力场将陶瓷熔体/金属液相彻底分离，气相充分逸出；同时，燃烧合成法还能引发极高的冷却速率，进而获取极高的过冷度，从而实现熔体快速凝固。目前，赵忠民团队[221-225]利用超重力燃烧合成法已经合成了 Al_2O_3/ZrO_2（Y_2O_3）、Al_2O_3/ZrO_2 及 Al_2O_3/YAG/ZrO_2 等共晶陶瓷块体。其中，所制备的 Al_2O_3/YAG/ZrO_2 共晶陶瓷的断裂韧性高达 5.51MPa · $m^{1/2}$；所制备的 Al_2O_3/ZrO_2（Y_2O_3）共晶的相间距为 300nm，最高断裂韧性高达 17.9MPa · $m^{1/2}$；超重力燃烧合成法具有低能耗、低成本、高反应温度及高生长速率等特点。但是，高的生长速率会引起材料内部产生极高的残余热应力，进而易造成材料制品开裂，故目前燃烧合成法很少用来合成大体积陶瓷。

3）激光近净成形技术

我国大连理工大学精密与特种加工教育部重点实验室吴东江团队[226-230]将激光近净成形技术（laser engineered net shaping，LENS）应用至 Al_2O_3/ZrO_2、Al_2O_3/ZrO_2（Y_2O_3）及 Al_2O_3/YAG 等共晶陶瓷的合成。其中，所制备的 Al_2O_3/ZrO_2 共晶陶瓷块体的平均相间距为 60～70nm，断裂韧性高达 7.67MPa · $m^{1/2}$。激光近净成形技术的工作原理（图 6-8）：通过高能激光束将同轴输送的粉末材料熔融后凝固成形的增材制造技术，通过控制激光扫描路径和熔覆层数，即可得到任意形状的三维结构件。LENS 技术是在激光多层熔覆技术的基础之上发展起来的一种激光直接成形技术，与传统加工方法相比，激光近净成形技术所制备陶瓷件具有制造周期短、柔性化程度高、陶瓷件内部组织致密、机械力学性能好等一系列优点，这对于实现大块体共晶陶瓷材料的合成具有重要意义。

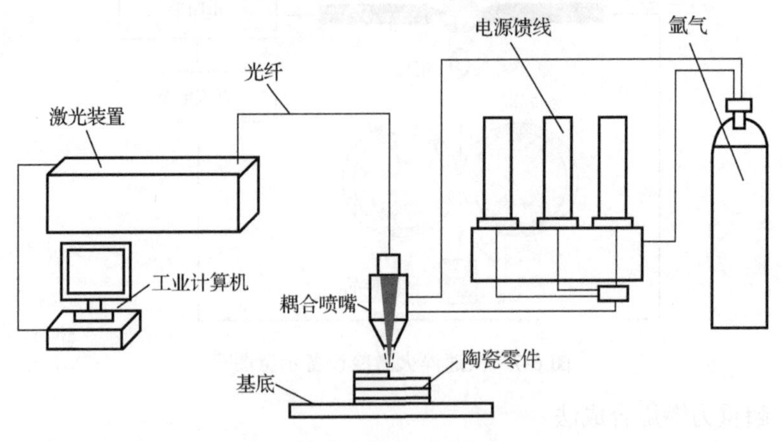

图 6-8　激光近净成形系统示意图[230]

6.1.2 定向凝固共晶原理

共晶意味着“最低熔点”并且用于描述等温可逆反应，其中一种液相在冷却过程中分解生成两种或两种以上的固相。在二元相图中，C_E 是由组分 A 和组分 B 形成的共晶组织。共晶体理想的微观结构是由末端固溶体 α 和 β 的交替层构成的。在接近平衡条件下，共晶成分的材料凝固时就会产生此种结构。层状结构通过耦合或协同生长形成，因为两相同时向熔体的边缘生长。在耦合或协同生长期间，α 相排出 B 原子，而 β 相排出 A 原子。对于特定的生长速率，在固-液界面处的熔体中建立横向浓度梯度，并提供两种原子的扩散，这反过来使稳态的层间间距变得更加稳定。在不受控制的非平衡共晶凝固过程中，会形成许多种类的微观结构。除预期的层状结构之外，还可能会存在一个或两个主要相。在非定向凝固的条件下，相位差被限制在单个晶粒通常较小的最大尺寸范围内。只有在定向凝固过程中形成的高管径比（长度/直径≫1）晶粒中才会出现具有单一取向的取向共晶。

6.2 液固界面稳定性理论

6.2.1 成分过冷理论

1953 年，Rutter 等[231]利用倾倒法制备不纯锡金属时，在观察凝固组织生长形态时发现在非平衡凝固条件下，引起平界面失稳而形成胞状或枝晶形态组织结构与杂质元素在固-液界面前沿的偏析富集所引起的过冷现象有关，进而提出了著名的“成分过冷”判据。

下面介绍“成分过冷”判据的具体推导过程。

合金（或不纯金属）中溶质元素（或杂质）在凝固过程中的溶质再分配过程，会影响固-液界面前沿的过冷度，从而对凝固进程和晶体形貌产生影响。正在推进的凝固界面前沿发生溶质富集，会改变液相的凝固温度，从而改变了液相的过冷度大小，这种由于溶质分布所引起的过冷度变化，被称为成分过冷（constitutional supercooling）。

Tiller 等[232]对成分过冷现象进行了定性的描述和讨论。对于分配系数 $k<1$ 的合金而言，在固-液界面前沿的液相内将会形成稳定的溶质富集层，该情形与当前结果相吻合。该模型的建立有几个基本假设，主要包括：①凝固速度相对较小；②固-液界面处于平衡态；③忽略曲率过冷和动力学过冷；④无对流效应；⑤固相无内扩散而液相内部充分扩散。设液相的初始浓度为 C_0，则初生固相的起始浓度为 kC_0。凝固开始后，凝固界面持续向前推进，溶质原子会从固相中不断排出，并在固-液界面前沿液相内部积累富集，引起界面附近液相浓度 C_1 不断升高，而远离界面液相成分仍保持为 C_0，同时，C_1 的升高又会引起后续凝固固相浓

度 C_s 的不断升高。当凝固固相的浓度 C_s 升至 C_0 时，靠近固-液界面的液相浓度变为 $C_1=C_0/k$，并在固-液界面向前推进的很长一段时间内，凝固界面附近两相浓度始终保持恒定，此过程对应着稳态凝固阶段，此时由凝固固相中排出的溶质原子数量等于液相中扩散离开界面的原子数量。

在稳态阶段，以固-液界面为坐标原点 O，设 x 为液相内距离固-液界面的距离，液相内部各点的浓度保持不变。设定 x 处液相浓度为 C_1，则扩散进入 x 面溶质的量为 $D\left(\mathrm{d}C_1/\mathrm{d}x\right)_x$，$D$ 为溶质原子在液相内的扩散系数，而扩散排出 $(x+\mathrm{d}x)$ 面溶质的量为 $D\left(\mathrm{d}C_1/\mathrm{d}x\right)_{x+\mathrm{d}x}$，因此在 $\mathrm{d}x$ 距离内单元体积内溶质的流入量为 $D\left(\mathrm{d}^2C_1/\mathrm{d}x^2\right)$。而固-液界面向前推进的移动速率为 v，由此可计算出界面处的净流出量为 $v\left(\mathrm{d}C_1/\mathrm{d}x\right)$，它在稳态下等于流入单元体积溶质的量，因此有

$$D\frac{\mathrm{d}^2C_1}{\mathrm{d}x^2}+v\frac{\mathrm{d}C_1}{\mathrm{d}x}=0 \tag{6-1}$$

该微分式的通解为

$$C_1=A+B\exp\left(-\frac{v}{D}x\right) \tag{6-2}$$

式中，A、B 为常数。

在稳态阶段时，边界条件为 $x=0$，$C_1=C_0/k$；$x=\infty$，$C_1=C_0$，将其代入式（6-2），可得到稳态时固-液界面前沿的溶质分布规律为

$$C_1=C_0\left[1+\frac{1-k}{k}\exp\left(-\frac{vx}{D}\right)\right] \tag{6-3}$$

由式（6-3）可知，固-液界面前沿液相中溶质的浓度 C_1 是按指数规律由 C_0/k 衰减至 C_0，衰减常数为 v/D。可以看出，凝固合金的固-液界面前沿的溶质浓度变化很大，这会对液相内部的局部平衡凝固温度 T_1 产生影响。根据相图的几何关系，设液相线的斜率为 m，则平衡凝固温度与液相溶质浓度之间的关系为

$$T_\mathrm{m}-T_1=m\left(0-C_1\right) \tag{6-4}$$

式中，T_m 为纯金属的熔点。由此可以得出固-液界面前沿平衡液相线温度的分布情况为

$$T_1=T_\mathrm{m}-mC_1 \tag{6-5}$$

将式（6-3）代入式（6-5），可得出稳态时的固-液界面前沿平衡液相线温度分布为

$$T_1=T_\mathrm{m}-mC_0\left[1+\left(\frac{1-k}{k}\right)\exp\left(-\frac{vx}{D}\right)\right] \tag{6-6}$$

而稳态时固-液前沿的实际温度 T 的分布为

$$T=T_\mathrm{m}-m\frac{C_0}{k}+Gx \tag{6-7}$$

式中，G 为固-液界面前沿液相熔体的温度梯度；$T_m - m\dfrac{C_0}{k}$ 为固-液界面温度。

利用式（6-6）和式（6-7）可分别绘制出固-液前沿液相内部的平衡凝固温度 T_l 与实际温度 T 分布图形，由此可以得出避免出现成分过冷现象的条件为

$$\left(\frac{\mathrm{d}T}{\mathrm{d}x}\right)_{x=0} \geqslant \left(\frac{\mathrm{d}T_1}{\mathrm{d}x}\right)_{x=0} \tag{6-8}$$

即

$$G \geqslant \left(\frac{\mathrm{d}T_1}{\mathrm{d}x}\right)_{x=0} \tag{6-9}$$

对式（6-6）进行求导并代入式（6-9），可得出避免出现成分过冷的判别式为

$$\frac{G}{v} \geqslant \frac{mC_0}{D}\frac{1-k}{k} \tag{6-10}$$

其中，不出现成分过冷的临界条件为

$$\frac{G}{v} = \frac{mC_0}{D}\frac{1-k}{k} \tag{6-11}$$

此时，实际温度梯度线与 T_1 平衡凝固温度曲线相切，固-液界面前沿不会因溶质的富集而改变，不出现成分过冷。

根据式（6-10）和式（6-11）可知，式子左侧参数 G 和 v 是可以实现人为控制的工艺因素，而式子右侧的各个参数是由材料体系自身性质所决定的因素。对于固定的材料体系而言，液相线斜率 m 值、分配系数 k 值及溶质原子的扩散系数 D 值均为定值，因此体系是否能发生成分过冷及其过冷程度的大小主要取决于液相中的实际温度梯度 G 值、凝固速率 v 值以及合金元素的浓度 C_0 值的大小。

忽略动力学过冷和曲率过冷效应，当熔体中的温度梯度 G 较低、凝固速率 v 较高及熔体成分 C_0 较高时，熔体体系将不满足避免发生成分过冷的判据式（6-10）的条件，此时实际温度梯度 T 线会与 T_1 平衡凝固温度曲线相交，相交的区域就构成了实际的过冷区，T 线和 T_1 线的两交点给出了成分过冷区域的长度 δ 值。令 $T = T_1$ 可得

$$1-\exp\left(-\frac{v\delta}{D}\right) = \frac{G}{mC_0(1-k)/k}\delta \tag{6-12}$$

通过计算符合上式的 δ 值，即可得出不同工艺参数（温度梯度 G、生长速度 v 及溶质浓度 C_0）下成分过冷区长度 δ 的计算值。

1. 冷却速度的影响

图 6-9 为不同冷却速度下 Al_2O_3/ZrO_2/YAG 共晶陶瓷的凝固组织。组织中黑色区域是 Al_2O_3 相，灰色区域时 YAG 相，白色区域是 ZrO_2 相。随着冷却速度提高，凝固组织的形貌和尺寸发生显著变化，依次出现三种典型的特征结构：晶团结构

（colony structure）、树枝晶结构（dendrite structure）和胞状结构（cell structure）。平均冷却速度为 10℃/min 时，凝固体的显微组织为晶团结构[图 6-9（a）]，晶团平均直径为 150μm。晶团内部是典型的不规则 Al_2O_3/ZrO_2/YAG 共晶组织[图 6-9（b）所示]，晶团过渡区组织粗大，存在孔洞和微裂纹等缺陷。当平均冷却速度提升到 50℃/min 时凝固组织特征和 10℃/min 冷却速度时相同，晶团内部仍然是不规则 Al_2O_3/ZrO_2/YAG 共晶组织[图 6-9（c）和图 6-9（d）]。只是晶团直径和共晶相的特征尺寸变小，其中晶团的直径由 150μm 减小到 55μm，共晶组织中的 YAG 相平均厚度由 6μm 减小到 2μm。晶团结构特征的凝固组织表明晶体生长过程中发生成分过冷现象，固-液界面形状为胞状，冷却速度增加后晶团直径减小，是成分过冷加剧（固-液界面不稳定性加强）的结果。当平均冷却速度升高到 250℃/min 时，凝固组织转变为枝晶结构，如图 6-9（e）。树枝晶呈鱼骨状，由 Al_2O_3 和 YAG 两相耦合而成，在枝晶顶端分布着粗大的球状 ZrO_2 相。同时，在树枝晶的交叉部位出现少量共晶组织，如图 6-9（f）所示。

树枝晶结构的凝固组织说明晶体生长过程中成分过冷十分严重，固-液生长界面发展成树枝状。这是因为快速凝固过程中晶体生长路径是非平衡凝固，共晶成分点向高熔点 ZrO_2 相偏移，所以原始的平衡共晶成分在快速冷却系统中变成亚共晶成分。亚共晶熔体在快速凝固过程中更容易发生成分过冷，生成树枝晶。研究发现，高温度梯度特征的激光定向凝固技术在处理亚共晶熔体时也会出现树枝晶组织[233,234]。除此之外，一些较大尺寸的 ZrO_2 块体出现在树枝晶中，呈不规则圆形或长条状，如图 6-9 所示。本书推测这些大块 ZrO_2 相可能是树枝晶顶端的较小尺寸 ZrO_2 颗粒聚集合并的结果而不是先析出相，因为 ZrO_2 先析出相通常成树枝状，此外在一些 ZrO_2 块体内检测到过渡界面[图 6-10（b）箭头所指部位]，这些过渡界面可能是小尺寸 ZrO_2 颗粒合并留下的痕迹。图 6-9（g）和图 6-9（h）为激冷条件下样块心部的显微组织，Al_2O_3/ZrO_2/YAG 共晶组织呈纤维状，相互平行的 Al_2O_3 和 ZrO_2 相分布在 YAG 相基体内，YAG 相厚度尺寸仅为 0～32μm，达到亚微米级。同时，激冷样块中心部位的凝固组织呈胞晶结构，这表明晶体生长过程中由于曲率过冷的毛细作用使固-液界面之间恢复稳定。

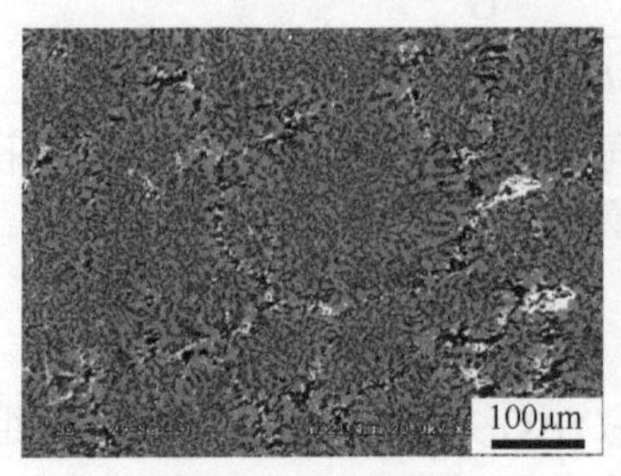

（a）10℃/min（低倍）

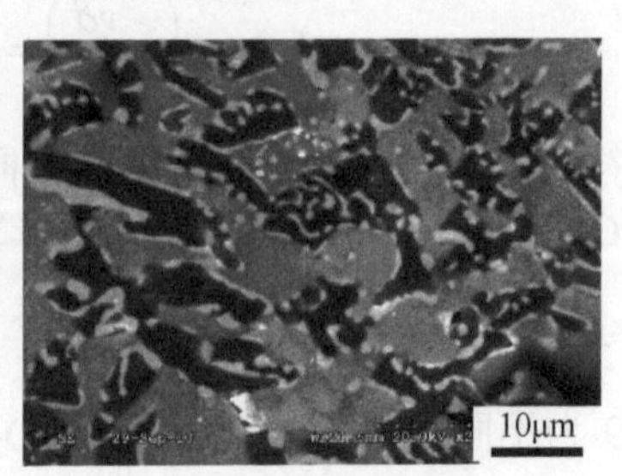

（b）10℃/min（高倍）

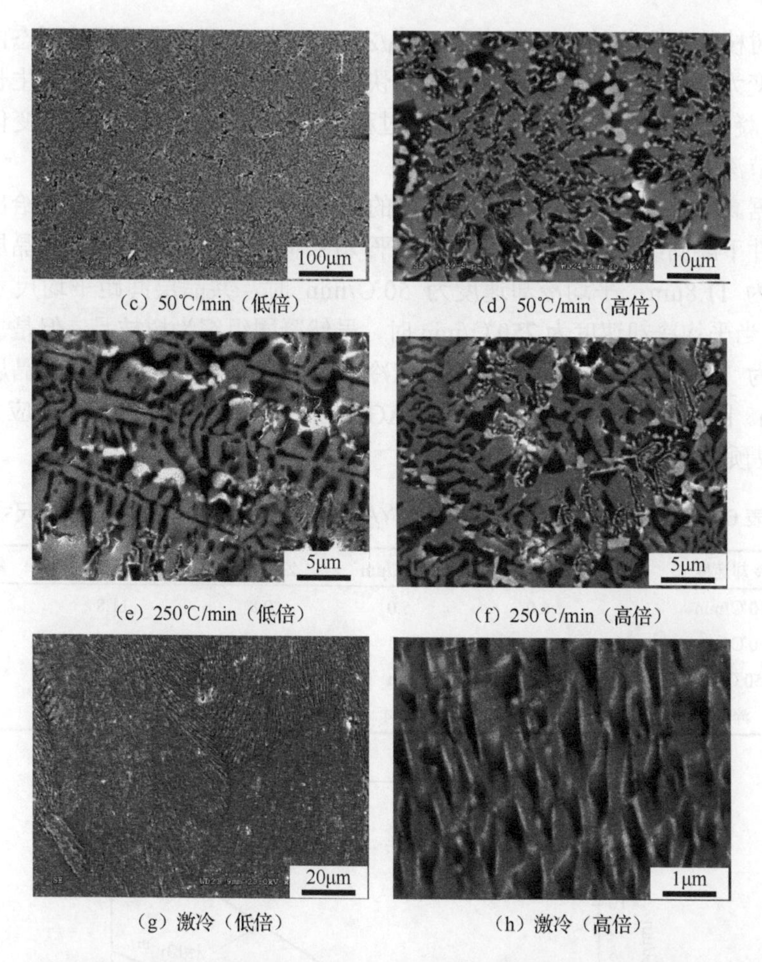

（c）50℃/min（低倍）　（d）50℃/min（高倍）

（e）250℃/min（低倍）　（f）250℃/min（高倍）

（g）激冷（低倍）　（h）激冷（高倍）

图 6-9　不同冷却速度下 Al_2O_3/ZrO_2/YAG 三元陶瓷的凝固组织[233]

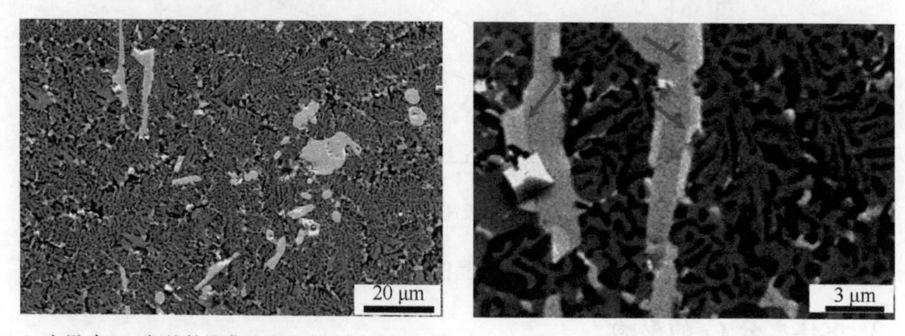

（a）大尺寸ZrO_2相块体聚集出现在某些树枝晶组织中　（b）ZrO_2相块体内部存在相界面

图 6-10　在 250℃/min 冷却条件下的大尺寸 ZrO_2 组织[233]

综上所述，随着冷却速度增加，Al_2O_3/ZrO_2/YAG 陶瓷凝固组织的特征尺寸减小。同时，显微组织的结构特征发生显著变化，依次出现三种典型结构，分别为：

团状、树枝状和胞状结构。另外，$Al_2O_3/ZrO_2/YAG$ 三元共晶组织的形态由不规则形状转变为规则的纤维状，这是因为在快速凝固条件下晶体的小平面生长倾向减弱[235]。凝固组织特征的转变源于凝固过程中固-液界面的稳定性发生变化，将在后面章节深入分析和讨论。

根据高倍组织可知，随着冷却速度的增加，相间距减小，表 6-1 给出了不同冷却条件下凝固组织的平均特征尺寸。平均冷却速度 10℃/min 时，共晶层间距平均尺寸为 11.8μm；平均冷却速度为 50℃/min 时，共晶层间距平均尺寸减小到 3.7μm。当平均冷却速度为 250℃/min 时，虽然凝固组织为树枝晶，但是二次枝晶间距仅为 1.5μm。当熔体采用激冷工艺冷却时，凝固体心部组织的共晶层间距为 0.646μm。图 6-11 标绘出 $Al_2O_3/ZrO_2/YAG$ 共晶层间距与生长速度的对应关系，与 J-H 模型预测相一致。

表 6-1　不同冷却速度下 $Al_2O_3/ZrO_2/YAG$ 共晶陶瓷凝固组织的平均特征尺寸

冷却速度	YAG/μm	Al_2O_3/μm	ZrO_2/μm	层片间距 λ /μm	结构特点
10℃/min	6.0	5.0	0.8	11.8	团状
50℃/min	2.0	1.3	0.4	3.7	团状
250℃/min	树枝晶宽度 10.8μm		二次枝晶臂间距 1.5μm		树枝状
淬火	0.32	0.24	0.086	0.646	胞状

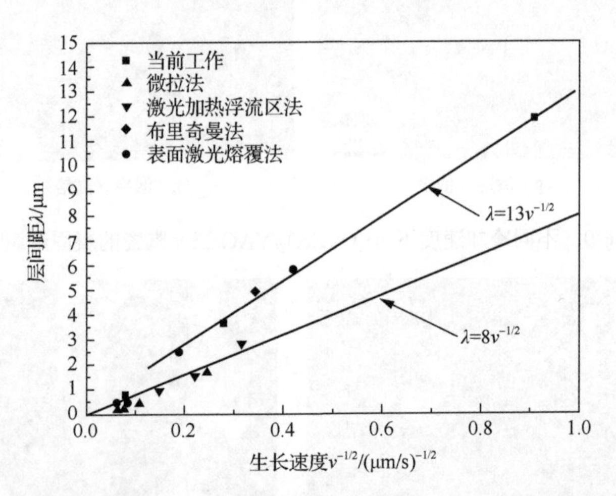

图 6-11　$Al_2O_3/ZrO_2/YAG$ 三元共晶的层间距与生长速度间的定量关系[233]

2. 熔体成分 C_0 的影响

图 6-12 给出了不同 Y_2O_3 物质的量分数（C_0=0%～4.5%）添加下所获得 Al_2O_3/ZrO_2 共晶陶瓷块体的心部微观组织形貌。由图中轮廓线可知，随着陶瓷中 Y_2O_3 物质的量分数 C_0 的增加，共晶组织的几何形态发生明显的胞状→树枝晶状结构转变。具体地，当不添加 Y_2O_3（C_0=0%）时，共晶陶瓷内可观察到呈近圆形

的团状结构，如图 6-12（a）所示；当添加少量 Y_2O_3（C_0=1.1%）时，近圆形的晶团逐渐被拉长并变为椭球形状，如图 6-12（b）和图 6-12（c）所示；当 C_0=1.7%时，在椭球形晶团的外边界出现凹槽和凸缘结构，如图 6-12（d）所示；随着 Y_2O_3 物质的量分数进一步增大（C_0=3.0%）时，晶团边界呈现出锯齿状形态，即形成了胞状树枝晶结构，如图 6-12（e）所示；而 C_0=4.5%时，组织呈现出完全的枝晶形态，并且这种枝晶的几何外形并不是常见的枝晶形态，而是呈现出海藻状枝晶形态，如图 6-12（f）所示。

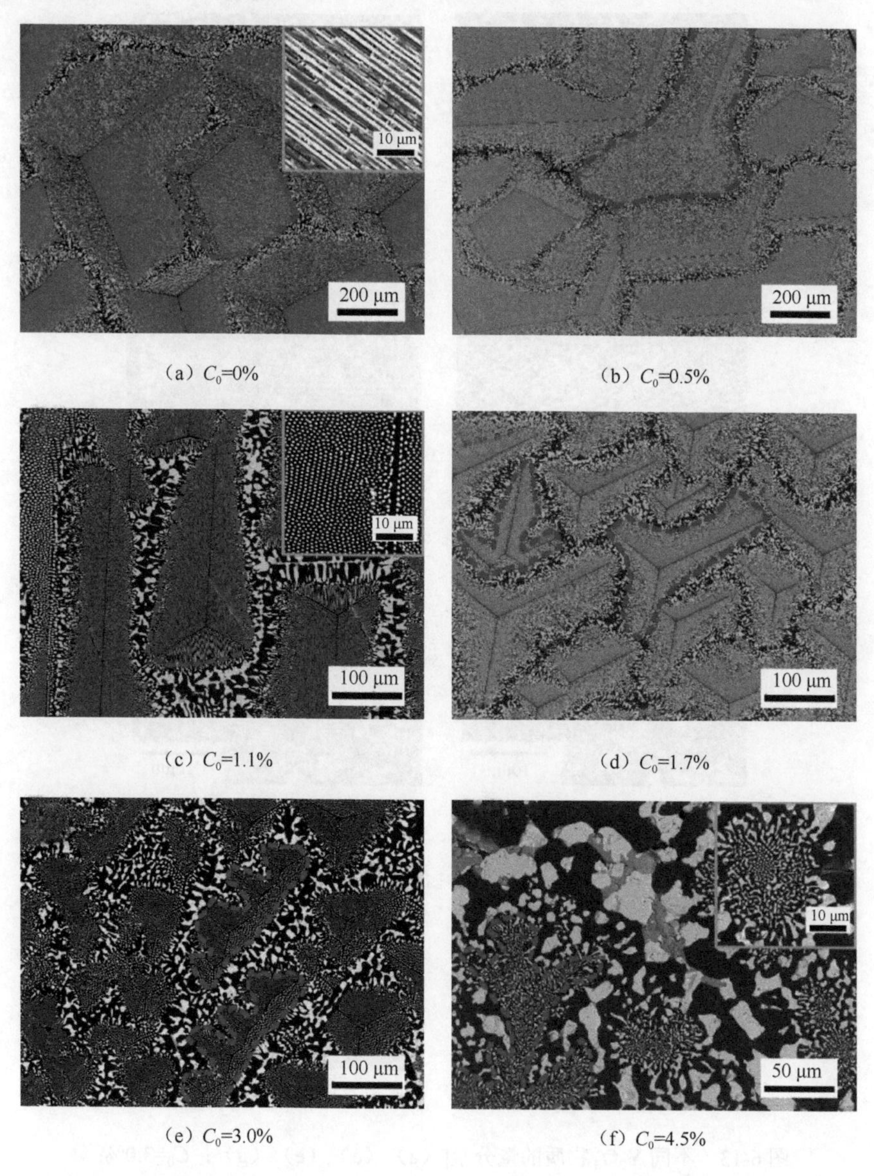

（a）C_0=0%　（b）C_0=0.5%　（c）C_0=1.1%　（d）C_0=1.7%　（e）C_0=3.0%　（f）C_0=4.5%

图 6-12　不同 Y_2O_3 物质的量分数下 Al_2O_3/ZrO_2 共晶陶瓷心部的微观组织形貌[228]

通过上述描述可知，随着 Y_2O_3 物质的量分数 C_0 的增加，Al_2O_3/ZrO_2 共晶陶瓷内部的微观组织形态会发生胞状→树枝状结构的转变，该现象与合金或不纯金属的凝固行为相吻合，故可借鉴合金的成分过冷理论对其进行定性解释。

图 6-13 给出了不同 Y_2O_3 物质的量分数（C_0=3.0%,9.0%）添加下所获得 Al_2O_3/ZrO_2 共晶陶瓷凝固组织随着生长速度的变化情况。可知，随着生长速度的增加，可观察到不规则片层状结构（平界面）→团状结构（胞状界面）转变，高 Y_2O_3 物质的量分数添加会加速这种转变过程。

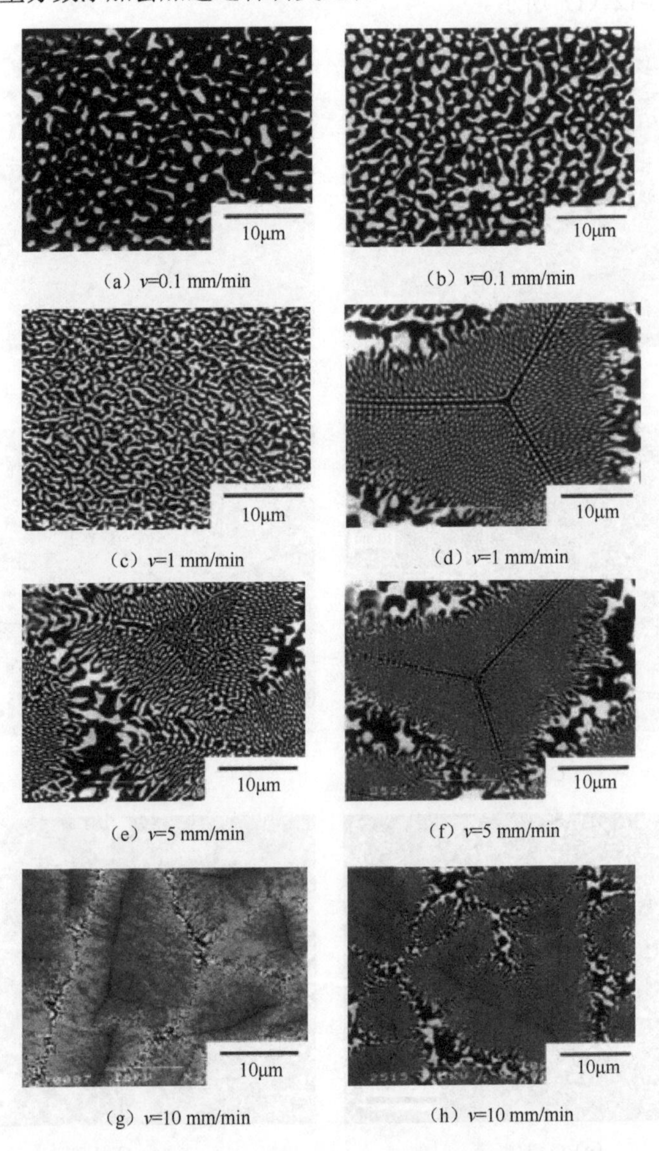

（a）v=0.1 mm/min　（b）v=0.1 mm/min

（c）v=1 mm/min　（d）v=1 mm/min

（e）v=5 mm/min　（f）v=5 mm/min

（g）v=10 mm/min　（h）v=10 mm/min

图 6-13　不同 Y_2O_3 物质的量分数[（a）（c）（e）（g）：C_0=3.0%；（b）（d）（f）（h）：C_0=9.0%] Al_2O_3/ZrO_2 共晶陶瓷的形貌随生长速度的变化[223]

成分过冷理论是描述凝固界面稳定性的第一个判据，它针对平界面、胞晶和树枝晶生长界面形态的稳定性给出了合理的解释，是奠定近代凝固形态学的基石。但是，该理论存在着很多的不足，例如，其没有考虑凝固界面向前推进过程中界面上出现干扰的情况；忽略界面能效应对界面稳定性的作用；没有考虑固相中温度梯度的影响；该理论是将平衡热力学理论应用到非平衡动力学过程，同时还做了许多的假设，这限制了该理论的适用范围，其只适用于凝固速度相对较小的情况。

6.2.2 界面稳定性动力学理论

针对成分过冷理论所存在的一些明显的不足，1964年，Mullins等[236]考虑了界面能、结晶潜热及溶质沿固-液界面扩散等因素对平界面稳定性的影响，在准稳态假设基础上，提出了更为严格的界面稳定性动力学理论（MS理论）。该理论较为全面地分析了凝固界面前沿液相的温度场和溶质浓度场对界面稳定性的干扰行为。该理论认为界面上出现任何周期性的干扰均可认为所有可能波长的正弦干扰，而界面的稳定性主要取决于正弦波的振幅随时间的变化率，若振幅随时间推移而增大，则凝固界面不稳定；反之，若振幅随时间减小，则界面稳定。界面上出现干扰会对邻近热量和溶质的扩散过程产生影响，界面上的热扩散和溶质扩散过程均趋于使温度和浓度均匀分布，两者均起到破坏凝固界面的稳定性。而界面上出现的干扰又会受到界面能的影响，干扰会增大界面面积，增加体系的自由能，而界面能（界面张力）会使界面面积缩小，使凝固界面趋于稳定。因此，沿界面的扩散过程和界面能效应是对界面稳定性产生影响的两个矛盾因素。具体的处理方法是引入研究流体动力学稳定性的数学方法用来研究凝固过程中的界面稳定性。M-S得出界面稳定性动力学理论的判别式为

$$S(\omega)=-T_{\mathrm{m}}\Gamma\omega^{2}-\frac{1}{2}(g'-g)+mG_{\mathrm{C}}\frac{\omega^{*}-\left(\dfrac{v}{D}\right)}{\omega^{*}-\left(\dfrac{v}{D}\right)(1-k)} \tag{6-13}$$

式中，ω为扰动的振动频率；T_{m}为纯金属熔点；$\omega^{*}=(v/2D)+\left[(v/2D)^{2}+\omega^{2}+P/D\right]^{1/2}$为液相中沿固-液界面的溶质波动频率，$P=\dot{\delta}/\delta$为振幅随时间的变化率；$\Gamma=\sigma/H_{\mathrm{f}}$为表面张力常数，$\sigma$为界面张力（或固-液界面比表面能），$H_{\mathrm{f}}$为单位体积溶剂的结晶潜热；$G_{\mathrm{C}}$为固-液界面前沿液相内部溶质的浓度梯度；$g'=\left(k_{\mathrm{S}}/\hat{k}\right)G_{\mathrm{S}}$，$g=\left(k_{\mathrm{L}}/\hat{k}\right)G_{\mathrm{L}}$，$G_{\mathrm{S}}$、$G_{\mathrm{L}}$分别为固相和液相中的温度梯度，$k_{\mathrm{S}}$、$k_{\mathrm{L}}$分别为固相和液相的导热系数，$\hat{k}=(k_{\mathrm{S}}+k_{\mathrm{L}})/2$。

函数$S(\omega)$的正负决定着干扰振幅的增长与衰减，进而决定着固-液界面的稳

定性。函数 $S(\omega)$ 由三项组成：第一项由界面能决定，始终为负值，即界面能的增加有利于界面的稳定；第二项由温度梯度决定，若温度梯度为正，界面稳定，温度梯度为负，界面不稳定；第三项恒为正，由 mG_C 和一个分式的乘积组成，表明固-液界面前沿由于溶质富集出现的溶质浓度梯度总是使界面趋于不稳定。

在不考虑溶质沿固-液界面扩散及界面能的影响时，则产生界面稳定性的条件为

$$\frac{1}{2}(g'-g) > mG_C \tag{6-14}$$

式（6-14）可变形为

$$\frac{k_L G_L + k_S G_S}{k_L + k_S} > m\frac{v}{D}\frac{C_0(1-k)}{k} \tag{6-15}$$

若固相和液相的温度梯度相等 $(G_L = G_S)$、导热系数相等 $(k_L = k_S)$，上式将变成“成分过冷”的判据式。也就是说，成分过冷理论是界面稳定性动力学理论的特殊形式。

由 MS 界面稳定性动力学理论可以得到一个绝对稳定的临界速度：

$$v_a = \frac{\Delta T_0 D}{k\Gamma} \tag{6-16}$$

式中，ΔT_0 为合金的平衡凝固温度范围。

当 $v > v_a$ 时，平界面总是保持稳定，是一种快速凝固下的界面稳定性现象，称为绝对稳定性。根据 MS 理论，在晶体进行定向生长的条件下，随着凝固速度的增加，凝固界面形态呈“平界面→胞状→树枝状→胞状→平界面”的演化过程，并且该规律已在许多合金系中得到证实[237,238]。

6.2.3　过冷熔体中平界面绝对稳定性理论

MS 理论中假设凝固过程中的热扩散长度远远大于扰动波长，由此可见，该基本假设仅适用于描述小过冷度下的晶体生长行为。但是，在大过冷高速生长过程中，凝固界面前沿的热扩散长度可能减小到了与干扰波长相当的数量级，此时凝固界面的稳定性应该如何评价？Kurz 等 [239]将界面稳定性动力学理论扩展至深过冷熔体的凝固过程中，研究发现在极高的生长速度下过冷熔体也可以实现平界面的绝对稳定性，其临界速度为

$$v_a = \frac{k_L \Delta T_h}{\Gamma} + \frac{D\Delta T_0}{k\Gamma} \tag{6-17}$$

式中，ΔT_h 为合金的临界超过冷度。TK 理论中，绝对稳定临界速度 v_a 由两项组成：第一项 $(k_L \Delta T_h / \Gamma)$ 为热绝对速度，用以克服热扩散所造成的不稳定；第二项 $(D\Delta T_0 / k\Gamma)$ 为溶质绝对速度，用以克服溶质扩散所造成的不稳定，该项与 MS 理论绝对稳定速度[式（6-16）]相等。对比式（6-16）和式（6-17）可知，相同合金要在深过冷条件下实现平界面生长，则需要更高的生长速度。

TK 模型没有考虑固相导热对界面稳定性的影响，Ludwig[240]在研究过冷熔体

凝固过程中固相导热对绝对稳定性的影响时，发现固相导热过程对溶质绝对速度项无影响，但能显著地降低热绝对速度项，即

$$v_a = 2s\frac{k_L \Delta T_h}{\Gamma} + \frac{D\Delta T_0}{k\Gamma} \tag{6-18}$$

式中，s（$s \leqslant 0.5$）是合金热物性参数及生长速度的复杂函数。从式（6-18）可知，固相传热过程降低了热绝对速度。因此，TK 模型所预言的绝对速度要大于实际绝对稳定性的生长速度。

6.2.4 非平衡凝固界面稳定性理论

TK 理论是在界面局域平衡的基础上建立起来的。然而，在深过冷极高生长速度下界面局域平衡不可能维持，因此在界面稳定性分析中需引入非平衡动力学效应。李金富等[241]将凝固界面动力学效应引入界面稳定性的分析中，得到在绝热条件下实现平界面绝对稳定性的首要条件为

$$q = \frac{k_L R_g T_m}{C_p v_0 \Gamma} < 1 \tag{6-19}$$

式中，q 为合金体系实现平界面生长的无量纲参数；R_g 为气体常数；T_m 为纯金属的熔点温度；C_p 是液相的定压比热容；v_0 为液相中的声速。根据不同成分 Ni-Cu 合金的热物理参数，在计算了该合金是实现平界面生长的 q 值后，李金富指出在 Ni-Cu 合金过冷块体熔体中是不可能实现平界面生长的，枝晶是其唯一的生长方式。

6.3 过冷熔体中枝晶生长

6.3.1 枝晶生长稳态理论

在枝晶发生稳态生长时，通常假定枝晶尖端的形状和尺寸不会发生变化，枝晶尖端的溶质分布、温度场分布及能量场分布均不随着时间的推移而发生变化。枝晶尖端潜热的释放速率、溶质的排出速率及晶体的生长速率均与尖端形状有关；反过来，尖端形状又会受到所排出的热量和溶质分布的影响。在研究枝晶生长问题中，人们建立各种数学模型致力于定性描述“枝晶尖端过冷度 ΔT -枝晶尖端生长速度 v-枝晶尖端曲率半径 r”之间关系。过去人们通常假设枝晶是一个尖端为半球冠状并沿其轴线生长的圆柱形晶体，并对枝晶生长中所涉及的重要物理因素进行数学分析。后来，人们研究发现旋转抛物面是一种描述枝晶尖端更好的近似模型。1947 年，Ivancov[242]首次提出研究具有旋转抛物面针状晶和片状晶的数学分析方法，在假定固-液界面上温度或浓度处处相等的前提下，求解这种形状的稳态扩散解（Ivancov 解），它是描述各种枝晶生长模型的基础。1961 年，Horvay 等[243]对此方法进行进一步的归纳与总结时，发现具有稳态扩散解的枝晶的更

普遍形式是椭圆抛物面。他们给出该模型下 Ivancov 函数具体的数学解析式为

$$\Omega = I(P) = P\exp(P)E_1(P) \tag{6-20}$$

式中，Ω 为无量纲过饱和度，其代表枝晶尖端热扩散或溶质扩散的驱动力，固相的生长速率随着过饱和度的增大而增大；$I(P)$ 为 Ivancov 函数；$E_1(P)$ 为第一指数积分函数。$E_1(P)$ 如下：

$$E_1(P) = \int_P^{\infty} \frac{\exp(-Z)}{Z} \mathrm{d}Z \tag{6-21}$$

对于热扩散场：

$$P = P_{\mathrm{t}} = \frac{vr}{2\alpha} \tag{6-22}$$

式中，P_{t} 为热 Péclet 数；r 为枝晶尖端曲率半径。

又有

$$\Omega = \Omega_{\mathrm{t}} = \frac{\Delta T_{\mathrm{t}} C_{\mathrm{P}}}{\Delta H_{\mathrm{f}}} \tag{6-23}$$

其中，Ω_{t} 为枝晶尖端无量纲热过饱和度；ΔT_{t} 为热过冷度；ΔH_{f} 为结晶潜热。

对于溶质扩散场：

$$P = P_{\mathrm{c}} = \frac{vr}{2D} \tag{6-24}$$

式中，P_{c} 为溶质 Péclet 数。

$$\Omega = \Omega_{\mathrm{c}} = \frac{C_1^* - C_0}{C_1^*(1-k)} \tag{6-25}$$

其中，Ω_{c} 为枝晶尖端无量纲溶质过饱和度；C_1^* 为枝晶尖端液相溶质浓度；C_0 为合金初始溶质浓度。

在只考虑扩散过程时，过冷合金熔体在凝固过程中，枝晶尖端的过冷度由热扩散引起的热过冷度 ΔT_{t} 和由溶质扩散引起的成分过冷度 ΔT_{c} 两项组成，即

$$\Delta T = \Delta T_{\mathrm{t}} + \Delta T_{\mathrm{c}} \tag{6-26}$$

由式（6-20）～式（6-25）可知，ΔT_{t} 和 ΔT_{c} 可表示为

$$\Delta T_{\mathrm{t}} = T^* - T_{\infty} = \frac{\Delta H_{\mathrm{f}}}{C_{\mathrm{P}}} I(P_{\mathrm{t}}) \tag{6-27}$$

$$\Delta T_{\mathrm{c}} = T_1(r) - T^* = m(C_0 - C_1^*) = mC_0\left[\frac{1}{1-(1-k)I(P_{\mathrm{c}})}\right] \tag{6-28}$$

上述关系式只是建立了 Péclet 数（或乘积 vr）与过饱和度 Ω（或过冷度）之间的关系，但是并没有给出尖端曲率半径与生长条件（过饱和度、过冷度）之间的单值函数关系。需要附加的条件才能将上述变量联系起来。通常在扩散式基础上附加一个界面张力项，通过求出对应式的极值来确定 v-r-ΔT 之间单值关系。对

于半球冠针状晶而言，扩散式的解表明过饱和度 Ω 等于尖端曲率半径与特征扩散长度的比值。过饱和度 Ω 一定时，vr 乘积也一定，这意味着尖端曲率半径较小的枝晶生长速度较快，而尖端曲率半径大的枝晶生长速度较慢。在枝晶尖端引入曲率修正[244]后发现，r 值很小时，扩散控制线被毛细作用控制线截断，r-v 曲线上存在着生长速度的极大值。Temkin[245]提出了枝晶在给定过冷度下将会以最大生长速度进行生长的“极值理论”，在该极值理论下，利用 Ivancov 的稳态扩散解获得了给定过冷度下 v-r 的单值解。1973 年，Oldfield[246]指出，枝晶尖端曲率半径由尖端前沿热扩散及溶质扩散所引起的“不稳定力”与固-液界面能引起的“稳定性力”综合作用的动力学平衡来决定，并提出了枝晶尖端的稳定性判据：处于这种动力学平衡中的枝晶尖端会发生稳态生长，枝晶尖端半径的平方与生长速度之间乘积为常数，与过冷度无关：

$$vr^2 = \sigma^* \tag{6-29}$$

通过确定稳定性常数 σ^*，由式（6-20）～式（6-28）（稳态扩散解）和式（6-29）（稳定性判据）可以确定 v-r-ΔT 之间存在单值关系。1977 年，Langer[247]证明，枝晶是以稳定性极限所确定的尖端尺度进行生长的，称为边缘稳定性（marginal stability），提出枝晶尖端的稳定性条件为

$$r = \lambda_i \tag{6-30}$$

式中，λ_i 是造成枝晶尖端形态的最短扰动波长。通过式（6-30）即可得出尖端半径的期望值。

6.3.2　枝晶生长理论模型

1. LGK 模型

在 Ivancov 稳态扩散解的基础上，Lipton 等[248,249]建立了描述低过冷、小 Péclet 数时的枝晶生长行为的 LGK 模型。如图 6-14 所示为过冷熔体中孤立枝晶尖端的扩散场及过冷度。在过冷熔体中枝晶尖端前沿液相内部的温度梯度为负值，则枝晶尖端的过冷度可表示为

$$\Delta T = \Delta T_\mathrm{t} + \Delta T_\mathrm{c} + \Delta T_\mathrm{r} \tag{6-31}$$

式中，ΔT_r 是由于曲率效应引起的曲率过冷度，可表示为

$$\Delta T_\mathrm{r} = 2\Gamma / r \tag{6-32}$$

将式（6-27）、式（6-28）和式（6-32）代入式（6-31）可得出枝晶尖端处的总过冷度为

$$\Delta T = \frac{\Delta H_\mathrm{f}}{C_\mathrm{P}} I\left(P_\mathrm{t}\right) + mC_0\left[\frac{1}{1-\left(1-k\right)I\left(P_\mathrm{c}\right)}\right] + 2\Gamma / r \tag{6-33}$$

引入稳定性判据式（6-30），Kurz 等[250]推导出的枝晶尖端半径的稳定性判

据为

$$r = \lambda_i = \left[\frac{\Gamma}{\sigma^* \left(mG_c - G \right)} \right]^{1/2} \tag{6-34}$$

式中，G_c 和 G 分别为固-液界面处的浓度梯度和温度梯度；稳定性常数 σ^* 值的大小与使用模型相关。其中，

$$G_c = -\frac{P_c C_l^* \left(1-k\right)}{r} \tag{6-35}$$

$$G = -\frac{P_t \Delta H_f}{C_P r} \tag{6-36}$$

将式（6-35）和式（6-36）代入式（6-34）可得出枝晶尖端曲率半径为

$$r = \frac{\Gamma / \sigma^*}{\dfrac{P_t \Delta H_f}{C_P} - \dfrac{P_c m C_0 \left(1-k\right)}{1-(1-k)\ I\left(P_c\right)}} \tag{6-37}$$

由式（6-33）和式（6-37）即可确定小过冷度熔体中 v - r - ΔT 之间存在单值关系，并且还得出低过冷度时 vr^2 = 常数的重要关系式。

LGK 模型主要揭示了过冷合金熔体中自由枝晶生长的基本规律。但是，该模型只能用于小过冷度或 Péclet 数较小的情况过冷合金熔体，而在大过冷情况下，其结果往往难以令人满意。

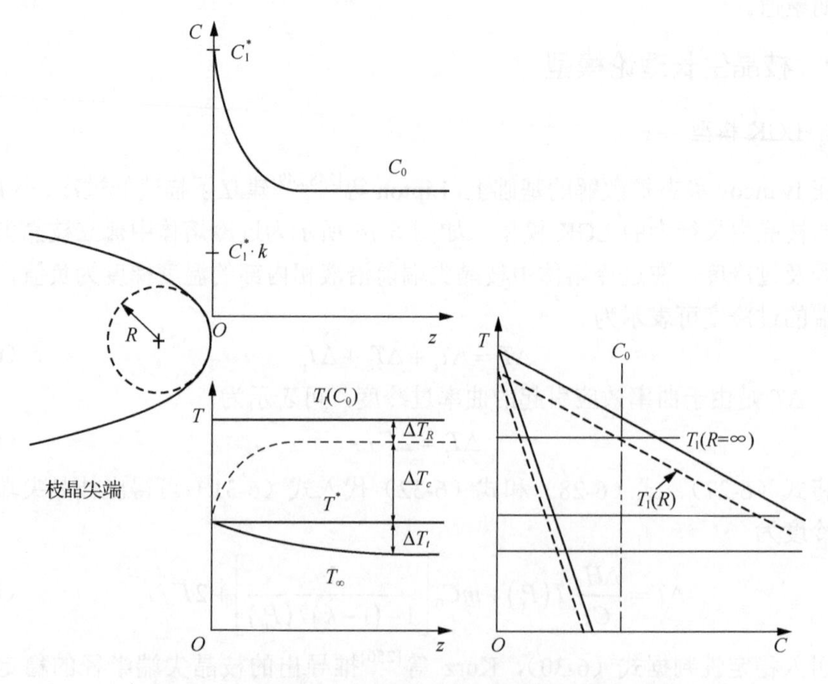

图 6-14　过冷熔体中孤立枝晶尖端的扩散场及过冷度

2. LKT 模型

Lipton 等[249]在 LGK 模型基础上又提出了描述深过冷合金熔体枝晶生长规律的 LKT 模型。该模型假定具有旋转抛物面枝晶尖端的过冷度 ΔT 同样由三项组成：

$$\Delta T = \Delta T_t + \Delta T_c + \Delta T_r \tag{6-38}$$

该模型假设枝晶尖端半径近似等于导致平界面失稳最小扰动波长，Kurz 等[250]将 MS 界面稳定性的动力学理论扩展至具有较大 Péclet 数的合金熔体情况[251]。当 Péclet 数较大时，vr^2 不再是常数，与之相对应的是枝晶尖端半径也不再是 Péclet 数的单值函数，而是与 Péclet 数和生长速度呈现出复杂的函数关系，此时，枝晶尖端半径为

$$r = \left[\frac{\Gamma}{\sigma^*\left(mG_c \cdot \xi_c - G \cdot \xi_t\right)}\right]^{1/2} \tag{6-39}$$

式中，ξ_c 和 ξ_t 是与 Péclet 数有关的稳定性参数，分别为

$$\xi_c = 1 + \frac{2k}{1 - 2k - \sqrt{1 + \dfrac{1}{\sigma^* P_c^2}}} \tag{6-40}$$

$$\xi_t = 1 - \frac{1}{\sqrt{1 + \dfrac{1}{\sigma^* P_t^2}}} \tag{6-41}$$

进行与 LGK 模型类似的数学处理，LKT 模型下枝晶尖端的过冷度和枝晶半径可以分别表示为

$$\Delta T = \frac{\Delta H_f}{C_P} I\left(P_t\right) + mC_0\left[\frac{1}{1-(1-k)I\left(P_c\right)}\right] + \frac{2\Gamma}{r} \tag{6-42}$$

$$r = \frac{\Gamma / \sigma^*}{\dfrac{P_t \Delta H_f}{C_P} \cdot \xi_t - \dfrac{P_c m C_0 (1-k)}{1-(1-k)\ I\left(P_c\right)} \cdot \xi_c} \tag{6-43}$$

由式（6-42）和式（6-43）可以确定较大过冷度下合金熔体中枝晶尖端的 v-r-ΔT 之间单值关系。在小 Péclet 数的情况下，LKT 模型即为 LGK 模型。LKT 模型预测枝晶尖端过冷度与枝晶尖端生长速度的关系符合：

$$\Delta T \propto v^b \tag{6-44}$$

式中，b 是与稳定性参数 ξ_c 有关的参数。通过观察大量的研究结果[252]可知，过冷熔体中生长速度 v 与过冷度 ΔT 之间的关系和 LKT 模型吻合良好。

3. BCT 模型

LGK 模型和 LKT 模型均是在局域平衡的基本假设上建立起来的。但是，在

过冷度进一步增大、枝晶的生长速度显著提高时，枝晶前沿局域平衡的基本假设将不再成立[253]。枝晶生长逐渐由原子扩散机制控制转变为由原子向固-液界面碰撞机制控制[247,254]，此时，界面动力学过冷度不能再被忽略。对于具有明显动力学过冷度的过冷合金熔体而言，局域平衡的破坏意味着固液相线和平衡分配系数发生变化，即在生长速度增大后，固液相线将逐渐向固-液相等自由能温度T_0靠拢，分配系数趋向于1。因此，LGK模型和LKT模型不能处理深过冷条件下枝晶尖端生长速度与扩散场之间的关系。为了充分考虑动力学效应对溶质再分配和界面过冷的影响，Boettinger等[255]提出了更为完善的BCT枝晶生长理论模型。该模型是在描述扩散场的Ivancov函数、确定枝晶尖端半径的最短不稳定波长和依赖于生长速度而变化的溶质分配系数与液固相线斜率的基础上建立起来的。BCT模型认为，非平衡条件下枝晶尖端的过冷度由四部分组成：

$$\Delta T=\Delta T_{\mathrm{t}}+\Delta T_{\mathrm{c}}+\Delta T_{\mathrm{R}}+\Delta T_{\mathrm{k}} \tag{6-45}$$

式中，ΔT_{k}为动力学过冷度。

根据Aziz等[152]的研究结果可知，生长速度对实际凝固过程中的非平衡溶质分配系数k_{v}和非平衡液相线斜率m_{v}都有影响：

$$k_{\mathrm{v}}=\frac{k+v/\left(D/a_0\right)}{1+v/\left(D/a_0\right)} \tag{6-46}$$

$$m_{\mathrm{v}}=m\left[1+\frac{k-k_{\mathrm{v}}\left[1-\ln\left(k_{\mathrm{v}}/k\right)\right]}{1-k}\right] \tag{6-47}$$

式中，a_0为液相中溶质扩散特征长度。

此时，ΔT_{c}和ΔT_{k}可分别表示为

$$\Delta T_{\mathrm{c}}=mC_0\left[1-\frac{m_{\mathrm{v}}/m}{1-\left(1-k_{\mathrm{v}}\right)I\left(P_{\mathrm{c}}\right)}\right] \tag{6-48}$$

$$\Delta T_{\mathrm{k}}=\frac{v}{\mu} \tag{6-49}$$

式中，μ为界面动力学系数，它是合金热物性参数及温度的函数，其表达式为

$$\mu=\frac{\Delta H_{\mathrm{f}}V_0}{R_{\mathrm{g}}T_{\mathrm{m}}^2} \tag{6-50}$$

其中，T_{m}为合金的熔点。

将式（6-27）、式（6-42）、式（6-48）及式（6-49）代入式（6-45），可得出总过冷度为

$$\Delta T=\frac{\Delta H_{\mathrm{f}}}{C_{\mathrm{P}}}I\left(P_{\mathrm{t}}\right)+mC_0\left[1-\frac{m_{\mathrm{v}}/m}{1-\left(1-k_{\mathrm{v}}\right)I\left(P_{\mathrm{c}}\right)}\right]+\frac{2\Gamma}{r}+\frac{v}{\mu} \tag{6-51}$$

枝晶尖端曲率半径为

$$r = \frac{\Gamma / \sigma^*}{\frac{P_t \Delta H_f}{C_P} \cdot \xi_t - \frac{2P_c m_v C_0 (k_v - 1)}{1-(1-k_v)\ I(P_c)} \cdot \xi_c} \tag{6-52}$$

式中，

$$\xi_c = 1 + \frac{2k_v}{1 - 2k_v - \sqrt{1 + \frac{1}{\sigma^* P_c^2}}} \tag{6-53}$$

$$\xi_t = 1 - \frac{1}{\sqrt{1 + \frac{1}{\sigma^* P_t^2}}} \tag{6-54}$$

枝晶尖端液、固相的成分分别为

$$C_l^* = \frac{C_0}{1-(1-k_v) I(P_c)} \tag{6-55}$$

$$C_s^* = \frac{k_v C_0}{1-(1-k_v) I(P_c)} \tag{6-56}$$

利用式（6-46）、式（6-47）、式（6-48）、式（6-52）、式（6-55）和式（6-56）可以确定大过冷度下枝晶尖端的 v - r - ΔT 之间单值关系，即可以求出枝晶尖端的过冷度、枝晶尖端的曲率半径、枝晶尖端液固相成分、液相线斜率及受溶质截留影响的分配系数等. 许多研究证实 BCT 模型可以很好地描述过冷合金熔体中枝晶的生长行为[252,256]。

参 考 文 献

[1] 周玉. 陶瓷材料学(第二版)[M]. 北京：科学出版社，2004.

[2] Pask J A. Thermodynamics and mechanisms of sintering[C]. Symp on Factors in Densification and Sintering of Oxide and Non-oxide Ceram. Hakone, Japan, 1978.

[3] Frenkel J. Viscous flow of crystalline bodies under the action of surface tension[J]. Journal de Physique I,1945，9(5): 501-559.

[4] Coble R L. Sintering crystalline solids. I. Intermediate and final state diffusion models[J]. Journal of Applied Physics,1961, 32(5): 787-792.

[5] Kuczynski G C. Self-diffusion in sintering of metallic particles[J]. Transactions of the American Institute of Mining and Metallurgical Engineers,1949, 185(2): 169-178.

[6] 朱院院. 烧结初期阶段颈长动态模拟[D]. 西安：西安理工大学，2006.

[7] 牌君君, 方斌. 烧结过程中颗粒的平衡形态演变和颈部生长[J]. 工具技术,2018, 52(1): 52-56.

[8] Coble R L. Sintering crystalline solids. II. Experimental test of diffusion models in powder compacts[J]. Journal of Applied Physics, 1961, 32(5): 793-800.

[9] Wang J, Raj R. Activation energy for the sintering of two - phase alumina/zirconia ceramics[J]. Journal of the American Ceramic Society, 1991, 74(8): 1959-1963.

[10] Wang J, Raj R. Estimate of the activation energies for boundary diffusion from rate-controlled sintering of pure alumina and alumina doped with zirconia or titania[J]. Journal of the American Ceramic Society, 1990，73(5): 1172-1175.

[11] Kang S J L, Jung Y I. Sintering kinetics at final stage sintering: model calculation and map construction[J]. Acta Materialia, 2004, 52(15): 4573-4578.

[12] Kim B N, Suzuki T S, Morita K, et al. Evaluation of densification and grain-growth behavior during isothermal sintering of zirconia[J]. Journal of the Ceramic Society of Japan, 2017, 125(4): 357-363.

[13] Kim B N, Suzuki T S, Morita K, et al. Theoretical analysis of experimental densification kinetics in final sintering stage of nano-sized zirconia[J]. Journal of the European Ceramic Society, 2019, 39(4): 1359-1365.

[14] Su H, Johnson D L. Master sintering curve: a practical approach to sintering[J]. Journal of the American Ceramic Society, 1996, 79(12): 3211-3217.

[15] Hansen J D, Rusin R P, Teng M, et al. Combined - stage sintering model[J]. Journal of the American Ceramic Society, 1992, 75(5): 1129-1135.

[16] Ball, J M，Kinderlehrer D，Podio-Guidugli P，et al. Fundamental Contributions to the Continuum Theory of Evolving Phase Interfaces in Solids: A Collection of Reprints of 14 Seminal Papers[C]. Berlin: Springer, 2011.

[17] Kuczynski G C, Miller A E, Sargent G A. Materials Science Research: Volume 16 Sintering and Heterogeneous Catalysis[C]. New York: Plenum Press. 1984.

[18] Guo S J. A simple and practical simulation approach: master sintering curve[J]. Materials Science and Engineering of Powder Metallurgy, 2010, 15(3): 199-205.

[19] Ouyang C X, Zhu S G, Ma J, et al. Master sintering curve of nanocomposite WC-MgO powder compacts[J]. Journal of Alloys and Compounds, 2012, 518(12): 27-31.

[20] 李达, 陈沙鸥, 万勇,等. 利用主烧结曲线和 Arrhenius 曲线确定 TiO_2 陶瓷表观激活能[J]. 材料科学与工程学报, 2009, (2): 182-185.

[21] 邵渭泉, 陈沙鸥, 李达,等. α-Al_2O_3 烧结激活能变化趋势的研究[J]. 材料导报, 2016, 21(12): 145-148.

[22] 胡可, 李小强, 屈盛官,等. 93W-5.6Ni-1.4Fe 高比重合金放电等离子主烧结曲线的建立[J]. 金属学报, 2014, (6): 727-736.

[23] Batista R M, Naranjo J F R, Muccillo E N S. A versatile software for construction of the master sintering curve[J]. Materials Science Forum, 2018, 912: 240-244.

[24] Chen S, Xu Y, Jiao Y. Modeling morphology evolution and densification during solid-state sintering via kinetic monte carlo simulation[J]. Modelling and Simulation in Materials Science and Engineering, 2016, 24(8): 085003.

[25] Mazaheri M, Simchi A, Dourandish M, et al. Master sintering curves of a nanoscale 3Y-TZP powder compacts[J]. Ceramics International, 2009, 35(2): 547-554.

[26] Frueh T, Ozer I O, Poterala S F, et al. A critique of master sintering curve analysis[J]. Journal of the European Ceramic Society, 2018, 38(4): 1030-1037.

[27] Chen I W, Wang X H. Sintering dense nanocrystalline ceramics without final-stage grain growth[J]. Nature, 2000, 404(6774): 168-171.

[28] Wang X H, Chen P L, Chen I W. Two - step sintering of ceramics with constant grain - size, I. Y_2O_3[J]. Journal of the American Ceramic Society, 2006, 89(2): 431-437.

[29] Wang X H, Deng X Y, Bai H L, et al. Two-step sintering of ceramics with constant grain-size, II: $BaTiO_3$ and Ni-Cu-Zn ferrite[J]. Journal of the American Ceramic Society, 2006, 89(2): 438-443.

[30] Cameron C P, Raj R. Grain-growth transition during sintering of colloidally prepared alumina powder compacts[J]. Journal of the American Ceramic Society, 1988, 71(12): 1031-1035.

[31] Dias A, Mohallem N D S, Moreira R L. Solid-state sintering of hydrothermal powders: densification and grain growth kinetics of nickel-zinc ferrites[J]. Materials Research Bulletin, 1998, 33(3): 475-486.

[32] Zhao J, Harmer M P. Effect of pore distribution on microstructure development: II, First- and second-generation pores[J]. Journal of the American Ceramic Society, 1988, 71(7): 530-539.

[33] Lóh N J, Simão L, Faller C A, et al. A review of two-step sintering for ceramics[J]. Ceramics International, 2016, 42(11): 12556-12572.

[34] Lóh N J, Simão L, Jiusti J, et al. Effect of temperature and holding time on the densification of alumina obtained by two-step sintering[J]. Ceramics International, 2017, 43(11): 8269-8275.

[35] Li X X, Zhou J J, Deng J X, et al. Synthesis of dense, fine-grained YIG ceramics by two-step sintering[J]. Journal of Electronic Materials, 2016, 45(10): 4975-4978.

[36] Zhao Q, Gong H, Wang X, et al. Superior reliability via two-step sintering: barium titanate ceramics[J]. Journal of the American Ceramic Society, 2016, 99(1): 191-197.

[37] Xu T, Wang C A. Effect of two-step sintering on micro-honeycomb $BaTiO_3$ ceramics prepared by freeze-casting process[J]. Journal of the European Ceramic Society, 2016, 36(10): 2647-2652.

[38] Sōmiya S, Moriyoshi Y. Sintering Key Papers [M]. London and New York: Elsevier Applied Science, 1990.

[39] Bernard-Granger G, Guizard C. New relationships between relative density and grain size during solid-state sintering of ceramic powders[J]. Acta Materialia, 2008, 56(20): 6273-6282.

[40] Benameur N, Bernard - Granger G, Addad A, et al. Sintering analysis of a fine - grained alumina-magnesia spinel powder[J]. Journal of the American Ceramic Society, 2011, 94(5): 1388-1396.

[41] Xu F, Niu Y, Hu X F, et al. Role of second phase powders on microstructural evolution during sintering[J]. Experimental Mechanics, 2014, 54(1): 57-62.

[42] Olmos L, Martin C L, Bouvard D. Sintering of mixtures of powders: experiments and modelling[J]. Powder Technology, 2009, 190(1): 134-140.

[43] Razavitousi S S, Yazdanirad R, Manafi S A. Effect of volume fraction and particle size of alumina reinforcement on compaction and densification behavior of Al-Al_2O_3 nanocomposites[J]. Materials Science and Engineering A, 2011, 528(3): 1105-1110.

[44] 牛玉, 许峰, 胡小方, 等. 第二相粉末对烧结进程影响的在线研究[C]. 第十三届全国实验力学学术会议, 昆明, 2012.

[45] 史秀梅, 崔红, 曹剑武, 等. SiC 陶瓷常压烧结致密化过程的研究[J]. 陶瓷学报, 2017, 38(1): 20-25.

[46] Shi X M, Cao J W, Li Z P, et al. Effect of the Addition of Carbon on the Sintering Properties of Boron Carbide Ceramics prepared by Pressureless Sintering[C]. Proceedings of the 3rd International Conference on Material, Mechanical and Manufacturing Engineering. Dordrecht, Atlantis Press, 2015.

[47] Kellett B J, Lange F F. Thermodynamics of densification: I, sintering of simple particle arrays, equilibrium configurations, pore stability, and shrinkage[J]. Journal of the American Ceramic Society, 1989, 72(5): 725-734.

[48] Lange F F, Kellett B J. Thermodynamics of densification: II, Grain growth in porous compacts and relation to densification[J]. Journal of the American Ceramic Society, 1989, 72(5): 735-741.

[49] Hillert M. On the theory of normal and abnormal grain growth[J]. Acta Metallurgica, 1965, 13(3): 227-238.

[50] Brook R J. Controlled grain growth[J]. Treatise on Materials Science and Technology, 1976,9: 331-364.

[51] Boutz M M R, Winnubst A J A, Burggraaf A J. Yttria-ceria stabilized tetragonal zirconia polycrystals: sintering grain growth and grain boundary segregation[J]. Journal of the European Ceramic Society, 1994, 13(2): 89-102.

[52] Kochawattana S, Stevenson A, Lee S H, et al. Sintering and grain growth in SiO_2 doped Nd: YAG[J]. Journal of the European Ceramic Society, 2008, 28(7): 1527-1534.

[53] Stevenson A J, Li X, Martinez M A, et al. Effect of SiO_2 on densification and microstructure development in Nd: YAG transparent ceramics[J]. Journal of the American Ceramic Society, 2011, 94(5): 1380-1387.

[54] Zener C. Private communication to Smith CS[J]. Trans TMS-AIME, 1948, 175: 15-51.

[55] Hellman P, Hillert M. Effect of second-phase particles on grain growth[J]. Scandinavian Journal of Metallurgy, 1975, 4(5): 211-219.

[56] Xue L A. Thermodynamic benefit of abnormal grain growth in pore elimination during sintering[J]. Journal of the American Ceramic Society, 1989, 72(8): 1536-1537.

[57] 刘永福, 郭光祥. 发展我国新型的超细晶粒硬质合金[C]. 第六届全国硬质合金学术会议, 大理, 1995.

[58] 杨路, 姜淑文, 王志强,等. 特种陶瓷烧结致密化工艺研究进展[J]. 材料导报, 2014, 28(7): 45-49.

[59] 蔡晓峰. 陶瓷晶界及其利用[J]. 佛山陶瓷, 2003, 13(7): 34-35.

[60] Nanni P, Stoddart C T H, Hondros E D. Grain boundary segregation and sintering in alumina[J]. Materials Chemistry, 1976, 1(4): 297-320.

[61] Brook R J. Fabrication principles for the production of ceramics with superior mechanical properties[J]. Proceedings of the British Ceramic Society, 1982, 7(32): 7-24.

[62] Gong M M, Chang C H, Wu L J, et al. Modeling the grain growth kinetics of doped nearly fully dense nanocrystalline ceramics[J]. Ceramics International, 2017, 43(9): 6677-6683.

[63] Kingery W D. Densification during sintering in the presence of a liquid phase. I. Theory[J]. Journal of Applied Physics, 1959, 30(3): 301-306.

[64] Kingery W D, Narasimhan M D. Densification during sintering in the presence of a liquid phase. II. Experimental[J]. Journal of Applied Physics, 1959, 30(3): 307-310.

[65] Lee S, Kang S L. Theoretical analysis of liquid-phase sintering[J]. Pore Filling Theory, 1998, 46(9): 3191-3202.

[66] Mortensen A. Kinetics of densification by solution-reprecipitation[J]. Acta Materialia, 1997,45(2): 749-758.

[67] Park H, Cho S, Yoon D N. Pore filling process in liquid phase sintering[J]. Metallurgical and Materials Transactions A, 1984, 15(6): 1075-1080.

[68] Shaw T M. Liquid redistribution during liquid-phase sintering[J]. Journal of the American Ceramic Society, 1986, 69(1): 27-34.

[69] German R M. Sintering with a liquid phase[J].Sintering:From Empirical Observations to Scientific Principles,

2014，17(2):247-303.

[70] German R M, Suri P, Park S J. Review: liquid phase sintering[J]. Journal of Materials Science, 2008, 44(1): 1-39.

[71] Kang S J L, Kim K H, Yoon D N. Densification and shrinkage during liquid - phase sintering[J]. Journal of the American Ceramic Society, 2010, 74(2): 425-427.

[72] Mortensen A. Kinetics of densification by solution-reprecipitation[J]. Acta Materialia, 1997,45(2): 749-758.

[73] Voorhees P W, Glicksman M E. Ostwald ripening during liquid phase sintering-effect of volume fraction on coarsening kinetics[J]. Metallurgical and Materials Transactions A, 1984, 15(6): 1081-1088.

[74] Kaysser W A, Petzow G. Present state of liquid phase sintering[J]. Powder Metallurgy, 1985, 28(3): 145-150.

[75] Kong L B, Huang Y Z, Que W X, et al. Sintering and Densification (I)-Conventional Sintering Technologies[M]. Berlin:Springer International Publishing, 2015.

[76] Lu P, Xu X, Yi W, et al. Porosity effect on densification and shape distortion in liquid phase sintering[J]. Materials Science and Engineering: A, 2001, 318(1-2): 111-121.

[77] Yang S C, Mani S S, German R M. The effect of contiguity on growth kinetics in liquid-phase sintering[J]. JOM, 1990, 42(4): 16-19.

[78] Kwon O H, Messing G L. Kinetic analysis of solution - precipitation during liquid - phase sintering of alumina[J]. Journal of the American Ceramic Society, 1990,73(2): 275-281.

[79] Michael, Humenik J R, Parikh N M. Cermets: I, Fundamental concepts related to micro - structure and physical properties of cermet systems[J]. Journal of the American Ceramic Society, 2010, 39(2): 60-63.

[80] 池永恒，张瑞杰，方伟,等. W-Cu 液相烧结体系致密化行为的模拟[J]. 中国有色金属学报，2014, 24(2): 416-423.

[81] 韩胜利，宋月清，崔舜,等. Mo-Cu 复合材料的烧结机制研究[J]. 稀有金属, 2009, 33(1): 53-56.

[82] 赵海燕，姚中，虞维扬,等. 烧结 FeSiAl 致密化过程研究[C]. 第四届中国功能材料及其应用学术会议，厦门, 2001.

[83] 黄晓巍. Al_2O_3/3Y-TZP 复相陶瓷的液相烧结机理[J]. 福州大学学报(自然科学版), 2005, 33(5): 624-627.

[84] 郭庚辰. 液相烧结粉末冶金材料[M]. 北京：化学工业出版社, 2003.

[85] Yang D, Raj R, Conrad H. Enhanced sintering rate of zirconia (3Y-TZP) through the effect of a weak dc electric field on grain growth[J]. Journal of the American Ceramic Society, 2010, 93(10): 2935-2937.

[86] Ghosh S, Chokshi A H, Lee P, et al. A huge effect of weak dc electrical fields on grain growth in zirconia[J]. Journal of the American Ceramic Society, 2009, 92(8): 1856-1859.

[87] Ter Haar D. Collected papers of P. L. Kapitza[M]. Oxford: Pergamon Press, 1965.

[88] Cologna M, Rashkova B, Raj R. Flash sintering of nanograin zirconia in <5s at 850℃[J]. Journal of the American Ceramic Society, 2010, 93(11): 3556-3559.

[89] Chaim R. Liquid film capillary mechanism for densification of ceramic powders during flash sintering[J]. Materials, 2016, 9(4): 280.

[90] Narayan J. A new mechanism for field-assisted processing and flash sintering of materials[J]. Scripta Materialia, 2013, 69(2): 107-111.

[91] Narayan J. Grain growth model for electric field-assisted processing and flash sintering of materials[J]. Scripta Materialia, 2013, 68(10): 785-788.

[92] Narayan J. Interface structures during solid-phase-epitaxial growth in ion implanted semiconductors and a crystallization model[J]. Journal of Applied Physics, 1982, 53(12): 8607-8614.

[93] Schmerbauch C, Gonzalez-Julian J, Röder R, et al. Flash sintering of nanocrystalline zinc oxide and its influence on microstructure and defect formation[J]. Journal of the American Ceramic Society, 2014, 97(6): 1728-1735.

[94] Kim S, Kang S L, Chen I. Electro - sintering of yttria - stabilized cubic zirconia[J]. Journal of the American

Ceramic Society, 2013,96(5): 1398-1406.

[95] Yamaguchi M, Ozawa S, Yamamoto I. Rotational diffusion model of magnetic alignment[J]. Japanese Journal of Applied Physics, 2009, 48(6): 063001.

[96] 杨治刚. 强磁场下陶瓷材料织构形成机理研究[D]. 上海: 上海大学, 2017.

[97] 黄社华, 李炜, 程良骏. 任意流场中稀疏颗粒运动方程及其性质[J]. 应用数学和力学,2000, 21: 265-275.

[98] 李映. 离心泵内部固液两相流动数值模拟与磨损特性研究[D]. 杭州: 浙江理工大学, 2014.

[99] Suzuki T S, Uchikoshi T, Sakka Y. Effect of sintering additive on crystallographic orientation in AlN prepared by slip casting in a strong magnetic field[J]. Journal of the European Ceramic Society, 2009, 29(12): 2627-2633.

[100] Suzuki T S, Uchikoshi T, Sakka Y. Control of texture in alumina by colloidal processing in a strong magnetic field[J]. Science and Technology of Advanced Materials, 2016,7(4): 356-364.

[101] Munir Z A, Quach D V, Ohyanagi M. Electric current activation of sintering: a review of the pulsed electric current sintering process[J]. Journal of the American Ceramic Society, 2011, 94(1): 1-19.

[102] Rishi R, Marco C, John S C. Francis influence of externally imposed and internally generated electrical fields on grain growth, diffusional creep, sintering and related phenomena in ceramics[J]. Journal of the American Ceramic Society, 2011,94(7): 1941-1965.

[103] Tokita M. Trends in advanced SPS spark plasma sintering systems and technology: Functionally gradient materials and unique synthetic processing methods from next generation of powder technology[J]. Journal of the Society of Powder Technology, 1993, 30(11): 790-804.

[104] Omori M. Sintering, consolidation, reaction and crystal growth by the spark plasma system (SPS)[J]. Materials Science and Engineering A, 2000, 287(2): 183-188.

[105] 王庆福, 张彦敏, 国秀花,等. 放电等离子烧结技术的研究现状及进展[J]. 稀有金属与硬质合金, 2014(3): 44-47.

[106] Wang S W, Chen L D, Kang Y S, et al. Effect of plasma activated sintering (PAS) parameters on densification of copper powder[J]. Materials Research Bulletin, 2000, 35(4): 619-628.

[107] Wang S W, Chen L D, Hirai T. Densification of Al_2O_3 powder using spark plasma sintering[J]. Journal of Materials Research, 2000, 15(4): 982-987.

[108] Tomino H, Watanabe H, Kondo Y. Electric current path and temperature distribution for spark sintering[J]. Journal of the Japan Society of Powder and Powder Metallurgy, 2009, 44(10): 974-979.

[109] 王明福, 汪长安, 张幸红. ZrB_2-SiC(pl)复合陶瓷的 SPS 烧结行为及微观结构[J]. 硅酸盐学报, 2011, 39(8): 1286-1289.

[110] Brosnan K H, Messing G L, Agrawal D K. Microwave sintering of alumina at 2.45 GHz[J]. Journal of the American Ceramic Society, 2010, 86(8): 1307-1312.

[111] 周书助, 伍小波, 高凌燕,等. 陶瓷材料微波烧结研究进展与工业应用现状[J]. 硬质合金, 2012, 29(3): 174-181.

[112] Demirskyi D, Agrawal D, Ragulya A. Tough ceramics by microwave sintering of nanocrystalline titanium diboride ceramics[J]. Ceramics International, 2014, 40(1): 1303-1310.

[113] Wang J, Raj R. Estimate of the activation energies for boundary diffusion from rate - controlled sintering of pure alumina, and alumina doped with zirconia or titania[J]. Journal of the American Ceramic Society, 2010, 73(5): 1172-1175.

[114] Tinga W R, Voss W A G, Blossey D F. Generalized approach to multiphase dielectric mixture theory[J]. Journal of Applied Physics, 1973, 44(9): 3897-3902.

[115] Loupy A. Microwaves in Organic Synthesis [M]. Weinheim: Wiley-VCH, 2006.

[116] Tinga W R. “Microwave materials interactions and process design modeling” in ceramic transactions: microwaves-theory and application in materials processing II[J]. Journal of the American Ceramic Society, 1993,

36: 29-43.

[117] 祖方遒. 铸件成形原理[M]. 北京: 机械工业出版社, 2013.

[118] 孙海滨, 刘俊成, 白佳海, 等. 氧化物共晶自生复合陶瓷的研究进展[J]. 陶瓷学报, 2009, 30(2): 243-250.

[119] Waku Y, Sakuma T. Dislocation mechanism of deformation and strength of Al_2O_3-YAG single crystal composites at high temperatures above 1500℃[J]. Journal of the European Ceramic Society, 2000, 20(10): 1453-1458.

[120] 苏海军, 王恩缘, 任群, 等. 超高温氧化物共晶复合陶瓷研究进展[J]. 中国材料进展, 2018, 37(6): 437-447.

[121] 吴树森, 柳玉起. 材料成型原理[M]. 北京: 机械工业出版社, 2008.

[122] 郭瑞松, 蔡舒, 季惠明, 等. 工程结构陶瓷[M]. 天津: 天津大学出版社, 2002.

[123] Llorca J, Orera V M. Directionally solidified eutectic ceramic oxide[J]. Progress in Materials Science, 2006, 51(6): 711-809.

[124] Jackson K A. Constitutional supercooling surface roughening[J]. Journal of Crystal Growth, 2004, 264(4): 519-529.

[125] 胡赓祥, 蔡珣. 材料科学基础[M]. 上海: 上海交通大学出版社, 2010.

[126] Uan J Y, Chen L H, Lui T S. On the extrusion microstructural evolution of Al-AlNi in situ composite[J]. Acta Materialia, 2001, 49(2): 315-360.

[127] Zhu W, Ren Z, Ren W, et al. Effects of high magnetic field on the unidirectionally solidified Al-Al_2Cu eutectic crystal orientations and the induced microstructures[J]. Materials Science and Engineering: A, 2006, 44(1): 181-186.

[128] Bonvalot-Dubois B, Dhalenne G, Berthon J, et al. Reduction of NiO Platelets in a NiO/ZrO_2(CaO) directional composite[J]. Journal of the American Ceramic Society, 1988, 71(4): 296-301.

[129] Echigoya J. Structure of interface in directionally solidified oxide eutectic systems[J]. Journal of the European Ceramic Society, 2005, 25(8): 1381-1387.

[130] Orera V M, Merino R I, Pardo J A, et al. Microstructure and physical properties of some oxide eutectic composites processed by directional solidification[J]. Acta Materialia, 2000,48(18-19): 4685-4689.

[131] Kurz W. Dendritic growth[J]. International Materials Reviews, 1994, 39(2): 49-74.

[132] Kurz W, Fisher D J. Fundamentals of Solidification[M]. Switzerland: Trans Tech Publications, 1989.

[133] Lee J H, Yoshikawa A, Kaiden H, et al. Microstructure of Y_2O_3 doped Al_2O_3/ZrO_2 eutectic fibers grown by the micro-pulling-down method[J]. Journal of Crystal Growth , 2001, 231(1-2): 179-185.

[134] Fu L, Fu X, Chen G, et al. Tailoring the morphology in Y_2O_3 doped melt-grown Al_2O_3/ZrO_2 eutectic ceramic[J]. Scripta Materialia, 2017, 129: 20-24.

[135] Peña J I, Merino R I, Harlan N R, et al. Microstructure of Y_2O_3 doped Al_2O_3-ZrO_2 eutectics grown by the laser floating zone method[J]. Journal of the European Ceramic Society, 2002, 22(14-15): 2595-2602.

[136] Ren Q, Su H J, Zhang J, et al. Microstructure transition and selection of Al_2O_3/$Er_3Al_5O_{12}$/ZrO_2 ternary eutectic ceramics from micronscale to nanoscale: the effect of rapid solidification[J]. Ceramics International, 2018, 44(2): 2611-2614.

[137] 胡汉起. 金属凝固原理[M]. 北京: 机械工业出版社, 2000.

[138] 陈平昌, 朱六妹, 李赞. 材料成型原理[M]. 北京: 机械工业出版社, 2001.

[139] Orera V, Peña J I, Oliete P B, et al. Growth of eutectic ceramic structures by directional solidification methods[J]. Journal of Crystal Growth, 2012, 360(1): 99-104.

[140] Llorca J, Orera V. Directionally solidified eutectic ceramic oxides[J]. Progress in Materials Science, 2006, 51(6): 711-809.

[141] 潘传增, 张龙, 赵忠民,等. 氧化物/氧化物自生复合陶瓷的生长机理与微观结构的研究进展[J]. 涡轮叶片材料及制造工艺的研究进展, 2007, 21(12): 28-32.

[142] Hunt J D, Jackson K A. Nucleation of solid in an undercooled liquid by cavitation[J]. Journal of Applied Physics, 1966, 37(1): 254-260.

[143] Burden M H, Hunt J D. Cellular and dendritic growth[J]. Journal of Crystal Growth,1974, 22(2): 99-108.

[144] 高义民. 金属凝固原理[M]. 西安: 西安交通大学出版社, 2010.

[145] Seetharaman V, Trivedi R. Eutectic growth: selection of interlamellar spacings[J]. Metallurgical Transactions A, 1988, 19(12): 2955-2964.

[146] Flemings M C. Solidification Processing[M]. New York: McGraw-Hill, 1974.

[147] Jackson K A, Hunt J D. Lamellar and rod eutectic growth[J]. Transaction of Metals Society of AIME, 1966, 236: 1129-1142.

[148] Zheng L L, Larson D J, Zhang H. Revised form of Jackson-Hunt theory: application to directional solidification of MnBi/Bi eutectics[J]. Journal of Crystal Growth, 2000, 209(1): 110-121.

[149] Trivedi R, Magnin P, Kurz W. Theory of eutectic growth under rapid solidification conditions[J]. Acta Metallurgica, 1987, 35(4): 971-980.

[150] Boettinger W J, Shechtman D, Schaefer R J, et al. The effect of rapid solidification velocity on the microstructure of Ag-Cu Alloys[J]. Metallurgical Transactions, 1984, 15(1): 55-66.

[151] Kurz W, Trivedi R. Eutectic growth under rapid solidification conditions[J]. Metallurgical Transactions, 1991, 22(12): 3051-3057.

[152] Aziz M J. Model for solute redistribution during rapid solidification[J]. Journal of Applied Physics,1982, 53(2): 1158-1168.

[153] Aziz M J, Kaplan T. Continuous growth model for interface motion during alloy solidification[J]. Acta Metallurgica, 1998,36(8): 2335-2347.

[154] Strässler S, Schneider W R. Stability of lamellar eutectics[J]. Physics of Condensed Matter, 1974, 17(3): 153-178.

[155] Turnbull D. Metastable structures in metallurgy[J]. Metallurgical Transactions, B, 1981, 12(2): 217-230.

[156] 李金富, 周尧和. 界面动力学对共晶生长过程的影响[J]. 中国科学: 技术科学, 2005, 35(5): 449-458.

[157] Lipton J, Kurz W, Trivedi R. Rapid dendrite growth in undercooled alloys[J]. Acta Metallurgica, 1987, 35(4): 957-964.

[158] Ashbrook R L. Directionally solidified ceramic eutectics[J]. Journal of the American Ceramic Society, 1977, 60(9-10): 428-435.

[159] Waku Y, Ohtsubo H, Nakagawa N, et al. Sapphire matrix composites reinforced with single crystal YAG phases[J]. Journal of Materials Science, 1996, 31(17): 4663-4670.

[160] Nakagawa N, Ohtsubo H, Mitani A, et al. High temperature strength and thermal stability for melt growth composite[J]. Journal of the European Ceramic Society, 2005. 25(8): 1251-1257.

[161] Otsuka A, Waku Y, Tanaka R. Corrosion of a unidirectionally solidified Al_2O_3/YAG eutectic composite in a combustion environment[J]. Journal of the European Ceramic Society, 2005, 25(8): 1269-1274.

[162] Waku Y, Nakagawa N, Ohtsubo H, et al. Fracture and deformation behaviour of melt growth composites at very high temperatures[J]. Journal of Materials Science, 2001, 36(7): 1585-1594.

[163] Waku Y, Sakata S, Mitani A, et al. Temperature dependence of flexural strength and microstructure of $Al_2O_3/Y_3Al_5O_{12}/ZrO_2$ ternary melt growth composites[J]. Journal of Materials Science, 2002, 37(14): 2975-2982.

[164] Hirano K. Application of eutectic composites to gas turbine system and fundamental fracture properties up to 1700℃[J]. Journal of the European Ceramic Society, 2005, 25(8): 1191-1199.

[165] Ochiai S, Ueda T, Sato K, et al. Deformation and fracture behavior of an Al_2O_3/YAG composite from room temperature to 2023 K[J]. Composites Science and Technology, 2001, 61(14): 2117-2128.

[166] Nakagawa N, Ohtsubo H, Waku Y, et al. Thermal emission properties of $Al_2O_3/Er_3Al_5O_{12}$ eutectic ceramic[J].

Journal of the European Ceramic Society, 2005, 25(8): 1285-1291.

[167] Ren Q, Su H, Zhang J, et al. Processing, microstructure and performance of $Al_2O_3/Er_3Al_5O_{12}/ZrO_2$ ternary eutectic ceramics prepared by laser floating zone melting with ultra-high temperature gradient[J]. Ceramics International, 2018, 44(5): 4766-4776.

[168] Sayir A, Farmer S C. The effect of the microstructure on mechanical properties of directionally solidified $Al_2O_3/ZrO_2(Y_2O_3)$ eutectic[J]. Acta Materialia, 2000,48(18): 4691-4697.

[169] Farmer S C, Sayir A. Tensile strength and microstructure of Al_2O_3-ZrO_2 hypo-eutectic fibers[J]. Engineering Fracture Mechanics, 2002, 69(9): 1015-1024.

[170] Mazerolles L, Michel D, Portier R. Interfaces in oriented Al_2O_3-ZrO_2 (Y_2O_3) eutectics[J]. Journal of the American Ceramic Society, 1986, 69(3): 252-255.

[171] Mazerolles L, Michel D, Hÿtch M J. Microstructures and interfaces in directionally solidified oxide-oxide eutectics[J]. Journal of the European Ceramic Society, 2005, 25(8): 1389-1395.

[172] Mazerolles L, Perriere L, Lartigue-Korinek S, et al. Microstructures, crystallography of interfaces and creep behavior of melt-growth composites[J]. Journal of the European Ceramic Society, 2008, 28(12): 2301-2308.

[173] Mazerolles L, Piquet N, Trichet M F, et al. New microstructures in ceramic materials from the melt for high temperature applications[J]. Aerospace science and technology, 2008, 12(7): 499-505.

[174] Mazerolles L, Perriere L, Lartigue-Korinek S, et al. Creep behavior and related structural defects in Al_2O_3-Ln_2O_3 (ZrO_2) directionally solidified eutectics (Ln=Gd, Er, Y)[J]. Journal of the European Ceramic Society, 2011, 31(7): 1219-1225.

[175] Orera V, Llorca J, Pastor J, et al. Ultra-high-strength nanofibrillar Al_2O_3-YAG-YSZ eutectics[J]. Advanced Materials, 2007, 19(17): 2313-2318.

[176] Orera V, Larrea A, Merino R, et al. Microstructure and mechanical properties of Al_2O_3-YSZ and Al_2O_3-YAG directionally solidified eutectic plates[J]. Journal of the European Ceramic Society, 2005, 25(8): 1419-1429.

[177] Llorca J, Mesa M, Oliete P, et al. Mechanical properties up to 1900K of $Al_2O_3/Er_3Al_5O_{12}/ZrO_2$ eutectic ceramics grown by the laser floating zone method[J]. Journal of the European Ceramic Society, 2014, 34(9): 2081-2087.

[178] Mesa M C, Oliete P B, Larrea A. Microstructural stability at elevated temperatures of directionally solidified $Al_2O_3/Er_3Al_5O_{12}$ eutectic ceramics[J]. Journal of Crystal Growth, 2012, 360(1): 119-122.

[179] Ramírez-Rico J, Arellano-López, Martínez-Fernández, et al. Crystallographic texture in Al_2O_3-$ZrO_2(Y_2O_3)$ directionally solidified eutectics[J]. Journal of the European Ceramic Society,2008, 28(14): 2681-2686.

[180] Pastor J Y, Llorca J, Poza P, et al. Mechanical properties of melt-grown Al_2O_3-$ZrO_2(Y_2O_3)$ eutectics with different microstructure[J]. Journal of the European Ceramic Society, 2005, 25(8): 1215-1223.

[181] Llorca J, Pastor J Y, Poza P, et al. Influence of the Y_2O_3 content and temperature on the mechanical properties of melt-grown Al_2O_3-ZrO_2 eutectics[J]. Journal of the American Ceramic Society, 2004, 84(4): 633-639.

[182] Pastor J Y, Llorca J, Martín A, et al. Fracture toughness and strength of Al_2O_3-$Y_3Al_5O_{12}$ and Al_2O_3-$Y_3Al_5O_{12}$-ZrO_2 directionally solidified eutectic oxides up to 1900K[J]. Journal of the European Ceramic Society, 2008, 28(12): 2345-2351.

[183] Pastor J Y, Llorca J, Salazar A, et al. Mechanical properties of melt-grown alumina-yttrium aluminum garnet eutectics up to 1900K[J]. Journal of the American Ceramic Society, 2005, 88(6): 1488-1495.

[184] Song K, Zhang J, Lin X, et al. Microstructure and mechanical properties of $Al_2O_3/Y_3Al_5O_{12}/ZrO_2$ hypereutectic directionally solidified ceramic prepared by laser floating zone[J]. Journal of the European Ceramic Society, 2014, 34(12): 3051-3059.

[185] Song K, Zhang J, Liu L. An Al_2O_3 /$Y_3Al_5O_{12}$ eutectic nanocomposite rapidly solidified by a new method: liquid-metal quenching[J]. Scripta Materialia, 2014, 92: 39-42.

[186] Liu Z, Song K, Gao B, et al. Microstructure and mechanical properties of Al_2O_3/ZrO_2 directionally solidified

eutectic ceramic prepared by Laser 3D printing[J]. Journal of Materials Science and Technology, 2016, 32(4): 320-325.

[187] Su H J, Zhang J, Ren Q, et al. Laser zone remelting of $Al_2O_3/Er_3Al_5O_{12}$ bulk oxide in situ composite thermal emission ceramics: influence of rapid solidification[J]. Materials Research Bulletin, 2013, 48(2): 544-550.

[188] Su H J, Zhang J, Cui C J, et al. Rapid solidification of $Al_2O_3/Y_3Al_5O_{12}/ZrO_2$ eutectic in situ composites by laser zone remelting[J]. Journal of Crystal Growth, 2007, 307(2): 448-456.

[189] Su H J, Ren Q, Zhang J, et al. Microstructures and mechanical properties of directionally solidified $Al_2O_3/GdAlO_3$ eutectic ceramic by laser floating zone melting with high temperature gradient[J]. Journal of the European Ceramic Society, 2017, 37(4): 1617-1626.

[190] Ma W, Su H, Zhang H, et al. Effects of composition and solidification rate on growth striations in laser floating zone melted $Al_2O_3/GdAlO_3$ eutectic ceramics[J]. Journal of the American Ceramic Society, 2018, 101(8): 3337-3346.

[191] Ma W, Zhang J, Su H, et al. Microstructure transformation from irregular eutectic to complex regular eutectic in directionally solidified $Al_2O_3/GdAlO_3/ZrO_2$ ceramics by laser floating zone melting[J]. Journal of the European Ceramic Society, 2016, 36(6): 1447-1454.

[192] Lee J H, Yoshikawa A, Murayama Y, et al. Microstructure and mechanical properties of $Al_2O_3/Y_3Al_5O_{12}/ZrO_2$ ternary eutectic materials[J]. Journal of the European Ceramic Society, 2005, 25(8): 1411-1417.

[193] 吴江，张龙，赵忠民,等. 微拉法制备氧化物共晶复相陶瓷的研究进展[J]. 科学技术与工程，2007, (4): 161-165.

[194] Epelbaum B M, Yoshikawa A, Shimamura K, et al. Microstructure of $Al_2O_3/Y_3Al_5O_{12}$ eutectic fibers grown by μ-PD method[J]. Journal of Crystal Growth, 1999, 198-199(1): 471-475.

[195] Yoshikawa A, Epelbaum B M, Hasegawa K, et al. Microstructures in oxide eutectic fibers grown by a modified micro-pulling-down method[J]. Journal of Crystal Growth, 1999, 205(3): 305-316.

[196] Lee J H, Yoshikawa A, Fukuda T, et al. Growth and characterization of $Al_2O_3/Y_3Al_5O_{12}/ZrO_2$ ternary eutectic fibers[J]. Journal of Crystal Growth, 2001, 231(1): 115-120.

[197] Lee J H, Yoshikawa A, Durbin S D, et al. Microstructure of Al_2O_3/ZrO_2 eutectic fibers grown by the micro-pulling down method[J]. Journal of Crystal Growth, 2001, 222(4): 791-796.

[198] Yoshikawa A, Epelbaum B M, Fukuda T, et al. Growth of $Al_2O_3/Y_3Al_5O_{12}$ eutectic fiber by micro-pulling-down method and its high-temperature strength and thermal stability[J]. Japanese Journal of Applied Physics, 1999, 38(1): 55-58.

[199] Benamara O, Cherif M, Duffar T, et al. Microstructure and crystallography of Al_2O_3-$Y_3Al_5O_{12}$-ZrO_2 ternary eutectic oxide grown by the micropulling down technique[J]. Journal of Crystal Growth, 2015, 429(1): 27-34.

[200] Glebovsky V G, Semenov V N. Growing single crystals of high-purity refractory metals by electron-beam zone melting[J]. High Temperature Materials and Processes, 1995, 14(2): 121-130.

[201] Su H J, Zhang J, Liu L, et al. Preparation and microstructure evolution of directionally solidified Al_2O_3/YAG/YSZ ternary eutectic ceramics by a modified electron beam floating zone melting[J]. Materials Letters, 2013, 91: 92-95.

[202] Su H J, Zhang J, Den Y, et al. A modified preparation technique and characterization of directionally solidified $Al_2O_3/Y_3Al_5O_{12}$ eutectic in situ composites[J]. Scripta Materialia, 2009, 60(6): 362-365.

[203] Zhang J, Su H J, Song K, et al. Microstructure, growth mechanism and mechanical property of Al_2O_3-based eutectic ceramic in situ composites[J]. Journal of the European Ceramic Society, 2011, 31(7): 1191-1198.

[204] Kurlov V N, Klassen N V, Dodonov A M, et al. "Growth of YAG: Re^{3+} (Re = Ce, Eu)-shaped crystals by the EFG/Stepanov technique" nuclear instruments and methods in physics research section A: accelerators, spectrometers[J]. Detectors and Associated Equipment, 2005, 537(1-2): 197-199.

[205] 杨新波，李红军，徐军,等. 导模法生长晶体研究进展[J].硅酸盐学报, 2008, 36(A01): 222-227.

[206] Bunoiu O M, Nicoara I, Santailler J L, et al. On the void distribution and size in shaped sapphire crystals[J]. Crystal Research and Technology: Journal of Experimental and Industrial Crystallography, 2010, 40(9): 852-859.

[207] Čička R, Trnovcová V, Starostin M. Phase composition, microstructure and electrical properties of alumina-zirconia eutectic composites[J]. Ionics, 2002, 8(3-4): 314-320.

[208] Borodin V A, Reznikov A G, Starostin M Y, et al. Growth of Al_2O_3–$ZrO_2(Y_2O_3)$ eutectic composite by stepanov technique[J]. Journal of Crystal Growth, 1987, 82(1): 177-181.

[209] Borodin V A, Starostin M Y, Yalovets T N. Structure and related mechanical properties of shaped eutectic Al_2O_3-$ZrO_2(Y_2O_3)$ composites[J]. Journal of Crystal Growth, 1990, 104(1): 148-153.

[210] Starostin M Y, Gnesin B A, Yalovets T N. Microstructure and crystallographic phase textures of the alumina-zirconia eutectics[J]. Journal of Crystal Growth, 1997, 171(1): 119-124.

[211] Park D Y, Yang J M. Fracture behavior of directionally solidified CeO_2 and Pr_2O_3 doped $Y_3Al_5O_{12}/Al_2O_3$ eutectic composites[J]. Materials Science and Engineering: A, 2002, 332(1-2): 276-284.

[212] Yang J M, Zhu X Q. Thermo-mechanical stability of directionally solidified Al_2O_3-$ZrO_2(Y_2O_3)$eutectic fibers[J]. Scripta Materialia, 1997, 36(9): 961-966.

[213] Yang J M, Jeng S M, Chang S. Fracture behavior of directionally solidified $Y_3Al_5O_{12}$/ Al_2O_3 eutectic fiber[J]. Journal of the American Ceramic Society, 1996, 79(5): 1218-1222.

[214] Park D Y, Yang J M, Collins J M. Coarsening of lamellar microstructures in directionally solidified yttrium aluminate/alumina eutectic fiber[J]. Journal of the American Ceramic Society, 2001, 84(12): 2991-2996.

[215] Matson L E, Hecht N. Microstructural stability and mechanical properties of directionally solidified alumina/YAG eutectic monofilaments[J]. Journal of the European Ceramic Society, 1999, 19(13): 2487-2501.

[216] Matson L E, Hecht N. Creep of directionally solidified alumina/YAG eutectic monofilaments[J]. Journal of the European Ceramic Society, 2005, 25(8): 1225-1239.

[217] Harada Y, Ayabe K, Uekawa N, et al. Formation of $GdAlO_3$-Al_2O_3 composite having fine pseudo-eutectic microstructure[J]. Journal of the European Ceramic Society, 2008, 28(15): 2941-2946.

[218] Harada Y, Uekawa N, Kojima T, et al. Fabrication of $Y_3Al_5O_{12}$-Al_2O_3 eutectic materials having ultra fine microstructure[J]. Journal of the European Ceramic Society, 2008, 28(1): 235-240.

[219] Harada Y, Uekawa N, Kojima T, et al. Fabrication of dense material having homogeneous $GdAlO_3$-Al_2O_3 eutectic-like microstructure with off-eutectic composition by consolidation of the amorphous[J]. Journal of the European Ceramic Society, 2009, 29(11): 2419-2422.

[220] Harada Y, Uekawa N, Kojima T, et al. Formation of $Y_3Al_5O_{12}$-Al_2O_3 eutectic microstructure with off-eutectic composition[J]. Journal of the European Ceramic Society, 2008, 28(10): 1973-1978.

[221] Pei J, Li J, Liang R, et al. Rapid fabrication of bulk graded Al_2O_3/YAG/YSZ eutectics by combustion synthesis under ultra-high-gravity field[J]. Ceramics International, 2009, 35(8): 3269-3273.

[222] Liang R, Pei J, Li J, et al. Fabrication of an Al_2O_3/YAG/ZrO_2 ternary eutectic by combustion synthesis melt casting under ultra-high gravity[J]. Journal of the American Ceramic Society, 2009, 92(2): 549-552.

[223] Mei L, Mai P, Li J, et al. Fabrication of nanostructure $Al_2O_3/ZrO_2(Y_2O_3)$ eutectic by combustion synthesis melt-casting under ultra-high gravity[J]. Materials Letters, 2010, 64(1): 68-70.

[224] Zhao Z M, Zhang L, Song Y G, et al. $Al_2O_3/ZrO_2(Y_2O_3)$ self-growing composites prepared by combustion synthesis under high gravity[J]. Scripta Materialia, 2008, 58(3): 207-210.

[225] Zhao Z M, Zhang L, Zheng J, et al. Microstructures and mechanical properties of Al_2O_3/ZrO_2 composite produced by combustion synthesis[J]. Scripta Materialia, 2005, 53(8): 995-1000.

[226] Niu F Y, Wu D J, Ma G Y, et al. Rapid fabrication of eutectic ceramic structures by laser engineered net shaping[J]. Procedia Cirp, 2016, 42: 91-95.

[227] Yan S, Wu D J, Ma G Y, et al. Nano-sized Al_2O_3-ZrO_2 eutectic ceramic structures prepared by ultrasonic-assisted

laser engineered net shaping[J]. Materials Letters, 2018, 212: 8-11.

[228] Niu F Y, Wu D J, Ma G Y, et al. Nanosized microstructure of Al_2O_3-ZrO_2(Y_2O_3) eutectics fabricated by laser engineered net shaping[J]. Scripta Materialia, 2015, 95(1): 39-41.

[229] Nie Y, Zhang M F, Liu Y, et al. Microstructure and mechanical properties of Al_2O_3/YAG eutectic ceramic grown by horizontal directional solidification method[J]. Journal of Alloys and Compounds, 2016, 657: 184-191.

[230] Niu F Y, Wu D J, Zhou S Y, et al. Power prediction for laser engineered net shaping of Al_2O_3 ceramic parts[J]. Journal of the European Ceramic Society, 2014, 34(15): 3811-3817.

[231] Rutter J W, Chalmers B. A prismatic substructure formed during solidification of metals[J]. Canadian Journal of Physics, 1953, 31(1): 15-39.

[232] Tiller W A, Jackson K A, Rutter J W, et al. The redistribution of solute atoms during the solidification of metals[J]. Acta Metallurgica, 1953, 1(4): 428-437.

[233] Su H, Zhang J, Song K, et al. Investigation of the solidification behavior of Al_2O_3/YAG/YSZ ceramic in situ composite with off-eutectic composition[J]. Journal of the European Ceramic Society, 2011, 31(7): 1233-1239.

[234] Xi X, Zhou J Y, Lü J H. Effects of cooling rate and B content on microstructure of near-eutectic Al-13wt%Si alloy[J]. China Foundry, 2008, 5(2): 119-123.

[235] Cristina M, Oliete P B, Larrea A, et al. Directionally solidified Al_2O_3-$Er_3Al_5O_{12}$-ZrO_2 eutectic ceramics with interpenetrating or nanofibrillar microstructure: residual stress analysis[J]. Journal of the American Ceramic Society, 2012, 95(3): 1138-1146.

[236] Mullins W, Sekerka R. Stability of a planar interface during solidification of dilute binary alloy[J]. Journal of Applied Physics, 1964, 35(2): 444-451.

[237] Boettinger W J. Microstructural variations in rapidly solidified alloys[J]. Materials Science and Engineering, 1988, 98: 123-130.

[238] Gill S C, Kurz W. Laser rapid solidification of Al-Cu alloys: banded and plane front growth[J]. Materials Science and Engineering: A, 1993, 173(1-2): 335-338.

[239] Kurz W, Trivedi R. Morphological stability of a planar interface under rapid solidification conditions[J]. Acta Metallurgica, 1986, 34(8): 1663-1670.

[240] Ludwig A. Limit of absolute stability for crystal growth into undercooled alloy melts[J]. Acta Metallurgica et Materialia, 1991, 39(11): 2795-2798.

[241] Li J F, Yang G C, Zhou Y H. Kinetic effect of crystal growth on the absolute stability of a planar interface in undercooled melts[J]. Materials Research Bulletin, 2000, 35(11): 1775-1783.

[242] Ivancov G P. The temperature field around a spherical, cylindrical or pointed crystal growing in a cooling solution[J]. Doklady Akademii Nauk SSSR, 1947, 58: 567-569.

[243] Horvay G, Cahn J W. Dendritic and spheroidal growth[J]. Acta Metallurgica, 1961, 9(7): 695-705.

[244] Trivedi R. Growth of dendritic needles from a supercooled melt[J]. Acta Metallurgica, 1970, 18(3): 287-296.

[245] Temkin D E. Growth rate of the needle-crystal formed in a supercooled melt[J]. Soviet Physics Doklady, 1960, 5: 609.

[246] Oldfield W. Computer model studies of dendritic growth[J]. Material Science and Engineering, 1973, 11(4): 211-218.

[247] Langer J S, Muller-Krumbhaar H. Theory of dendritic growth-II. Instabilities in the limit of vanishing surface tension[J]. Acta Metallurgica, 1978, 26(11): 1689-1695.

[248] Lipton J, Glicksman M E, Kurz W. Dendritic growth into undercooled alloy metals, dendritic growth into undercooled alloy metals[J]. Materials Science and Engineering, 1984, 65(1): 57-63.

[249] Lipton J, Glicksman M E, Kurz W. Equiaxed dendrite growth in alloys at small supercooling, equiaxed dendrite growth in alloys at small supercooling[J]. Metallurgical and Materials Transactions A, 1987, 18(2): 341-345.

[250] Kurz W, Fisher D J. Dendrite growth at the limit of stability: tip radius and spacing[J]. Acta Metallurgica, 1981, 29(1): 11-20.

[251] Huang S C, Glicksman M E. Overview 12: fundamentals of dendritic solidification-I. Steady-state tip growth[J]. Acta Metallurgica, 1981, 29(5): 701-715.

[252] Eckler K, Herlach D M. Measurements of dendrite growth velocities in undercooled pure Ni-melts some new results[J]. Materials Science and Engineering: A, 1994, 178(1-2): 159-162.

[253] Willnecker R, Herlach D M, Feuerbacher B. Nucleation in bulk undercooled nickel-base alloys[J]. Materials Science and Engineering, 1988, 98(20): 85-88.

[254] Langer J S, Muller-Krumbhaar H. Theory of dendritic growth-I. Elements of a stability analysis[J]. Acta Metallurgica, 1978, 26(11): 1681-1687.

[255] Boettinger W J, Coriell S R, Trivedi R. Rapid solidification processing: principles and technologies IV[J]. Mehrabian and PA Parrish, 1988: 13-25.

[256] Herlach D M. Direct measurements of crystal growth velocities in undercooled melts[J]. Materials Science and Engineering: A, 1994, 179(3): 147-152.

附录　主要符号及其含义

符号	含义
a	接触区活度
a_0	固液界面活度
A	表面积
A^b	晶胞中的晶界面积
$\overline{A}$	粒子间接触面积平均值
B	磁场
B_n	傅里叶系数
C	空位平衡浓度
C_0	平衡浓度
ΔC	空位浓度差
C_{neck}	颈部液相中溶解固相浓度
RC	浓度旋转梯度
C_E	共晶点成分
C_P	液相定压比热
C_l	液相成分
C_S	固相成分
C_l^*	枝晶前端液相浓度
C_S^*	枝晶前端固相浓度
C_l^i	i 相平衡的液相成分
C_l^e	局部平衡浓度
C'	共晶连接线两端成分差
C^β	晶体成分与 β 相最大固溶度之间的成分差
$\overline{\Delta C}$	相界面前沿液相的平均浓度差
d	直径
d_{cr}	临界晶粒尺寸
d_0	初始晶粒尺寸
d_i	瞬时晶粒尺寸
d_p	孔径
d_E	有电场的晶粒尺寸

续表

符号	含义
d_O	无电场晶粒尺寸
d_t	时间 t 时样品尺寸
d_{max}	完全均匀化的液相填充孔最大尺寸
E	电场
f	第二相粒子体积分数
f_s	固相体积分数
$f_{s,0}$	固相初始体积分数
f_1^{eff}	有效体积分数
f_{co}	最后阶段开始时大孔体积分数
f_β	最小相体积分数
F_r	阻力
G	晶粒尺寸
G_c	固-液界面处浓度梯度
G_T	温度梯度
G_S	固相温度梯度
G_L	液相温度梯度
ΔG	吉布斯自由能变化
$\Delta G'$	跃迁活化能
ΔG_S	界面自由能的相对变化
H	焓
H_f	单位体积溶剂的结晶潜热
H_f^i	单位体积的熔化潜热
ΔH_w	过剩焓变
ΔH_f	结晶潜热
I	电流
$I(P)$	Ivancov 函数
J	通量
j_{asb}	晶界扩散通量
j_{asv}	体扩散通量
J_R	旋转通量
J_R^{diff}	旋转扩散通量

续表

符号	含义
J_t	液相溶质的横向扩散通量
J_r	溶质通量
k	玻尔兹曼常数
K	材料常数
K_σ	黑体辐射常数
K_R	旋转系数
k_0	原子迁移速度常数
k_i	溶质分配系数
k_e	平衡溶质分配系数
k_v	非平衡溶质分配系数
k_S	固相的导热系数
k_L	液相的导热系数
k_i^v	界面温度下 i 相的溶质分配系数
k_f	黏滞阻力修正因子
L	长度
L_f	晶粒在液相介质中的黏滞阻力
L_F	烧结后样品长度
L_0	烧结后中心距
l	液相内距离固-液界面的位置
l'	离开凝固界面的距离
M	晶界流动性比例常数
m	液相线斜率
m_i	平衡液相线斜率
m_v	非平衡液相线斜率
m_i^v	两相的有效非平衡液相线斜率
$\bar{m}$	液相线斜率 m_i 的函数
m'	有序参数
m'_{eq}	平衡条件下的有序参数
n	晶粒尺寸指数
N	原子个数

续表

符号	含义
N_A	阿伏伽德罗常数
CN	晶体内部原子配位数
$\overline{CN}$	界面原子平均配位数
N_B	磁转矩
N_L	晶粒受到的力矩
N'	粒度幂律
c	磁化率
Δc	各向异性磁化率
$C(x,0)$	界面处液相沿 x 方向的浓度
P_e	有效压力
ΔP	孔表面压力差
P_{ap}	外部施加压力
P_l	液相压力
P_m	颗粒间颈部压力平均值
P_G	孔隙中气体压力
p	Péclet 数
p_i	溶质分布界面 Péclet 数
p_c	溶质 Péclet 数
p_t	热 Péclet 数
q	合金体系实现平面生长的无量纲参数
Q	表面激活能
Q_B	晶界处自扩散活化能
Q_a	活化能
Q_V	晶格空位形成能
r	半径
r_b	晶界半径
r_c	临界半径比
r_p	液相中孔的半径
r_m	弯月面的主要曲率半径

续表

符号	含义
r_{τ}	液相富集区半径
h	厚度
R	电阻
R_c	晶体电阻
R_{GB}	晶界电阻
R_S	样品电阻
R_1, R_2, R_3	石墨电阻
R_g	气体常数
S	溶解度
S_0	固体在固液界面处的平衡溶解度
S_A	添加剂在基体中的溶解度
S_B	基体在添加剂中的溶解度
S_i	i 相层片的半宽度
ΔS	熔化熵变
ΔS_m	单位体积熔化熵
ΔS_w	边界过剩熵变
t	时间
t_f	孔消失时间
τ	时间常数
T	绝对温度
ΔT	过冷度
T_E	有效共晶温度
T_e	平衡共晶温度
T_0	凝固界面温度
T_D	枝晶尖端温度
T_m	熔点
T^*	界面温度
T_q^*	界面实际温度
ΔT_k	动力学过冷度

续表

符号	含义
ΔT_e	极值点过冷度
ΔT_c	成分过冷度
ΔT_r	曲率过冷度
ΔT_t	热过冷度
ΔT_0	合金的平衡凝固温度范围
ΔT_h	合金的临界超过冷度
$\overline{\Delta T}$	无量纲过冷度
ΔT_{min}	ΔT-λ 关系曲线的最小值
ΔT_c^{max}	最大的溶质过冷度
U	磁场幅值
v	速度
v_a	绝对稳定的临界速度
v_{max}	速度极限
v_l	液相中声速
V	体积
V_a	原子体积
V_s	固相体积
V_{homo}^j	液相富集区的均匀体积
V_l^i	液相初始体积
V_s^i	固相初始体积
Σ_P^T	孔隙总体积
Σ_g	单个晶粒体积
V_E	电压
w	宽度
W	样品消耗功率
W_D	单位体积功率损耗
x	界面上被固相原子占据位置的分数
Y	孔隙率
Y_0	初始孔隙率
α	Jackson 因子

续表

符号	含义
α_i^L	由 J-H 模型定义关于毛细作用的常数
α_p	晶粒相浓度
β	磁场参数值
β_t	致密化时间指数
β_T	加热速率
γ	表面能
γ_{SV}	单位表面自由能
γ_{GB}	单位界面能
γ_w	界面自由能
γ_i	i 相的固-液界面能
$\gamma_{\alpha l}$	$\alpha/1$ 界面能
$\gamma_{\beta l}$	$\beta/1$ 界面能
$\Delta\gamma_b$	晶界偏聚所导致晶界能的变化
δ	原子间距
$\delta(G_{syst})$	系统自由能变化
δ_L	液膜厚度
δ_{L0}	液膜初始厚度
δ_s	扁平化应变
δ_i	i 相的片层厚度
δ_α	层片状共晶中 α 相间距
ρ	密度
ρ_0	初始坯体密度
ρ_F	烧结后样品密度
$\rho_{sintered}$	烧结体致密度
$f(\rho)$	致密化函数
$\dot{\rho}_0$	温度 T_0 时的致密化速率
$\dot{\rho}_E$	施加电场 E 时的致密化速率
$\varGamma$	Gibbs-Thomsom 系数
$\varGamma_i$	界面能与熔化熵的比值
$\varGamma_b$	偏聚水平

续表

符号	含义
σ	表面张力
σ_s	烧结应力
σ^*	稳定性常数
σ_m	平均应力
σ_l	局部应力
Ω	无量纲过饱和度
Ω_c	枝晶尖端无量纲溶质过饱和度
Ω_t	枝晶尖端无量纲热过饱和度
μ	动力学系数
μ_a	原子化学势
μ_V	空位化学势
μ_0	真空磁导率
μ_i	各共晶相动力系数
μ_k	线性动力学系数
$\frac{\mu_l}{\omega}$	低频介电损耗
μ_R	旋转迁移率
μ_R^*	修正后的迁移率
μ''	磁损耗常数
μ_l	低频损耗因子
ω	电磁辐射的角频率
ω^*	液相中沿固液界面溶质波动频率
ε_0	介电常数
ε''	电介质损耗常数
$\varepsilon_0\varepsilon''$	偶极弛豫损耗
ξ	界面取向因子
ξ_c, ξ_t	与 Péclet 数有关的稳定性参数
λ	相间距
λ'	特定的层片间距
λ_l	造成枝晶尖端形态的最短扰动波长
$\bar{\lambda}$	无量纲层片间距
θ_i	三相交点处液相与两个固相之间的接触角